Financial Management

Financial Management

Financial

Management

財務管理
—— 理論與實務

張瑞芳博士　著

Financial Management

三民書局

國家圖書館出版品預行編目資料

財務管理:理論與實務 / 張瑞芳著.ーー初版二刷.ー
ー臺北市：三民，2005
　　面；　　公分
　參考書目：面
　含索引
　ISBN 957-14-3749-2　（平裝）

　1.財務管理

494.7　　　　　　　　　　　　　　92012020

網路書店位址　http://www.sanmin.com.tw

© 　財　務　管　理
──理論與實務

著作人　張瑞芳
發行人　劉振強
著作財
產權人　三民書局股份有限公司
　　　　臺北市復興北路386號
發行所　三民書局股份有限公司
　　　　地址／臺北市復興北路386號
　　　　電話／(02)25006600
　　　　郵撥／0009998-5
印刷所　三民書局股份有限公司
門市部　復北店／臺北市復興北路386號
　　　　重南店／臺北市重慶南路一段61號
初版一刷　2003年8月
初版二刷　2005年1月
編　　號　S 562180
基本定價　拾　元
行政院新聞局登記證局版臺業字第○二○○號

ISBN　957-14-3749-2　（平裝）

代　序

　　企業是國家的命脈，社會興衰所依，它的良窳，牽動了全球化好壞的趨勢。如今的企業，不僅要本土化，尚要達到國際化，配合貿易的往來，活絡了各國彼此的生機。努力生產加上互通有無所締造出的相對利益與絕對利益，是促進舉世經濟提升的重要關鍵。因此，培植大中小型企業是世界各國重要的課題，它的成功，將使國家富強，國民所得提高，失業率降低。經濟力若是強盛，則人民生活安樂，治安無虞，外交、國防、教育堅實有勁，帶動了全球的歡騰。我國屢創「經濟的奇蹟」，讓世人刮目相看，而彼岸的中國大陸，近年來也是「突飛猛進」，二十一世紀是中國人的世紀，相信在兩岸交流日深的情況下，絕對不是夢想。雖然目前全球碰到不景氣，但人類的智慧畢竟是偉大的，一時的挫折，並不能阻礙全球的欣欣向榮與生生不息，如何加強企業的起死回生，是你我皆不能抹煞的重責大任。

　　強化企業的壯大，首重管理，它的領域涵蓋了人力資源管理、財務管理、生產管理、行銷管理、資訊管理、物料流通管理、策略管理及最新流行的整合管理。每一專業領域皆形成一門高深值得鑽研的系所學科，並應用於企業實務界，理論與實務的配合，猶如一劍雙刃，終將遊刃有餘於國計民生。其中，財務管理最是繁複而重要，似乎是企業管理的重心所在，財務管理人員亦是企業負責人委以重任的靈魂人物，當思如何籌措財源、善管財務而影響其他管理課題。財務問題千頭萬緒，最是高難度的運作，裡頭的學問也艱辛難懂，而財務管理人員是各企業極吃香的人物，前途的發展一片看好，只是要將一企業的財務管理妥當，甚是不易。坊間的教科書艱澀難以消化，原文書更是讓初學財管的學子望而卻步，換來惡夢的開始，但它畢竟是相當重要的營養學科，若能著作一本淺顯易懂，循序漸進，啟發興趣，培養概念，進一步窺其堂奧的教科書，來輔導有志研究此途的學子及工商界人士，殊有必要。本校資深副教授，剛榮升國貿系主任的張瑞芳老師，在教學多年的經驗下，將平時整理的手稿、報章雜誌的心得、網路新知，加上留學美國加州聖

地牙哥國際大學所修習的國際財管博士學位，多方攻讀有關財管的知識，彙集並參考諸多學者的著作，融會貫通，希以簡單、易懂、易記，引導學子入門財管世界為職志所撰寫的一本教科書，盼望能得到各界的青睞，對敝校、各校學子、社會、國家、企業，甚至國際、全球，均能有所啟發與裨益。

張主任曾擔任本校國貿系教師多年，教學經驗豐富，個性嫻淑端莊，師生愛戴有加，亦曾擔任本校商管學院教育國際化——國際貿易教育國際化主持人，推動本校與世界各名校的師生交流，亦有一段時期擔任研發處企劃組長，負責國外各校與國際企業界交流的重責大任，對學校貢獻良多，時常舉辦學術研討與交流，如今欣逢其新作問世，令人歡欣鼓舞，感佩其在公務繁忙與教學之外，仍奮力於著作。此孜孜不倦，教學不誨的偉大情操，殊當表彰，並為之序，盼各界賢達不吝指正，時常鞭策，亦期望不久的將來，張主任能有其他大作問世，公諸同好，以祥和繁榮世局，頓開千古人心！

校長

林仁益

謹識於　國立高雄應用科技大學

2003.06.25

自 序

　　教學相長——完成學位，教學多年，讓我深刻的體會，學習與學問是靠時間一點一滴累積起來的，能夠將多年來的所學與所教心得，撰寫成冊，付梓刊印，實現夢想，是人生快慰的一件事！

　　感謝三民書局的相邀，使敝人整理出多年學習與教學的財務管理手稿，並配合蒐集國內外書籍、報章雜誌、網路新資訊，在多位得意門生——美辰、周容、珮芸、琡紋、威萱、書賢的幫助下，於 2003 年春節過年前，終於將本書撰寫繕打完成。著書的過程是辛苦的，但能看到它的誕生，早已把先前的勞累忘到九霄雲外了，我要衷心感謝諸位得意門生日以繼夜，不眠不休的鼎力襄助，家人的體諒配合，及校方同仁的支持，否則在初履系主任新職，公務、行政及教學均甚繁忙之際，真不敢想像何時始能完成此書。

　　財務管理，是企業的重心所在，關係經營的成敗，不可不用心體察，盡力學習控制管理，然而財務衍生的金融、資金、股票、貨幣、報酬、風險、投資組合、預算、債券、期貨、選擇權、共同基金、認購權證、銀行融資、報表，以致財務管理之倫理，構成一複雜、艱澀、邏輯、數理、會計、統計、推理的困難學科，若能深入瞭解運用，必可操控企業經營的成功，否則企業將毀於一旦。修習此課，必須用心、細心、耐心，一本易懂、易記、易唸的財管書籍是迫切需要的，然而一些原文書及坊間教科書篇幅甚多，且內容艱深難以理解，因此，本書著重在概念的養成，希望以言簡意賅，重點式的提及，能對莘莘學子及工商企業界人士有所助益。

　　本書因是初版，或者礙於本人與學生初次編著的經驗尚嫌不足，因此疏漏在所難免，但祈各方先進不吝指正，賜教處：國立高雄應用科技大學國貿系系主任辦公室，地址：807 高雄市三民區建工路 415 號，電話：(07) 381-4526 轉 6100。

　　最後，再次感謝促成此書完成的各方英雄、英雌，也感謝上蒼能賜予我力量，在教學相長的道路上，更開花結果，願學校、企業、社會、國家以至

全世界，皆能感染這分喜悅，本著努力求知、用心經營，使得每個人的人生
更充實、更安樂、更美滿、更幸福！

國立高雄應用科技大學國貿系主任

張瑞芳

謹序於　國立高雄應用科技大學

2003.06.23

財務管理——理論與實務

目次

代　序

自　序

第 1 章　財務管理導論　/1

第 2 章　財務報表及其分析　/13

第 3 章　貨幣的時間價值　/41

第 4 章　報酬與風險　/63

第 5 章　投資組合之風險與證券市場線　/79

第 6 章　資產之管理——資金成本　/103

第 7 章　資產之管理——資本預算　/129

第 8 章　資產之管理——資本投資決策之現金流量　/157

第 9 章　資產之管理——外幣帳戶及應收帳款收買業務　/189

第 10 章　負債之管理——債券　/217

第 11 章　負債之管理——銀行融資　/239

第 12 章　負債之管理——財務槓桿與資本結構　/251

第 13 章　股東權益之管理——股票評價　/277

第 14 章　股東權益之管理——股利及其政策　/297

第 15 章　期貨市場　/325

第 16 章　選擇權市場　/347

第 17 章　認購權證　/371

第 18 章　共同基金　/391

第 19 章　國際金融業務分行　/409

第 20 章　財務管理之倫理　/427

附表 A.1　$1 在 t 期後的未來值　/437

附表 A.2　t 期後 $1 的現值　/439

附表 A.3　每期 $1 的 t 期年金現值　/441

附表 A.4　每期 $1 的 t 期年金未來值　/443

附錄 B　計算題解答　/445

參考資料　/449

英中對照索引　/451

第 *1* 章
財務管理導論

1.1　財務管理的內容　/ 2

1.2　財務管理的目標　/ 5

1.3　代理理論　/ 6

1.4　本書的架構　/ 7

　　美國《企業雜誌》(*Inc.*) 總編輯曾問管理大師彼得杜拉克 (Peter F. Drucker)，美國的企業精神名列世界第一應不為過，杜拉克的回答讓他大吃一驚，在這位管理大師的心中，企業精神冠軍是韓國，亞軍是臺灣，而日本、德國都在美國之上。為什麼呢？杜拉克認為這是美國人的主觀幻象，自認為美國企業的管理皆所向披靡，對自己的企業精神和創新便自以為是，企業家尤其是新創立企業的創辦人，很容易陷入四大管理陷阱而不自知，其中之一是企業家總以為利潤最重要，其實現金流量是最重要的；杜拉克直言不諱，企業家多半是財務文盲；只會看利潤，因此錯使公司陷入周轉不靈的困境，如果想要知道某家企業的表現，最好是傾聽銀行信用分析師的話，因為他們在意的是現金流量。

　　由以上之敘述可知曉財務管理以及財務經理人在公司內所扮演的角色，本章將要以財務管理之主要的內容為何？財務管理的目標，以及代理理論來探討。

1.1　財務管理的內容

　　財務管理 (financial management) 主要的內容包含如何針對會計部門所提供的財務報表及相關資訊，評估其整體之財務結構及營運情形，當資金充裕時，作為財務管理者是否投資之根據；當資金不足時，如何規劃對內或對外募集資金等決策之根據。故其內容包含資產管理 (assets management)、負債管理 (debt management)、股東權益之管理及投資標的之管理。因本書為兼顧資金充裕者與資金不足者雙方之財務管理，故書中內容均以中性文筆陳述。

◎ 1.1.1　資產管理

1. 營運資金的管理

　　營運資金 (working capital) 的管理即針對公司的短期資產、現金、有價證券、存貨等短期融資及投資決策所產生的風險與報酬來作探討，以確保公司

有足夠的資金足以持續營運，避免營運中斷所造成的損失，以及公司應採用何種方法融資借款相對的成本較低以達最大的營運成本效益。

2.資本預算

長期資本決策是規劃和管理公司長期投資的決策，如何尋找出最佳的投資機會，長期資本投資決策提供投資決策的評估準則並評估長期投資的風險，同時評估預期回收的現金金額並探討回收的時點及回收的可能性。

公司的財務經理所關注的是以資本預算為前提，而資本配置或預算涉及的層面包括購買某項固定資產、開發新的產品及開拓新市場，決策訂定後，攸關著公司經營願景及產品的競爭力，固定資產的投入是屬於長期性的投資，難以有所變化，故須審慎評估。

資本預算是理財的主軸，公司融資或是處理短期營運活動皆以此為課題。

◉ 1.1.2　負債管理

負債管理亦稱資產結構，即公司應經由何種營運取得長期投資所需的長期基金。企業採用不同的融資決策將會對企業的資本結構造成不同的影響。一般而言，舉債是因為利息費用而有節稅的作用，故舉債的資金成本將會比權益的資金成本為低，但是過多的舉債往往會帶來無法按期償還本金及利息的財務危機。

根據《經濟日報》指出臺灣茂矽電子股份有限公司營運起伏甚大，主要就是想用最少的錢，賺取最高報酬的高財務槓桿操作結果。茂矽本身只有一座不賺錢的 6 吋晶圓廠，卻把原本的 8 吋廠轉賣給茂德科技，茂德賺錢，茂矽就可認列獲利，股市行情好，轉賣茂德股票就能賺大錢。

在公司經營的資金籌措方面，財務槓桿也扮演著非常重要的角色。凌嘉科技總經理黃培源在《理財聖經》一書中所提到：「沒有舉債不可能破產，沒有舉債也很難在短期間成為巨富。」說明了財務槓桿如同流水一般，「既能載舟，亦能覆舟」，善用自己企業之財務槓桿，避免過度擴張或過度保守，就有待經營管理者來評估，取得公司資本結構的平衡，才能讓企業的資本最佳化。

之前所討論的，均將公司的財務結構列為已知，而負債/權益比並非憑空得來，故有關公司/權益比的決策則稱為資本結構決策 (capital structure decisions)。通常，公司會選擇性的要求資金結構方式，如搭配管理階層發行債券，藉此取得資金買回股票，便可提高負債/權益比；同樣地，公司也可以公開發行股票募集資金，來償還積欠的負債，從而降低負債/權益比，若公司採用此種方式來變化既存的資本結構，則稱為資本重構 (capital restructurings)，而資本重構即是公司用一個資本結構來替代另一個資本結構的方式，此舉對於公司的總資產並無任何的變化。

◉ 1.1.3 股東權益之管理

聯發科宣佈了 2001 年度股利政策,配給股東 4 元的股票股利和 4 元的現金股息。以聯發科每股超過 20 元的獲利來看，其配股政策與市場預期有不小的落差，這樣的現象，立刻引發投資人的失望性賣壓。目前臺灣企業的股利政策不再只是炒作股價的工具，而是被賦予更重要的新任務，為科技業吸收優秀人才，但是如此做妥當嗎？

其實臺灣科技公司這樣的作法會引來許多爭議，美國新聞媒體也報導我國科技業的奇特現象。證期會近來關切上市公司股利政策，希望儘量不要全面配發股票股利，就是希望維持公司財務結構的健全與穩定，避免虛盈實虧，以保障股東權益，所以，除透過資訊公開體系建立外部監督機制，要求上市、上櫃公司訂定明確股利政策外，並修改證交法施行細則第八條規定，調降土地增值及資產重估增值的公積撥充資本比例。

減少股票股利的分派，可降低股本被稀釋的比率，才不致造成公司在外股本過於膨脹。現今在主管機關政策引導下，多數公司可能改採平衡股利政策，例如往年配發 5 元股票股利，可能變更為 4 元股票股利搭配 1 元現金股利，或 3 元股票股利搭配 2 元現金股利的情況。公開發行公司之股利發放，乃關係著公司之財務狀況、資金流量、資本結構及公司股價與股東之期望，其影響甚大，故一家公司所發佈的股利政策其影響的層面之大由此可知。

1.2　財務管理的目標

1.2.1　利潤極大化

財務管理的首要目標在於使得企業所有者能謀取最大的利潤，也就是如何利用公司投入的資本作最有效的運用，如何提高企業營運的水準，增加市場的佔有率，降低企業的成本，增加利潤率；從而提高公司的競爭力，並使公司的價值極大化。

一般而言，謀求企業所有者的最大利潤，亦即是極大化股東的權益，但是極大化股東的權益，卻是極少化債權人及公司員工的利潤，而產生負面的影響。債權人為保障自己的權益，往往會要求提高報酬率，而增加公司的營運成本，進而影響公司的價值，因此為極大化股東財富，必須同時顧慮競爭者的反對立場，故應以公司的價值極大化作為考量。當公司價值愈高時，則股東財富就會愈大。

1.2.2　風險管理

所謂風險係指損失發生的機率，當意外發生所造成的代價，意涵著任何投資均有風險存在。若獲得正如同預期的，即代表一項投資是可以完全預期的，此項投資並無風險存在，亦即一項投資的風險來自於意外的部分，係指非預期的事件而言。狹義的財務學上的風險 (risk) 通常指的是報酬率的不確定性，屬於零（或近乎零）風險的投資工具，如美國國庫券、臺灣政府公債，若把金錢投注於此類工具，幾乎不會發生任何的損失，所以風險近乎於零，另外屬於低風險的投資工具如定存、公司債等。而高風險的投資工具就如股票、期貨以及衍生性金融商品。若目前購買政府發行的國庫券，到期時必定可以領回本金，並獲得應有的利息，這兩筆金額都是確定的數字，因此該國庫券的報酬率為已知且固定的，故該項投資也就無任何風險可言。相對地，若現在購買某上市公司的股票，因股價變動無常，無法確定到時的股價，其

中所隱含的報酬就是不確定，故稱該投資具風險性。

近年來，由於國內外股市熱絡，掀起了一陣投資理財的熱潮，加上東南亞金融風暴的影響，許多人對於財富的累積及管理產生了風險意識。而幾年來金融局勢的變化，使得人們明白及正視財務金融對生活的重要性，因此投資理財工具的選擇亦成為現代人必備的基本知識。

在美國的法律中明文規定退休基金、保險公司、共同基金及金融機構等，皆必須將所持有的資金分散於多種投資標的，而形成高度多角化的投資組合。因此多角化的投資組合中，個股的漲跌顯然變得相對的不重要，而更重要的是整體投資組合的風險。

因此投資者可以藉由多角化的投資方式來降低投資風險，且同時應該更有效率地選擇分散的標的物。

1.3　代理理論

在完全合同的情況下，公司經理與股東間並不存在代理問題。即使雙方產生了利益衝突，股東也可透過強制履約的方式來迫使經理遵循股東利益最大化的原則。但在不完全合同的情況下，公司經理與股東間的代理問題便因而產生了。股利分配的代理理論 (agency theory) 認為，股利政策實際上是公司內部與外部股東間的代理問題。在代理問題的前提下，適當的股利政策有助於保證經理按照股東的利益行事。而所謂適當的股利政策，係指公司的利潤應當分配更多支付給股東。否則，該利潤就會被公司的內部所濫用。較多的分派現金股利至少具有幾點利益：一是公司管理者要將很大的部分盈利歸還給投資者，則可以支配的「閒置現金流量」就相應的減少，這可以抑制公司管理者為滿足個人成為「帝國營造者」的企圖心，及擴大投資或進行特權消費，進而保護外部股東的利益；二是較多地分派現金股利，可能迫使公司重返資本市場進行融資，如再次的發行股票。此一方面使得公司更容易受到市場參與者的廣泛監督，而另一方面，再次發行股票不僅為外部投資者藉股份結構的變化對「內部」進行控制，而且再次發行股票後，公司的每股稅後

盈餘將被攤薄，所以公司為了要維持較高的股利支付率，需要付出更大的努力。因此，這些均有助於緩解代理問題，並進而降低了代理成本。

　　特別要提及的是，有關股利分配代理理論的研究，又有了新的進展。其中，最重要的突破是從法律觀點來研究股利分配的代理問題。此類研究的主要結論有三點：一是股利分配是法律對股東實施有效保護的結果；即法律使得小股東能夠從公司「內部」獲得股利。二是在法律不健全的情況下，股利分配可在一定程度替代法律保護；即在缺乏法律約束的環境下，公司可以透過股利分配的方式，來建立起善待投資者的良好聲譽。三是受到較好法律保護的股東，願意耐心等待良好的投資機會，而受到較差法律保護的股東則無此耐心。為了獲得當前的股利，因此寧願丟掉好的投資機會。

1.4　本書的架構

　　主要內容包含下列幾個部分：

1.財務管理導論

　　本章討論財務管理之主要的內容、財務管理的目標以及代理理論。

2.財務報表及其分析

　　編製財務報表的主要目的，是要列示企業的財務狀況和營業結果，因此，企業在這年度以內的一切經濟活動，凡是足以影響資產、負債和業主權益增減變化的，在平時所作的各項會計記錄，都必須作適當的調整、分類和排列，以期將企業的財務狀況和營業結果，正確的表示出來。因此財務報表查核是透過精確的企業會計帳目表露出企業體質的良窳。理論上，查核公司財報者，應交由股東決定，實務上，卻往往由企業高層來選擇。因此要瞭解一家公司的財務報表狀況，必須深入探討其財務報表。

3.貨幣的時間價值

　　以市場價格作為價值的量尺，是錯誤的作法，因為沒有把後續的時間價

值計算進去，故本章以貨幣時間價值作為在財務管理上任何決策的價值評估的基礎概念。

4. 報酬與風險

企業方面對其公司的財務管理政策，總是顧及資本市場的效率性以作為評估。故本章的重心還是以資本市場歷史觀點來探討投資的風險與報酬。何謂高報酬、低報酬？從金融資產投資所獲取的報酬及風險又是多少呢？預期將有助於分析評估風險性的投資案。而資本市場的兩大準則：第一、承擔風險是為了要獲取報酬，該報酬就是風險溢酬 (risk premium)，第二、存在的風險愈高，就表示潛在的報酬愈大。

5. 投資組合之風險與證券市場線

近年來，由於國內外股市熱絡，掀起了一陣投資理財的熱潮，加上東南亞金融風暴的影響，許多人對於財富的累積及管理產生了風險意識。而幾年來金融局勢的變化，使得人們明白及正視財務金融對生活的重要性，因此投資理財工具的選擇亦成為現代人必備的基本知識。在美國的法律中明文規定退休基金、保險公司、共同基金及金融機構等，皆必須將所持有的資金分散於多種投資標的，而形成高度多角化的投資組合。多角化的投資組合中，個股的漲跌顯然變得相對的不重要，更重要的是整體投資組合的風險。因此投資者可以藉著多角化的投資方式來降低投資風險。同時應該更有效率地選擇分散的標的。本章主要是根據公司之屬性及規模，選擇購買股票的權數以達分散風險的目的。

6. 資產之管理——資金成本

全球最大的專業顧問公司 Price Water House Coopers 曾於 2000 年做過一次資訊透明度與資金成本關係的調查，根據其調查結果，資金成本與公司資訊透明度之間存有直接且呈反比的關係，也就是說透明度越高的公司或國家，其資金成本越低。臺灣在該次受調查的 35 個國家中排名第 18，與巴西及阿根廷的資訊透明度相當，遠低於香港及新加坡，因此臺灣公司的資金成

本也相對較高。本章將以如何計算出公司的資金成本，及對於公司和投資者所代表的涵義來做探討。

7.資產之管理——資本預算

一般公司取得資金來源不同，決定其不同之財務壓力及資金成本，通常資金來源大致有三：即由股東投資、借款及日常營運產生。本章即針對資本預算來做討論。

8.資產之管理——資本投資決策之現金流量

一般而言，投資計畫的評估是一門極為深奧的學問，其所涉及的範疇極為廣泛，舉凡法令限制、文化限制、個人習慣與資金上等等的限制與社經環境、投資者的短、中程目標、市場與基地狀況、開發時程等，皆是投資決策分析的重點。因此本章將由投資決策之現金流量來加以探討之。

9.資產之管理——外幣帳戶及應收帳款收買業務

在財務管理領域中，有關流動資產之管理，資金太多如何管理？資金太少又如何管理？故本章介紹資金太多時，時下流行之外幣多功能組合帳戶，不失為一很好的理財管道。又資金不足時，如何出售應收帳款以增加資金，也是本章所關心之重點。

10.負債之管理——債券

在財務管理中，資金的取得除了向金融機構取得融資外，一般也常利用發行債券的方式以獲取資金。在景氣成長趨緩，股市不振，資金充裕的情形下，以至於債券型基金規模持續成長，因此仍有債券需求，公司債利率也仍有下跌空間。故在財務管理的探討上，「債券」的觀念也因其投資地位愈來愈隨著景氣的不佳而佔有一定的重要性，故債券也是一個不可或缺的課題。

11.負債之管理——銀行融資

財務管理領域中，公司募集資金之來源，不外乎從內或從外兩方面來取得。從內部股東取得資金者，將在第 13 章中討論。從外部人士中取得資金者，

若採發行債券之方式，已於第 10 章中說明。本章討論另一種從外部人士取得資金之方法——銀行融資。銀行業者主要之業務為存款及放款。存款中之整存整付、零存整付及存本取息等不同存款之現金流量，前已於第 3 章中說明。外幣綜合帳戶亦已於第 9 章中說明。本章僅針對銀行之融資業務做一探討。

12. 負債之管理——財務槓桿與資本結構

企業以不同的融資決策將會對企業的資本結構造成不同的影響。一般來說舉債因為利息費用有節稅的作用，舉債的資金成本將會比權益資金的成本為低，但過多的舉債往往會帶來無法按期償還本金及利息的財務危機。在公司經營的資金籌措方面，財務槓桿也扮演著非常重要的角色。凌嘉科技總經理黃培源在《理財聖經》一書中所提到：「沒有舉債不可能破產，沒有舉債也很難在短期間成為巨富。」說明了財務槓桿如同水一般，「既能載舟，亦能覆舟」，善用自己企業之財務槓桿，避免過度擴張或過度保守，就有待經營管理者來評估，取得公司資本結構的平衡，才能讓企業的資本最佳化。有鑑於此，本章討論的重點是在於負債與資本結構，其資本結構決策對公司的價值和資金成本，將具有重要的涵義。

13. 股東權益之管理——股票評價

臺灣在現階段並無貨真價實的網路股，充其量也只是網路概念股罷了。一般概念性的股票本來就容易在遭受質疑下大跌，其實股票背後隱喻的還是代表一家公司的獲利率和營運狀況。股票是公司籌措長期資金的工具，亦是投資人對公司表彰所有權的金融工具。本章中，將以企業的其他主要融資來源——普通股和特別股為重點來敘述每股普通股的現金流量及股利成長模型，以股東權益為基準，加以探討普通股和特別股的重要特性。然後再用股票交易、股價決定，及其他重要資訊如何在財經報章中的報導來討論。

14. 股東權益之管理——股利及其政策

公開發行公司之股利發放，乃關係著公司之財務狀況、資金流量、資本結構及公司股價與股東之期望，其影響甚大，故一家公司所發佈的股利政策

其影響的層面之大由此可知。本章將以股利及股利政策為主題，來介紹各種類型的股票及股利是如何發放等問題來做一番探討。

15. 期貨市場

在過去幾十年當中，由於資訊科技的快速發展及金融管制的鬆綁，世界金融市場因此面臨重大的變革。尤其是衍生性金融商品的出現，幫助投資者及企業管理者降低所面臨的風險。在國內證券市場全面邁向國際化與自由化之過程中，除了要積極的改善市場結構與體制外，未來大量資金的投入提供規避風險的環境也是當務之急。期貨市場的開始是由現貨買賣進而發展至契約、期貨交易，期貨市場中的商品，範圍不再只是民生用品，更廣泛的包括利率期貨、股票指數期貨及外幣期貨等，期貨的操作在臺灣發展的年限尚短，本章擬就期貨市場作一簡單介紹。

16. 選擇權市場

遠在古希臘羅馬時代就有選擇權 (option) 交易模式形成；在十八世紀時，櫃檯交易的股票和農產品選擇權就很活躍；在交易所上市的選擇權交易則遲至 1973 年芝加哥選擇權交易所（CBOE）成立後才開始。至於期貨選擇權，則是在 1982 年 10 月正式登場，其標的物是美國長期公債和糖的期貨合約。從此以後，期貨選擇權和其他的選擇權交易，如雨後春筍般紛紛開始運作，到了 1992 年主要的期貨契約大都已附有選擇權的交易,且選擇權契約的交易量佔該商品合約交易量約 40%，可說是最有潛力的金融商品。所以本章擬將選擇權市場作一介紹。

17. 認購權證

認購權證在 1998 年開始上市以來,因具有以小搏大的特點,因此當股市走多頭行情時，認購權證的交易也顯得特別活絡。認購權證的槓桿倍數，比融資購買股票的槓桿倍數來得大，相對投資報酬率也更高。一般來說，投資認購權證比起現股操作的投資報酬率，可以高出 3 倍到 4 倍；下跌時也只是損失權利金，風險相對較低，因此在股市有較大波動時，認購權證往往人氣

鼎盛,漲跌更是驚人。本章希望藉由對認購權證的探討,進而提醒投資人不可過分投資。

18.共同基金

目前國內投資人以定期定額方式投資共同基金的人數超過 40 萬人,顯示國人已經逐漸接受「小錢致富」的積極理財觀念。不過,每當國內外股市的震盪幅度加大,或是扣款帳戶出現餘額不足,辦理贖回的頻率通常就會隨著增加。富蘭克林證券投顧表示,投資人在進行定期定額投資計畫時最容易犯的毛病主要是「缺乏耐心」、「市場震盪時不扣款投資」、「申購後置之不理」、「貪圖手續費優惠而不選基金」、「扣款的基金同質性過高」以及「選擇風險過大的基金」,而這些正是定期定額投資的六大迷思,本章的目的在提醒投資人購買共同基金時,不可不謹慎。

19.國際金融業務分行

又稱境外金融中心,OBU。OBU 是什麼?開放 OBU 對大陸臺商授信,財政部保證資金不外流?! OBU 是近年來相當熱門的名詞,本章就此來做進一步的探討。

20.財務管理之倫理

本書前面各章節已針對財務管理之領域,做一廣泛式研討及分析,主要目標:乃係運用公司有限之資源,或是對外舉債增加資源,或是對內尋求股東增加資源,以追求公司財富之極大化,並造就公司股價之極大化。然制度之執行,必須借助於人才去實施。財務經理人遂扮演著非常重要之角色。

企業經理人在決策制定過程中,實務上,果真是以全體股東利益極大化為主要目標?或僅是董事會成員中少數人之財務大臣?又當公司利益與經理人員個人利益相衝突時,將如何取捨?這就是本章要討論的兩個主題。

第2章
財務報表及其分析

2.1　財務報表係財務管理者作為決策之依據　/ 15

2.2　財務報表為提供正確之數字，需請會計師簽證 / 15

2.3　財務報表之種類　/ 17

2.4　資產負債表之簡介　/ 17

2.5　損益表之簡介　/ 19

2.6　現金流量表之簡介　/ 21

2.7　業主股本權益變動表之簡介　/ 24

2.8　財務報表之比較分析　/ 25

2.9　財務結構分析　/ 27

2.10　償債能力分析　/ 28

2.11　經營能力分析　/ 30

2.12　獲利能力分析　/ 33

2.13　現金流量分析　/ 36

2.14　槓桿度分析　/ 37

2.15　本章習題　/ 39

2002 年 2 月 11 日《工商時報》報導一篇〈經濟學人：安隆醜聞非先例 財務查核速改進〉其新聞內容如下：

> 2002 年 2 月 9 日期間經濟學人雜誌指出，世界知名天然氣生產及電力供應商安隆 (Enron) 公司所爆發的破產案件，凸顯出美國企業的財報、獲利品質與稽核，似乎一夕惡化；事實上，這些惡化的過程，應是經年累月形成，安隆案中的會計與企業管理問題，反映出美國立即、大幅改革財務查核制度的重要性與急迫性。

財務報表查核體系的重要性無疑是透過精確的企業會計帳目表露出企業體質的良窳。財務查核體系在安隆案中的失敗，僅是多項牽涉嚴重財報查核不實的企業醜聞中的最新案例，從英國的 Maxwell 公司、德國 Metallgesellschaft 到美國的 Sunbeam 公司，自 1998 年以來，就有超過 700 家美國公司被迫重新修訂財報。

其實財務查核品質受損，是會計查核功能不彰與利益衝突所造成的，在理論上，查核公司財報者，應交由股東決定，實務上，卻往往由企業高層來選擇。

如何改進此一利益衝突問題?《經濟學人》建議，最根本的釜底抽薪之道，是把簽證權由民間會計業者手中收回，交到政府手中，但是比較溫和且容易的改革辦法，是負責會計查核者不能由公司指派，應由政府機關，譬如美國的證管會來指定。有鑑於此，我國的證期會亦可要求企業財報符合更嚴格的標準。

以下我們就以簡易的報表來瞭解財務報表所做的一般資訊比率分析的介紹。

為了瞭解企業的財務狀況和營業結果，所以企業於年度終了或會計期間結束時，對平時交易的記錄，加以整理、分類和排列，用一定型式的書表，將其財務狀況和營業結果，作一明確的列示，備以提供業主和有關人員參考的報表，這種報表，稱為財務報表 (financial statement)，因為財務報表都在年終決算以後編製，所以通常又稱為決算報表。

　　編製財務報表的主要目的,是要列示企業的財務狀況和營業結果,所以,企業在這年度以內的一切經濟活動,凡是足以影響資產、負債和業主權益增減變化的,在平時所作的各項會計記錄,都必須作適當的調整、分類和排列,以期將企業的財務狀況和營業結果,正確的表示出來。

2.1　財務報表係財務管理者作為決策之依據

(1)公司內部提供正確之財務報表數字,能予以內部管理者作為評估本公司整體之財務結構及營運情形,故公司法第二百二十八條及第二百三十條規定:每會計年度終了,董事會應造具財務報表送交監察人查核,再提出股東會請求承認後,分發各股東。

(2)公司外部提供正確之財務報表數字,能予以財務管理者作為是否投資之依據。為使一般投資大眾輕易取得財務報表之資訊,故證券交易法第三十六條規定,股票公開發行公司❶應將其年報、半年報及第一、三季季報向證券主管機關申報並公告 (公告於報紙或網站上)。

2.2　財務報表為提供正確之數字,需請會計師簽證

　　為求財務報表之準確性,故公司法第二十條規定: 公司資本額達中央主管機關所定一定數額以上者 (經濟部解釋為: 3,000 萬元以上),其財務報表,應先經會計師查核簽證。

　　會計師查核財務報表後,會簽證出具「查核意見報告書」,依據其個人專業認定,對財務報表內容是否允當表達出具報告書。依據一般公認審計準則公報第三十三號規定,會計師出具之意見報告書分成下列五種:

(1)無保留意見書 (其範例如表 2.1)。

---

❶　公司股票是否公開發行依公司法第一百五十六條第四項規定,係由該公司董事會自行決議,再向證券管理機關申請辦理。

　　⑵修正式無保留意見書。

　　⑶保留意見書。

　　⑷否定意見書。

　　⑸無法表示意見書。

　　上述除第⑴、⑵項以外，第⑶、⑷、⑸項之會計師意見報告書，將使投資人對該公司之財務報表產生擔憂，例如：2001 年間上市公司皇旗資訊股份有限公司，其季報經會計師出具保留存貨及應收帳款之意見書，經披露後，其股價由 30 幾元，一路狂跌，終至下市。

表 2.1　會計師查核報告書

會計師查核報告書

○○實業股份有限公司公鑒：

　　○○實業股份有限公司 2001 年 12 月 31 日及 2000 年 12 月 31 日之資產負債表，暨 2001 年 1 月 1 日至 12 月 31 日及 2000 年 1 月 1 日至 12 月 31 日之損益表、股東權益變動表及現金流量表，業經本會計師查核竣事。上開財務報表之編製係管理階層之責任，本會計師之責任則為根據查核結果對上開財務報表表示意見。

　　本會計師係依照一般公認審計準則規劃並執行查核工作，以合理確信財務報表有無重大不實表達。此項查核工作包括以抽查方式獲取財務報表所列金額及所揭露事項之查核證據，評估管理階層編製財務報表所採用之會計原則及所作之重大會計估計，暨評估財務報表整體之表達。本會計師相信此項查核工作可對所表示之意見提供合理之依據。

　　依本會計師之意見，第一段所述財務報表在所有重大方面係依照一般公認會計原則編製，足以允當表達○○實業股份有限公司 2001 年 12 月 31 日及 2000 年 12 月 31 日之財務狀況，暨 2001 年 1 月 1 日至 12 月 31 日及 2000 年 1 月 1 日至 12 月 31 日之經營成果與現金流量。

　　　　　　　　　　　　　　◎◎◎會計師事務所
　　　　　　　　　　　　　　會計師：
　　　　　　　　　　　　　　身分證字號：

　　　　　　　　　　　　　　　　　　　　　　　　2002 年 4 月 9 日

2.3　財務報表之種類

依商業會計法第二十八條規定，財務報表分成：

⑴資產負債表。

⑵損益表。

⑶現金流量表。

⑷業主權益變動表或累積盈虧變動表或盈虧撥補表。

⑸其他財務報表。

理論上第⑴項報表係指某年某月某日之定點資料，故又稱為靜態報表。第⑵、⑶及⑷項報表係指某年某月某日至某年某月某日，係屬某段期間之資料，故又稱為動態報表。

一般財務報表之編排可分成兩種。一種係左右邊排列，稱為 T 字型。另一種係上下排列，稱為流水型。上述第⑴項報表常用 T 字型式，其餘報表常用流水型式。上述報表中，投資人比較關心者為第⑵項損益表。該報表中營收是否成長、獲利是否增減之情形，是投資人最關心者。

2.4　資產負債表之簡介

資產負債表係表達某一公司於「某一固定日」之資產、負債及股東權益等之財務結構情形。如上所述，一般係採左右邊 T 字型式編排（其範例如表2.2），左邊係指增加記借方，減少記貸方之資產類科目。右邊係指增加記貸方，減少記借方之負債類及業主權益類科目。因係採左右邊 T 字型式排列，故其基本原理為：有借必有貸，借貸（金額）必相等，借貸不等，明年再來重修。是故左邊總金額與右邊總金額必定相等。亦即：

資產＝負債＋業主權益

表 2.2　T 字型資產負債表

藍陵實業股份有限公司
資產負債表
2001 年及 2002 年 12 月 31 日

單位：百萬元

資　產	2001/12/31		2002/12/31	
流動資產：				
現　金	$112	18.06%	$125	15.70%
應收票據	70	11.29%	82	10.30%
應收帳款	115	18.55%	200	25.13%
備抵呆帳	(6)	-0.96%	(10)	-1.26%
存　貨	63	10.16%	78	9.80%
其他流動資產	30	4.84%	18	2.26%
流動資產合計	$384	61.94%	$493	61.93%
基金與投資：				
長期股權投資	$89	14.35%	$112	14.07%
長期投資合計	$89	14.35%	$112	14.07%
固定資產：				
成　本	$174	28.06%	$207	26.01%
減：累計折舊	(52)	-8.38%	(66)	-8.29%
固定資產淨額	$122	19.68%	$141	17.72%
其他資產	$25	4.03%	$50	6.28%
資產總計	$620	100.00%	$796	100.00%

負債及股東權益	2001/12/31		2002/12/31	
流動負債：				
應付帳款	$74	11.94%	$116	14.57%
應付票據	40	6.45%	37	4.65%
其他流動負債	25	4.03%	25	3.14%
流動負債合計	$139	22.42%	$178	22.36%
長期負債：				
銀行借款	$89	14.35%	$112	14.07%
長期債券	102	16.45%	94	11.81%
長期負債合計	$191	30.81%	$206	25.88%
負債合計	$330	53.23%	$384	48.24%
股東權益：				
普通股股本	$118	19.03%	$174	21.86%
資本公積	100	16.13%	125	15.70%
法定公積	21	3.38%	59	7.41%
保留盈餘	51	8.23%	54	6.79%
股東權益合計	$290	46.77%	$412	51.76%
負債及股東權益總計	$620	100.00%	$796	100.00%

（請參閱財務報表附註）

負責人：　　　　主辦會計：　　　　製表：

依商業會計處理準則第十四條規定，資產負債表之項目分類如下：

1. 資　產

⑴流動資產。

⑵基金及長期投資。

⑶固定資產。

⑷遞耗資產。

⑸無形資產。

⑹其他資產。

2. 負　債

⑴流動負債。

⑵長期負債。

⑶其他負債。

3. 業主權益

⑴資本或股本。

⑵資本公積。

⑶保留盈餘或累積虧損。

⑷長期股權投資未實現跌價損失。

⑸累積換算調整數。

⑹庫藏股。

2.5　損益表之簡介

所謂損益表 (income statement)，是表示企業在某一時期內，其營業經過和營業結果所編製的報表，因為損益表是要求企業在某一時期經營結果所獲得的損益 (net income)，所以稱為損益表。由於從損益表中，不但可以看出淨利或淨損的數額，而且可以看出這一段期間營業的經過和純益或純損的原因，

所以有時稱為動態的報表 (dynamic statement)。如上所述，一般係採流水型式編排，其範例如表 2.3。

表 2.3　損益表

藍陵實業股份有限公司
損益表
2001 年及 2002 年 1 月 1 日至 12 月 31 日

單位：百萬元

	2001/12/31		2002/12/31	
銷貨收入	$ 827	100.00%	$ 1,123	100.00%
減：銷貨成本	(732)	−88.51%	(980)	−87.27%
折　舊	(8)	−0.97%	(14)	−1.25%
銷貨毛利	$ 87	10.52%	$ 129	11.48%
減：營業費用	(27)	−3.26%	(48)	−4.27%
營業淨利	$ 60	7.26%	$ 81	7.21%
營業外收入（費用）	17.7	2.14%	27	2.39%
利息支出	(0.7)	−0.07%	(1)	−0.07%
稅前淨利	$ 77	9.31%	$ 107	9.53%
減：所得稅費用	(27)	−3.26%	(37)	−3.29%
稅後淨利（損）	$ 50	6.05%	$ 70	6.24%
加權平均流通在外股數	25		32	
（佰萬股）				
每股純益：				
稅前淨利	$ 3.08		$ 3.34	
減：所得稅費用	(1.08)		(1.16)	
本期純益（損）	$ 2.00		$ 2.18	

（請參閱財務報表附註）

負責人：　　　　　主辦會計：　　　　　製表：

依據商業會計處理準則第三十條之規定，損益表之項目分類如下：

(1)營業收入。

(2)營業成本。

(3)營業費用。

(4)營業外收入及費用。

(5)非常損益。

(6)所得稅。

其主要功用，有下列幾點：

⑴提供經理人員探求損益發生的原因；

⑵提供管理人員作為改進營業和管理的參考；

⑶提供投資人瞭解全期營業的情形；

⑷提供稅捐機關作為計算稅額的依據；

⑸提供主管機關作為監督輔導各業的資料。

2.6　現金流量表之簡介

現金流量表 (statement of cash flows) 係表達某一公司於「某一期間」有關現金收支資訊之彙總報告，其編製及表達方式，依商業會計處理準則第四十一條之規定，應依照財務會計準則公報第十七號規定辦理。如上所述，一般係採流水型式編排，其範例如表 2.4。

表 2.4　現金流量表

藍陵實業股份有限公司
現金流量表
2002 年及 2001 年 1 月 1 日至 12 月 31 日

單位：百萬元

	2001 年度	2002 年度
營業活動之現金流量：		
本期損益	$ 50	$ 70
加（減）調整項目：		
折舊及各項攤提	8	14
提列備抵呆帳	2	4
處分固定資產損益	20	25
資產及負債項目之變動：		
應收帳款減少（增加）	(5)	(12)
應收票據減少（增加）	(2)	(5)
存貨減少（增加）	(9)	(15)
其他流動資產減少（增加）	6	12
應付帳款增加（減少）	30	42
應付票據增加（減少）	5	(3)
營業活動之現金流入（出）	$105	$132

投資活動之現金流量：		
長期投資增加	$(20)	$(23)
購買固定資產	(12)	(33)
其他資產減少（增加）	(15)	(25)
投資活動之現金流入（出）	$(47)	$(81)
融資活動之現金流量：		
長期借款增加（減少）	$ 8	$ 23
發放員工紅利與董監事酬勞	(12)	(29)
發放現金股利	(25)	(32)
融資活動之現金流入（出）	$(29)	$(38)
本期現金及約當現金增加（減少）數	$ 29	$ 13
期初現金及約當現金餘額	83	112
期末現金及約當現金餘額	$112	$125
現金流量資訊之補充揭露：		
本期支付利息（無資本化之利息）	$0.8	$ 1.2
本期支付所得稅	$ 29	$ 35
不影響現金流量之投資活動：		
本期報廢資產	$ 87	$ 12

（請參閱財務報表附註）

負責人：　　　　　主辦會計：　　　　　製表：

　　依財務會計準則公報第十七號之規定，現金流量表之內容需按下列三方面分開列示：

1.營業活動之現金流量

⑴營業活動流入的現金主要包括：

　A.銷售商品、提供勞務收到的現金；

　B.收到的稅費返還；

　C.收到的其他與營業活動有關的現金。

⑵營業活動流出的現金主要包括：

　A.購買商品、接受勞務支付的現金；

　B.支付給職工以及為職工支付的現金；

C.支付的各項稅費；

D.支付的其他與經營活動有關的現金。

2.投資活動之現金流量

是指企業長期資產的購建和不包括在現金等價物範圍內的投資及其處置活動。

(1)投資活動流入的現金主要包括：

A.收回投資所收到的現金；

B.取得投資收益所收到的現金；

C.處置固定資產、無形資產和其他長期資產所收回的現金淨額；

D.收到的其他與投資活動有關的現金。

(2)投資活動流出的現金主要包括：

A.購建固定資產、無形資產和其他長期資產所支付的現金；

B.投資所支付的現金；

C.支付的其他與投資活動有關的現金。

3.融資活動之現金流量

(1)融資活動流入的現金主要包括：

A.吸收投資所收到的現金；

B.取得借款所收到的現金；

C.收到的其他與籌資活動有關的現金。

(2)融資活動流出的現金主要包括：

A.償還債務所支付的現金；

B.分配股利、利潤或償付利息所支付的現金；

C.支付的其他與籌資活動有關的現金。

2.7　業主股本權益變動表之簡介

　　股東權益變動表 (statement of changes in stockholders' equity) 係表達某一公司於「某一期間」有關股東權益組成項目變動情形之報表。如上所述，一般均採流水型式編排，其範例如表 2.5。

表 2.5　股東權益變動表

藍陵實業股份有限公司
股東權益變動表
2002 年及 2001 年 1 月 1 日至 12 月 31 日

單位：百萬元

	股本	資本公積	法定公積	累積盈虧	合計
2001 年 1 月 1 日餘額	$ 80	$ 80	$ 12	$ 76	$248
法定公積	–	–	9		9
董監事酬勞	–	–	–	(12)	(12)
現金股利	–	–	–	(25)	(25)
員工紅利	13	–	–	(13)	0
股票股利	25	–	–	(25)	0
2001 年度純益	–	–	–	50	50
出售固定資產利益轉資本公積		20		–	20
2001 年 12 月 31 日餘額	$118	$100	$ 21	$ 51	$290
法定公積	–	–	38		38
董監事酬勞	–	–	–	(4)	(4)
現金股利	–	–	–	(7)	(7)
員工紅利	31	–	–	(31)	0
股票股利	25	–	–	(25)	0
2002 年度純益	–	–	–	70	70
出售固定資產利益轉資本公積		25		–	25
2002 年 12 月 31 日餘額	$174	$125	$ 59	$ 54	$412

（請參閱財務報表附註）

負責人：　　　　　主辦會計：　　　　　製表：

　　依商業會計處理準則第四十條之規定,股東權益變動表之項目分類如下：
　　(1)資本或股本之期初餘額、本期增減項目與金額及期末餘額。

⑵資本公積之期初餘額、本期增減項目與金額及期末餘額。

⑶保留盈餘或累積盈虧應包括下列內容：

　　A.期初餘額。

　　B.前期損益調整項目。

　　C.本期淨利或淨損。

　　D.提列法定盈餘公積、特別盈餘公積及分派股利等項目。

　　E.期末餘額。

⑷長期股權投資未實現跌價損失之期初餘額、本期增減項目與金額及期末餘額。

⑸累積換算調整數之期初餘額、本期增減項目與金額及期末餘額。

⑹庫藏股票之期初餘額、本期增減項目與金額及期末餘額。

2.8　財務報表之比較分析

　　兩家規模大小不同之公司，若由其財務報表，以絕對數字之大小，加以比較兩家公司之經營績效，則失其真實性。故財務報表必須用其他方式加以比較分析，方便具有其實用性。一般常用之比較分析方式，有下列三種：

1.結構分析法 (structure analysis method)（或稱共同比分析法）

　　係利用垂直分析之方式，就某一種報表中，選擇某一科目為基準（亦即基準科目作為100%），其他科目與其相比較之分析方法。例如表 2.2 中，以2002 年度資產總額為 100%，則流動資產為 61.93%，應收帳款為 25.13%。另以表 2.3 之損益表為例，以 2002 年度收入淨額為 100%，則銷貨成本為87.27%。

2.趨勢分析法 (trend analysis method)

　　係利用橫向分析之方式，就不同年度之財報資料，就絕對增減數字或相對比率分析等方面，加以比較分析之分析方式。例如以表 2.3 為例，2002 年

度收入較 2001 年度增加約 2.96 億元，但毛利率卻由 10.52%，升為 11.48%。

3.比率分析法 (ratio analysis method)

係就財務報表中，二個以上「具有意義之相關科目」來計算其比率，再依此比率來研判之分析方式。比率分析法係財務報表分析中，最被廣泛使用的。一般來說，任何二個科目都可被拿來從事比率分析，惟為使其比率對研判分析較有意義，故應使用「具有意義之相關科目」來從事比較分析。例如：銷貨與應收帳款有關，故銷貨除以應收帳款則為應收帳款周轉率（請參考第 2.11 節）。若以銷貨跟應付帳款比，則沒有意義。其次，以銷貨與應收帳款來比，因分子係動態科目，分母係靜態科目，為使比較更具意義，故分子與分母都應改成動態科目，將更具有意義。例如：應收帳款周轉率＝銷貨÷平均應收帳款❷。

在比率分析法下，一般常以百分比表示，亦有以倍、次或其他方式表示，其表達單位之不同，最主要目的係希望讓閱表者容易明瞭。

依證券期貨管理委員會之規定，公司於公開說明書中應列示下列六種財務報表分析數字。

(1)財務結構分析。

(2)償債能力分析。

(3)經營能力分析。

(4)獲利能力分析。

(5)現金流量分析。

(6)槓桿度分析。

底下就此六種財務報表分析，輔以本章所引用的藍陵實業股份有限公司 2002 年度的財報來說明之（以百萬元為單位，故省略其十萬以下位數）。

---

❷ 至於採用何種平均數，則見仁見智，一般常用的是：期初加期末之簡單平均數。

2.9　財務結構分析

1.負債佔資產比率

$$負債佔資產比率 = \frac{總負債}{總資產}$$
$$= \frac{\$384}{\$796}$$
$$= 48\%$$

　　負債佔資產比率係用來衡量負債比率❸之高低。負債佔資產比率愈高，代表公司仰賴外部資金之需求度愈高，一般本比率以不高於三分之二為宜(但也非絕對，尚應考慮其他因素，如行業特性或獲利能力等，例如銀行業之本比率就非常高)。上市上櫃公司因市場知名度高，所以向外部機構融資比較容易，故負債佔資產比率均偏高；反之，一般中小企業因融資不易，故負債佔資產比率反而較低。根據作者實務經驗，一般臺灣金融業者之觀念，大部分認為投資 2 元之資產，業者自有資金必須投入 1 元，另 1 元方可向外融資，故企業若欲向金融業融資，負債佔資產比率最好不要高於二分之一。

2.長期資金佔固定資產比率

$$長期資金佔固定資產比率 = \frac{長期負債 + 股本權益淨值}{固定資產淨額}$$
$$= \frac{\$206 + \$412}{\$141}$$
$$= 4.38 倍$$

　　長期資金佔固定資產比率係用來衡量固定資產（係屬長期性質）之投資

---

❸　一般財務分析人員所稱之負債比率為負債總額除以股本權益，而非本比率，但兩者之功能相同。

是否過大，以免影響短期營運資金之周轉，一般本比率以大於 100% 為宜。

依舊公司法第十四條規定，公司增加固定資產所需之資金，不得以短期借款支應❹，此規定係為避免短期資金套牢於長期資產，而影響公司營運周轉。作者多年實務經驗中，確實碰到很多中小企業，雖然生意越做越好，但卻因沒有足夠之周轉資金而倒閉之個案❺，這也是為什麼財務管理人員特別重視管理現金流量之原因。

2.10 償債能力分析

短期償債能力比率提供公司流動性資訊。此比率稱為流動性衡量 (liquidity measures)，主要是評估公司短期內償債能力。故比率的重點是在於流動資產和流動負債方面。

流動資產和流動負債的帳面價值和市價可能近似。這些資產和負債的壽命並無充裕的時間，而使帳面價值偏離市價。如同一種近似現金 (near cash) 般，流動資產和流動負債變動得非常迅速。故今天的金額可能不是將來金額的有效指標。

1. 流動比率

$$流動比率 = \frac{流動資產}{流動負債}$$

$$= \frac{\$493}{\$178}$$

$$= 2.77 \ 倍$$

此為最被廣泛使用的比率之一，而流動比率 (current ratio) 的定義是用來衡量短期流動性，流動比率愈大，償還流動負債的可能性愈大；如果流動比率小於 100%，表示公司若發生財務問題，短期內很可能出現周轉不靈之

---

❹ 本條文已於 2001 年 11 月 12 日 經總統公告刪除。

❺ 實務上，稱這種情形為「小孩騎大車」——危險。

現象。

　　基本上，流動資產和流動負債會在 12 個月內轉換成現金，因此，流動比率衡量的是短期流動性，衡量單位是以元或是倍數來計。而藍陵實業每擁有 $1 的流動負債，就有 $2.77 的流動資產。換句話說，該公司的流動資產是流動負債的 2.77 倍。

　　對於債權人，特別是短期債權人（例如供應商），流動比率是愈高愈好。而對公司來說，高流動比率代表著高流動性，但也可能是代表著對現金和其他短期資產的使用效率差，預期流動比率至少是 1，流動比率小於 1 代表淨營運資金（流動資產減流動負債）為負的。

　　流動比率，受到許多不同交易的影響。例如，若是公司以長期舉債來籌募資金，則短期的效果是現金增加和長期負債增加。流動負債並無影響，因此，流動比率會向上升。

2.速動比率

$$速動比率 = \frac{流動資產 - 存貨 - 限制用途銀行存款}{流動負債}$$

$$= \frac{\$493 - \$78 - \$0}{\$178}$$

$$= 2.33 \ 倍$$

　　速動比率 (quick ratio) 與流動比率很像，差別在於速動比率之分子為速動資產。速動資產係指將流動資產中不易變現之存貨及預付費用等予以排除。而藍陵實業可看出其存貨較少，資產變現能力較佳，而 $1 的流動負債就有 $2.33 的速動資產來做保證。可測驗出企業在更短期的應付債務，所能調動資產變現的能力。所以它的比重愈大，資產流動性就愈大。故速動比率合理比率為 1，過高則短期償債能力愈高，反之，則愈差。

3.利息保障倍數

$$利息保障倍數 = \frac{減除所得稅及利息費用前之純益}{本期利息支出（包括資本化之利息）}$$

$$= \frac{\$107 + \$1}{\$1}$$

$$= 108 \text{ 倍}$$

利息保障倍數 (interest guarantee multiple) 係用來衡量由營業活動所產生之盈餘，用以支付利息之能力。利息保障倍數愈高，表示支付利息之能力愈強，對債權人愈有保障；反之則不然。以藍陵實業為例，其利息費用為 100 萬元，稅前盈利為 1 億 7 百萬元，依上式計算，可知該為 108 倍。公司每年所賺的錢（尚未繳稅和支付利息），是應繳利息的幾倍。倍數愈高，表示賺的錢愈多，利息負擔愈小，償債能力愈佳，反之，表示負債壓力愈大，償債能力較可能出現問題。

2.11　經營能力分析

1.應收帳款周轉率

$$應收帳款周轉率 = \frac{銷貨淨額}{平均應收帳款}$$

$$= \frac{\$1,123}{(\$115 + \$200)/2}$$

$$= 7.13 \text{ 次}$$

應收帳款周轉率 (account receivable turnover ratio) 係用來衡量應收帳款（或票據）回收之速度，應收帳款周轉率愈大，代表帳款回收之速度愈快，對公司資金周轉愈有利。一般業者更關心帳款回收速度快，快到幾天，故又有底下之平均收帳期間。在這一年中，藍陵實業回收其流通在外的賒帳再將

錢貸出，總共需 7.13 次。

　　評估原則：正常情況下，應收帳款周轉率高表示企業的收款成效好，凍結資金少，可以減低呆帳風險，償債能力較強，若周轉率低，表示收現成效不佳，呆滯在外的資金多，企業無法靈活運用資金，會增加經營風險。

　　若把此比率轉換成天數，則為平均應收帳款期間 (average days' sales in receivables) 是：

$$平均應收帳款期間 = \frac{365 \text{ 天}}{應收帳款周轉率}$$

$$= \frac{365 \text{ 天}}{7.13}$$

$$= 51.20 \text{ 天}$$

　　平均要花 51.20 天公司才能收回賒銷的帳款。故此比率亦稱平均收款期間 (average collection period, ACP)。

2.存貨周轉率

$$存貨周轉率 = \frac{銷貨成本}{平均存貨}$$

$$= \frac{\$980}{(\$63 + \$78)/2}$$

$$= 13.90 \text{ 次}$$

　　存貨周轉率 (inventory turnover ratio) 係用來衡量存貨積壓成本之速度，存貨周轉率愈快，對公司資金周轉愈有利，即所需積壓之存貨成本愈少，控制存貨的能力愈強，則利潤率愈大，營運資金投資於存貨上的金額愈小。反之，則表明存貨過多，不僅使資金積壓，影響資產的流動性，還增加倉儲費用與產品損耗、過時。一般業者更關心存貨積壓之天數（存貨與銷貨係一體兩面，所以也要注意銷貨之天數），故又有底下之平均銷售期間。

$$平均銷售期間 = \frac{365 \text{ 天}}{存貨周轉率}$$

$$= \frac{365 \text{ 天}}{13.90}$$

$$= 26.25 \text{ 天}$$

　　存貨在全部賣掉之前，平均放了 26.25 天。故藍陵實業必須花 26.25 天才能把現有的存貨賣掉。

3.固定資產周轉率

$$固定資產周轉率 = \frac{銷貨淨額}{平均固定資產淨額}$$

$$= \frac{\$1,123}{(\$122 + \$141)/2}$$

$$= 8.53 \text{ 次}$$

　　固定資產周轉率 (constant assets turnover ratio) 係用來衡量固定資產使用率之高低，固定資產周轉次數愈大，代表固定資產使用率愈高；反之，若比率過低，則表示分子之銷貨能力有待加強，或分母之固定資產未被充分利用，可考慮加強利用或處分部分固定資產。當然，這一比率也不是愈高愈好，太高則表明固定資產過分投資，會縮短固定資產的使用壽命。而一般業者並不深入關心其周轉天數，故未換算成天數。以下之比率亦同，故不換算成天數。

4.總資產周轉率

$$總資產周轉率 = \frac{銷貨淨額}{平均總資產}$$

$$= \frac{\$1,123}{(\$620 + \$796)/2}$$

$$= 1.59 \text{ 次}$$

　　總資產周轉率 (total assets turnover ratio) 係用來衡量投入 1 元之資產，所

能創造多少之銷貨。當總資產周轉率愈大，表示資產運用效率愈高。又經營能力衡量的是資產使用效率，以周轉率表示，指的是某一資產規模所能產生的營收之倍數，該倍數愈高，即表示效率愈高，總資產周轉率及固定資產周轉率即代表這種意義，藍陵實業在此比率方面利用 1 元資產即可創造 1.59 元的銷貨淨額收入，表示其企業營運效率尚佳。

2.12　獲利能力分析

1. 資產報酬率

$$資產報酬率 = \frac{稅後損益}{平均總資產}$$

$$= \frac{\$70}{(\$620 + \$796)/2}$$

$$= 9.89\%$$

資產報酬率 (return of asset, ROA) 係用來衡量投入 1 元之資產，所能創造多少之利潤。資產報酬率愈高，代表經營能力愈強。

美國杜邦公司曾將資產報酬率加以分解成兩部分，而此一公式就稱為杜邦等式 (Du Pont identity)，其公式如下：

$$資產報酬率 = \frac{稅後損益}{銷貨淨額} \times \frac{銷貨淨額}{平均資產額}$$

$$= 純益率 \times 總資產周轉率$$

$$= 0.06 \times 1.59$$

$$= 9.54\% \text{ [6]}$$

其次，基於本章第 2.8 節比率分析法中之說明，為使分析之數字更具有意義，資產報酬率之分母包括負債[7]，故其分子亦應包括負債相關之利息費

---

[6]　9.54% 與 9.89% 不相等，係小數點計算上誤差所致。

用。又因分子之損益採稅後觀念，故利息費用亦應採稅後觀念。則上述資產報酬率在考慮利息因素之後，其公式成為：

$$資產報酬率 = \frac{稅後損益 + 利息費用 \times (1 - 稅率 ❽)}{平均資產總額}$$

$$= \frac{\$70 + \$1 \times (1 - 0.35)}{\$708}$$

$$= 9.98\%$$

2.股東權益報酬率

$$股東權益報酬率 = \frac{稅後損益}{平均股東權益}$$

$$= \frac{\$70}{(\$290 + \$412)/2}$$

$$= 19.94\%$$

股東權益報酬率 (return of equity, ROE) 係用來衡量股本投入 1 元之投資，所能創造多少之利潤。股東權益報酬率愈高，代表經營能力愈強。就會計觀點而言，ROE 是績效衡量的真正底線。

股東權益報酬率也可以分解成為幾個比率，稱為杜邦延申等式 (extended Du Pont identity)。

$$股東權益報酬率 = \frac{稅後損益}{平均股東權益}$$

$$= \frac{稅後損益}{平均資產總額} \times \frac{平均資產總額}{平均股東權益}$$

---

❼ 資產 = 負債 + 股東權益，分母雖為平均總資產，若以反面思考，平均總資產亦等於平均負債 + 平均股東權益。

❽ 稅率依各國稅法規定有所不同，本文中常用 35%，若以中華民國稅法規定：本期淨利 10 萬元以下者，稅率為 15%；本期淨利 10 萬元以上者，稅率為 25% - 累進差額 1 萬元。

$$= \frac{稅後損益}{銷貨淨額} \times \frac{銷貨淨額}{平均資產總額} \times \frac{平均資產總額}{平均股東權益}$$

$$= 純益率 \times 總資產周轉率 \times 股東權益乘數$$

$$= 0.06 \times 1.59 \times 2.02$$

$$= 19.27\%$$

由於 ROA 和 ROE 常被提及，故強調的是會計報酬率。亦稱為帳面資產報酬率 (return on book assets) 和帳面權益報酬率 (return on book equity)，ROE 亦被稱為淨值報酬率 (return on net worth)。

藍陵實業的 ROE 大於 ROA，反映出財務槓桿的使用。

3. 純益率

$$純益率 = \frac{稅後損益}{銷貨淨額}$$

$$= \frac{\$70}{\$1,123}$$

$$= 0.06$$

純益率 (net profit rate) 係用來衡量每 1 元之銷貨，所創造出多少淨利。

4. 每股盈餘

$$每股盈餘 = \frac{稅後損益 - 特別股股利}{本期流通在外普通股加權平均股數}$$

$$= \frac{\$70 - \$0}{\$32}$$

$$= 2.19$$

每股盈餘 (earnings per share, EPS) 係用來衡量每一普通股之獲利能力。每股盈餘愈大，顯示普通股每股股份的獲利能力愈大，公司未來的發展也愈樂觀，而股票未來價值提高的可能性愈大。

此外，透過分析公司的每股盈餘，投資者不但可以瞭解公司的獲利能力，

而且透過每股盈餘的大小來預設每股股息和股息增長率，並據以決定每一普通股的內在價值。

5.本益比

$$本益比 = \frac{每股市價}{每股盈餘}$$

$$= \frac{\$57}{\$2.19}$$

$$= 26.03 \text{ 倍}$$

本益比 (price/earnings ratio) 係用來衡量股東購買股票所花的成本與其盈餘之比較。本益比愈高，代表股東所花的代價較高，很可能表示投資人愈看好公司之發展，或是投資人所願承受之風險愈大。由此比率看來，藍陵實業發展奇佳，每股盈餘表現不俗，讓股東願意花費 57 元來購買其股票。

2.13 現金流量分析

1.現金流量比率

$$現金流量比率 = \frac{營業活動淨現金流量}{流動負債}$$

$$= \frac{\$132}{\$178}$$

$$= 74\%$$

現金流量比率 (cash flow ratio) 係用來衡量經常性營業活動所產生之現金流量（請參考表 2.4），是否足以償還流動負債。

2.現金流量允當比率

（假設最近 5 年度 (1998～2002) 之平均營業活動淨現金流量為 140 百萬

元，而最近 5 年度 (1998～2002) 的資本支出、存貨增加額及現金股利為 138 百萬元）

$$現金流量允當比率 = \frac{最近5年度營業活動淨現金流量}{最近5年度（資本支出＋存貨增加額＋現金股利）}$$

$$= \frac{\$140}{\$138}$$

$$= 1.01 倍$$

現金流量允當比率 (proper rate in cash flow) 係用來衡量營業上所產生之資金，是否能充分支付各項資本支出、存貨及現金股利等活動。

3.現金再投資比率

$$現金再投資比率 = \frac{營業活動淨現金流量 － 現金股利}{固定資產毛額＋長期投資＋其他資產＋營運資金}$$

$$= \frac{\$132 - \$7}{\$207 + \$112 + \$50 + (\$493 - \$178)}$$

$$= 18.27\%$$

現金再投資比率 (lump reinvest ratio) 係用來衡量營業上所保留之資金，對各項資產重置、再投資與維持經營成長所需資金之比重。

2.14　槓桿度分析

1.財務槓桿度

$$財務槓桿度 = \frac{稅後損益變動百分比}{息前稅前損益變動百分比}$$

$$= \frac{\frac{\$70 - \$50}{\$50}}{\frac{\$108 - \$77.7}{\$77.7}}$$

$$= 1.03 倍$$

　　財務槓桿度 (the degree of financial leverage) 係用來衡量當息前損益變動一個百分比時，稅後損益隨之變動之程度。企業負債經營，不論利潤多少，債務利息是不變的。於是利潤增大時，每 1 元利潤所負擔的利息就會相對地減少，從而給投資者收益帶來更大幅度的提高。這種債務對投資者收益的影響稱作財務槓桿（詳第 12 章說明）。

　　財務槓桿作用的大小通常用財務槓桿係數表示。財務槓桿係數愈大，表示財務槓桿作用愈大，財務風險也就愈大；財務槓桿係數愈小，表示財務槓桿作用愈小，財務風險也就愈小。

2.營運槓桿度

$$營運槓桿度 = \frac{息前稅前損益變動百分比}{營業額變動百分比}$$

$$= \frac{\dfrac{\$108 - \$77.7}{\$77.7}}{\dfrac{\$1,123 - \$827}{\$827}}$$

$$= 1.09 \text{ 倍}$$

　　企業經營風險的大小常常使用營運槓桿度 (the degree of operating leverage) 來衡量，營運槓桿度的大小一般用營運槓桿係數表示，它是企業計算利息和所得稅之前的盈餘變動率與銷售額變動率之間的比率。

3.總槓桿度

$$總槓桿度 = \frac{稅後損益變動百分比}{營業額變動百分比}$$

$$= \frac{稅後損益變動百分比}{息前稅前損益變動百分比} \times \frac{息前稅前損益變動百分比}{營業額變動百分比}$$

$$= 財務槓桿度 \times 營運槓桿度$$

$$= 1.03 \times 1.09$$

$$= 1.12 \text{ 倍}$$

通常把營運槓桿度和財務槓桿度的連鎖作用稱為總槓桿度 (general leverage degree) 作用。總槓桿度的作用程度，可用總槓桿係數表示，它是營運槓桿係數和財務槓桿係數的乘積。

與本章主題相關的網頁資訊:

證券基金會——資訊王: http://www.sfi.org.tw/newsfi/
時報資訊——財經資料庫: http://www.infotimes.com.tw/

2.15　本章習題

1. 下列為某公司 2001 年 12 月 31 日的資料，試據以計算下列問題。

流動負債總額（不附息）	$300,000
應付債券（6%, 1984 年發行，2004 年到期）	600,000
特別股（每股面額 $100，5%）	300,000
普通股（每股面額 $10）	750,000
保留盈餘	600,000
稅前淨利	200,000
當年度所得稅	60,000
特別股股利	15,000

則：(1) 2001 年普通股每股盈餘應為多少?

(2)而倘若 2001 年度發放普通股股利 $35,000，則當年度股東權益成長率又應為多少 %?

2. 甲公司股東權益總額為 $6,200,000，包括: 特別股 $2,000,000（20,000 股，每股面額 $100，股利為 $8，贖回價格為 $110），普通股 $800,000（每股面額 $5），資本公積 $1,600,000，保留盈餘 $1,800,000，假設無積欠股利，則普通股每股帳面價值應為多少元?

3. 甲公司 2002 年度稅後純益為 $135,000,000，本年度 9 月 1 日現金增資 $150,000,000，增資後資本總額為 $1,000,000,000，每股面額 $10，請試算

2002 年度每股盈餘。

4. 某公司 2002 年度將成本 $150,000、累計折舊 $100,000 之固定資產以 $60,000 出售，專利權攤銷 $30,000，預付費用減少 $8,000，應付帳款減少 $20,000，提列法定盈餘公積 $5,000，償還銀行借款 $200,000。該公司編製現金流量表時，營業活動項目以間接法表達。上列交易在現金流量表中應怎麼表達？

5. 甲公司 2002 年度純益為 $1,000，當年曾提列呆帳 $200，折舊 $100，則當年度來自營業活動之現金應為多少？

6. 某公司有銷售額 $400,000，折舊費 $40,000，可稅所得 $50,000，稅率為 35%，則淨現金流量與淨利益之差應為多少元？

7. 設流動比率為 3，速動比率為 1，如以現金償還應付帳款，將會使流動比率或速動比率有怎麼樣的改變？

8. 和平公司 2002 年度與營業有關之資料如下：銷貨 $300,000，期初存貨 $30,000，期末存貨 $40,000，毛利率為 30%，則和平公司 2002 年度有幾次的存貨周轉率？

9. 設忠孝公司全部以賒銷方式進行交易，2002 年期初應收帳款為 $1,000，本期銷貨總額 $100,000，銷貨退回及讓價 $19,000，銷貨折扣 $1,000，期末應收帳款為 $3,000，若一年以 365 天計算，則應收帳款平均收現天數應為幾天？

10. 全國公司流動比率為 3，速動比率為 2.5，流動負債為 $120,000，則應有多少的營運資金？

11. 一家公司擁有 $14,000,000 的總資產，負債與權益比例為 0.75，營業額為 $10,000,000，總固定成本等於 $4,000,000，如果該公司的息前稅前盈餘 (EBIT) = $2,000,000，稅率為 45%，負債的比率為 10%，則該公司的 ROE 應為多少？

第 3 章
貨幣的時間價值

3.1　單利與複利　/ 42

3.2　現值與折現　/ 46

3.3　現值與未來值　/ 49

3.4　實例分析　/ 52

3.5　名詞介紹　/ 55

3.6　利率因子之種類與計算　/ 59

3.7　財務報表上之應用　/ 60

3.8　本章習題　/ 61

《葛拉漢的左腦，巴菲特的右手》書中第六章複利節錄出巴菲特對貨幣時間價值有以下的論點：

> 我從不可靠的消息來源得知，伊莎貝拉王后當初資助哥倫布航行的成本約為 30,000 美元。至少這筆創業投資資金運用得還算成功。如果不計從發現新半球得到的心靈收入，我們必須指出整宗交易案不完全是另一家 IBM。非常粗略地計算，這 30,000 美元以 4% 的年複利累積，將等於 2,000,000,000,000 美元。

這是 2 兆美元，而所用的報酬率只有 4% 區區之數。這個數目不但不可小覷，累積下來更是叫人興奮不已。巴菲特把這段短文叫做「複利之樂」。

所以有人說：以市場價格作為價值的量尺，是錯誤的作法，因為他沒有把後續的時間價值計算進去。其實可以用來估計企業價值的所有方法中，皆以貨幣時間價值作為在財務管理上任何決策的價值評估的基礎概念。

3.1　單利與複利

在經濟學領域中，一般常提到影響生產之三大要素為：土地、勞力及資本。至於使用資本（貨幣）的時間價值稱為利息。為表彰利息佔本金之百分比，則稱為利率，亦即：

利息＝本金 × 利率

上述利息之計算僅係 1 期而已；若為多期時，必須考慮其第 1 期利息是否滾入原本金以作為計算第 2 期利息之本金，則有下列二種情形：

⑴利息不滾入本金內，此種計息方式稱為單利，其利息計算式為：

利息＝本金 × 利率 × 期數

未來值本利和則為：

$$未來值本利和 = 本金 \times (1 + 利率 \times 期數)$$

⑵利息滾入本金再生利息，亦即利滾利方式，此種計息方式稱為複利，其未來值本利和計算式為：

$$未來值本利和 = 本金 \times (1 + 利率)^{期數}$$

一般投資理財行為中，除非每期固定收取利息（如定期存款採存本取息方式者）者為單利者外，一般我們考慮利息時，均採用複利之思考模式（定期存款採整存整付即為複利方式）。

接著，我們將利用以下例題更深入探討單利與複利：

1. 1 年期投資

假設你將 $1,000 作一個年息 10% 的定期存款。1 年後你將會有多少存款呢？原來的本金 (principal) $1,000，加上 $100 的利息也就是 $1,100。而 $1,100 是在 10% 利率下，將 $1,000 投資 1 年的未來值。亦即是在 10% 利率下，今天的 $1,000 在 1 年後的價值是 $1,100。

一般而言，如果你在 i 利率下投資 1 年，你所投資的每 $1，將收到 $1 \times (1 + i)$。在這個例子裡，i 為 10%，所以你的每 $1 投資，都將增加為 $1 \times (1 + 10\%) = \$1.1$。由於你投資了 $1,000，所以你將收到 $1,100。

2. 2 年期投資

同樣地我們所投資的 $1,000。如果利率沒有改變，2 年後你有多少錢呢？第 1 年年底時，如果你繼續把 $1,100 的存款都留在銀行，那麼，第 2 年中你就可以賺得 $1,100 \times 10\% = \$110$ 的利息，2 年後你總共會有 $1,100 + $110 = $1,210。這 $1,210 就是 $1,000 在 10% 利率下的 2 年後的未來值。這也就是在 1 年後，你以 10% 利率將 $1,100 再投資 1 年。因為你所投資的每 $1 都可以拿回 $1.1，所以共拿回 $1,100 \times 1.1 = \$1,210$。

這 $1,210 共包含四部分。第一部分是原本的 $1,000 本金；第二部分是第 1 年賺得的 $100 利息；第三部分是你在第 2 年所賺得的另一個 $100 利息；

最後一部分是第 1 年年底的利息在第 2 年所賺得的 $\$100 \times 10\% = \$10$ 利息。

現在，讓我們更仔細地看先前所得到的 $\$1,210$。我們把 $\$1,100$ 乘上 1.1 就得到 $\$1,210$。然而，$\$1,100$ 也是 $\$1,000$ 乘上 1.1 所得到的。換言之：

$$
\begin{aligned}
\$1,210 &= \$1,100 \times 1.1 \\
&= (\$1,000 \times 1.1) \times 1.1 \\
&= \$1,000 \times (1.1)^2 \\
&= \$1,000 \times 1.21
\end{aligned}
$$

3. 多年期投資

如果你投資 3 年，這 $\$1,000$ 會變成多少呢？同樣地，在 2 年後，我們把 $\$1,210$ 再投資 1 年。所以，我們得到 $\$1,210 \times 1.1 = \$1,331$。因此，這 $\$1,331$ 是：

$$
\begin{aligned}
\$1,331 &= \$1,210 \times 1.1 \\
&= (\$1,100 \times 1.1) \times 1.1 \\
&= (\$1,000 \times 1.1) \times 1.1 \times 1.1 \\
&= \$1,000 \times (1.1)^3 \\
&= \$1,000 \times 1.331
\end{aligned}
$$

由以上的計算式中，我們可以得到下列的計算模式。誠如上例所顯示，在每期利率為 i 之下，$\$1$ 投資 t 期的終值因子 (future value factor)。

我們可以算出終值因子為：

$$
1 \times (1 + i)^t
$$

上式中的 $(1 + i)^t$ 通常稱為 $\$1$ 在 i 利率下投資 t 期的終值利率因子 (future value interest factor, FVIF (i, t))。

在這個例子中，$\$1,000$ 的 5 年後價值是多少呢？首先我們可以算出收關的未來值因子為：

$$(1 + i)^t = (1 + 10\%)^5 = (1.10)^5 = 1.61051$$

因此，$1000 將變成：

$$\$1,000 \times 1.61051 = \$1,610.51$$

以表 3.1 說明以利率 10% 投資 $1,000 每年的成長。如下表所示，每年賺得的利息就等於年初金額乘以利率 10%。

表 3.1　利率 10%，$1,000 的終值

年	年初金額	單　利	複　利	賺得利息	年底金額
1	$1,000.00	$100.00	$　0.00	$100.00	$1,100.00
2	1,100.00	100.00	10.00	110.00	1,210.00
3	1,210.00	100.00	21.00	121.00	1,331.00
4	1,331.00	100.00	33.10	133.10	1,464.10
5	1,464.10	100.00	46.41	146.41	1,610.51
合計		$500.00	$110.51	$　610.51	

如上表所示，利率 10% 投資 $1,000 每年的成長。每年賺得的利息就等於年初金額乘以利率 10%。從表 3.1 顯示，你賺得的利息共為 $610.51。在這 5 年的投資中，每年單利為 $1,000×0.1 = $100，共累積 $500，其他的 $110.51 則是來自於複利。複生利息就是指賺取利上利 (interest on interest)，把所有的錢和累積的利息留在投資中超過 1 期，因而再投資 (reinvesting) 的這種過程，就叫做重複生利息 (compounding)。如果是單利 (simple interest)，利息就不再投資，每一期只賺得原本本金的利息。

4.利滾利

設某人擁有 $10,000 存款，每年複利一次，年利率 5%，共存了 3 年，問此人 3 年後可得多少錢？其中單利是多少？複利是多少？

表 3.2　利率 5%，單、複利比較

$i = 5\%$	單利			複利		
年	本	利	和	本	利	和
0	$10,000	–	$10,000	$10,000	–	$10,000
1	10,000	$ 500	10,500	10,000	$ 500	10,500
2	10,000	500	11,000	10,500	525	11,025
3	10,000	500	11,500	11,025	551.25	11,576.25
利息合計		$1,500			$1,576.25	

第 1 年年底時，你將擁有 $10,000 × (1 + 5%) = $10,500。假如你把全部金額再投資，那麼，第 3 年年底你將有 $10,000 × (1 + 5%)³ = $11,576.25。因此，利息共是 $11,576.25 – $10,000 = $1,576.25。 你原有的本金每年賺得利息 $10,000 × 5% = $500，3 年的單利共是 $1,500，剩下的 $1,576.25 – $1,500 = $76.25，則是以利滾利的結果。你可以檢查一下：第 1 年賺得 $500 利息，利上利為第 2 年 $500 × 0.05 = $25，第 3 年 $500 × (3 + 0.05) × 0.05 = $76.25。

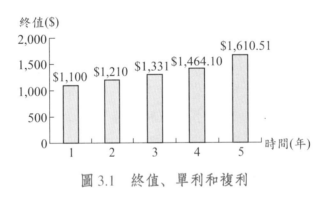

圖 3.1　終值、單利和複利

圖 3.1 說明表 3.1 中複利的成長。注意，每年的單利是固定的，而複利則是逐年增加。複利愈來愈大是因為愈來愈多利息加入生利息。

3.2　現值與折現

終值的概念是當我們投資 $2,000 於股票，若每年的平均報酬率為 6.5%，投資 6 年後會變成多少呢？答案就是在 6.5% 的利率下把 $2,000 投資 6 年的

終值，即 $2,918。

　　財務管理上有另外一種更常見，且明顯和終值相關的問題，那就是現值。假設 10 年後，你需要 $10,000，而且你希望每年可以賺得 6.5% 報酬。那麼，今天你必須投資多少，才能達到這個目標呢? 答案是 $5,327.26。

1. 1 期現值

　　我們已經知道，$1,000 在 10% 利率下投資 1 年的未來值是 $1,100。然而，在 10% 利率下，今天我們必須投資多少，才能在 1 年後拿到 $1,000 呢? 換句話說，現在我們知道終值是 $1,000，但是，現值 (present value, PV) 是多少呢?

$$現值 \times 1.1 = \$1,000$$
$$現值 = \$1,000 / 1.1 = \$909$$

　　在這個例子裡，現值回答了下面的問題:「如果利率是 10%，今天要投資多少，1 年後才能拿到 $1,000?」現值即是終值的倒數。在這裡，我們把錢折現 (discount) 回到現在，而不再是把錢向前複利到未來。

　　從此例子可知，將在 1 年後收到的 $1 的現值是:

$$PV = \$1 \times [1/(1 + i)]$$

　　接下來我們檢查如何計算在 2 期後，或更多期後收到的現金的現值。

2. 多期現值

　　假設 2 年後你需要 $1,000。如果你的投資每年可以賺得 7% 報酬，現在你必須投資多少錢，才能確保當你需要時，你就可以擁有 $1,000? 換言之，如果攸關利率是 7%，2 年後 $1,000 的現值是多少呢?

　　根據對未來值的解知道，投資額必須在 2 年後變成 $1,000。換句話說，必須滿足:

$$\$1,000 = PV \times 1.07 \times 1.07$$
$$= PV \times 1.07^2$$

$$= PV \times 1.1449$$

因此，我們可以解得現值為：

$$現值 = \$1,000/1.1449 = \$873.44$$

所以，$873.44 就是為了達到目標所必須投入的金額。

◁ 範例 3.2.1　儲　蓄

若你在大學時期的每學期學費是由父母資助，1 年大學共需花費 $240,000，若存款利率每半年 6%，則現在父母需存入多少錢，才能供你下學年繳費之用？

在我們假設的半年期利率 6% 下，1 年有 2 期，1 年後所要付出的 $240,000 現值多少？從上面的討論知道：

$$PV = \$240,000/1.06^2$$
$$= \$240,000/1.1236$$
$$= \$213,599.15$$

只要現在將 $213,599.15 存入銀行，到 1 年後就有足夠的金額繳學費。◆

由以上的討論發現現值計算和終值計算很相似。在 i 折現率下，t 期後將收到的 $1 的現值是：

$$PV = \$1 \times [1/(1+i)^t] = \$1/(1+i)^t$$

$1/(1+i)^t$ 是用來折現未來的現金流量，所以被稱為折現因子 (discount factor)。$1/(1+i)^t$ 也常被稱為 i 利率下，t 期的 $1 的現值利率因子 (present value interest factor, PVIF (i, t))。這種計算未來現金流量的現值，以決定它在現今價值的方法，通常就稱為折現現金流量 (discounted cash flow, DCF) 評價。

假設 3 年後你需要 $100,000，而存款利率為 15%，那麼你現在必須存入

多少錢呢? 我們必須先決定在利率 15% 下，3 年後 $100,000 的現值是多少?
所以，我們要在利率 15% 下，把 $100,000 折現 3 期。首先，折現因子是:

$$PV = \$1 \times [1/(1+i)^t] = \$1/(1+i)^t$$
$$= \$1 \times [1/(1+15\%)^3] = \$1/1.5209 = 0.6575$$

因此，你必須投資的金額是:

$$\$100,000 \times 0.6575 = \$65,750$$

我們稱 $65,750 是在利率 15% 下，3 年後將收到的 $100,000 的現值，或
折現值。

附表 A.2 是個較大的現值因子表，附表 A.2 中，只需從 15% 這一欄往下
看到第 3 列，就可以找到我們剛算出的折現因子 0.6575。

3.3　現值與未來值

現值因子就是終值因子的倒數:

$$終值因子 = (1+i)^t$$
$$現值因子 = 1/(1+i)^t$$

在許多計算機上，計算現值最簡單的方法是先算出終值，然後再按 "$1/x$"
鍵，把它倒轉過來就可以了。

如果我們讓 FV_t 代表 t 期後的終值，那麼終值和現值間的關係就可以寫
成:

$$PV \times (1+i)^t = FV_t$$
$$PV = FV_t/(1+i)^t$$

這即稱為基本現值等式 (basic present value equation)，這個簡單等式說明
了許多財務管理裡的重要觀念。我們可透過以下例題來瞭解相關計算:

　　若美國 Fame 公司以 Y 技術聞名，現在有一家美商願以 50 萬的價格購買 Y 技術。或 Fame 公司 2 年後把這項技術以 70 萬賣給臺灣的 Yele 公司。若 Fame 現在出售 Y 技術拿到 50 萬，並投資在其他風險非常低，且報酬率為 30% 的資產上。你覺得這項投資案如何抉擇呢（假設公司將不會再用到此技術資產）?

　　若選擇以 30% 的報酬率投資這 50 萬，那麼 2 年後就可以得到:

$$50 萬 \times (1 + i)^t = 50 萬 \times (1 + 30\%)^2$$
$$= 50 萬 \times 1.69$$
$$= 84.5 萬$$

　　2 年後 50 萬元投資報酬率為 30% 的資產可獲得 84.5 萬，若 Fame 公司 2 年後賣給 Yele 公司僅可以獲得 70 萬，所以，這項投資並不如賣給美商早點拿到 50 萬好。另一種說法是: 在 30% 下，2 年後的 70 萬的現值為:

$$70 萬 \times [1/(1 + i)^t] = \$70 萬 /1.69$$
$$= 41.42 萬$$

　　這告訴我們，只要現在賣掉這項資產就可以得到 50 萬，而比 2 年後的 70 萬（現值為 41.42 萬）還多。這家公司應該選擇現在就可以賣掉的。

　　此外，透過基本現值等式的延伸，我們可進一步決定折現率。

　　如果我們要決定一項投資所隱含的折現率，可以利用下列基本現值等式:

$$PV = FV_t/(1 + i)^t$$

　　這個等式中有四個部分: 現值 (PV)，終值 (FV_t)，折現率 (i)，和投資期間 (t)。只要知道其中任何三個，就可以求得第四個。假設你擁有一筆 5 萬元的閒置資金想作投資，1 年後欲拿回 6 萬元。該項投資的報酬率要多少?

　　除了原始資金 5 萬，你想又增值 1 萬，因此，我們可以得知隱含的報酬率是 1 萬／5 萬 = 20%。

如果從基本現值等式來看，現值是 5 萬，未來值是 6 萬，時間是 1 期，將得下式：

$$5 \text{ 萬} = 6 \text{ 萬} / (1 + i)^1$$
$$(1 + i)^1 = 6 \text{ 萬} / 5 \text{ 萬}$$
$$= 1.2$$
$$i = 20\%$$

當然，在這個簡單的例子裡，我們根本不需要這樣一步一步的計算。但是，當期數大於 1 期時，計算就變得比較困難了。

為了說明多期情況，假設有一項投資必須花 $100,000，而且將在 8 年後使我們所投資的錢變成 2 倍。為了和其他投資相比較，我們想要知道隱含的折現是多少？這個折現率稱為該投資的報酬率 (rate of return，或只稱 return)。在這個例子裡，現值是 $100,000，未來值是 $200,000，期間是 8 年。要計算報酬率，可以從基本現值等式著手：

$$PV = FV_t / (1 + i)^t$$
$$\$100,000 = \$200,000 / (1 + i)^8$$

所以：

$$(1 + i)^8 = \$200,000 / \$100,000 = 2$$

現在我們必須解 i，我們有二種方法可以選擇：

(1) 使用財務計算機：兩邊各開八次方根，解得 $(1 + i)$。因為開八次方根就相當於是 1/8（也就是 0.125）次方，所以，利用計算機上的 "x^y" 鍵，最後再輸入 0.125，並按 "＝" 就可以了。2 的八次方根大約是 1.09，隱含著 i 等於 9%。

(2) 使用終值表：8 年的終值因子是 2，如果在附表 A.1 中沿著 8 期這一列找過去，你將發現未來值因子 2 對應著 9%。這表示隱含的報酬率是 9%。

3.4　實例分析

一般投資理財行為中，最常與金融保險業有關。金融保險業業務中，一般常見有存款及放款等業務，今舉例如下（以下的例題計算金額可能因每人所取的小數點位數不同，而有所誤差）：

◉ 範例 3.4.1　存本取息之定期存款

假設有 100 萬元，存入金融業中，於年利率 12% 下，每月固定領取利息，1 年到期時方領回本金 100 萬元，此種定期存款方式稱為「存本取息」。其利息計算方式係上述之單利，故每月領回之利息計算式如下：

$$利息 = \$1,000,000 \times 1\%$$
$$= \$10,000$$

◉ 範例 3.4.2　整存整付之定期存款

條件同範例 3.4.1，但每個月不領利息，每月利息滾入本金中，再計息至到期時一次領回本金及利息，此種定期存款方式稱為「整存整付」，其利息計算方式係上述之複利。請問 1 年後本息共可領回多少錢（亦即終值是多少）？答案是共可領回 1,126,825 元，其計算式如下：

$$終值 = 本金 \times 普通終值利率因子$$
$$= \$1,000,000 \times (1 + 1\%)^{12}$$
$$= \$1,000,000 \times 1.126825$$
$$= \$1,126,825$$

◉ 範例 3.4.3　範例 3.4.2 之反向思考

1 年後想領回 1,126,825 元，其他條件同範例 3.4.2，請問目前需存入多少錢（亦即現值是多少）？ 答案是 1,000,000 元，其計算式如下：

$$現值 = 本金 \times 普通現值利率因子$$
$$= \$1,126,825 \times [1/(1+1\%)^{12}]$$
$$= \$1,126,825 \times 0.887449$$
$$= \$1,000,000$$

範例 3.4.4　零存整付之定期存款

條件同範例 3.4.2，但每個月均存入一筆固定金額（本例為 100 萬元），亦即每個月均固定存入本金（每期年金）100 萬元，平時不領利息，至到期時，一次領回本息，此種定期存款方式稱為「零存整付」，請問 1 年後共可領回多少錢（亦即年金終值是多少）？答案是 12,682,503 元，其計算式如下（每次存 100 萬，共存 12 次，本金共存 1,200 萬）：

$$年金終值 = 每期年金 \times 年金終值利率因子$$
$$= \$1,000,000 \times \{[(1+1\%)^{12} - 1]1\%\}$$
$$= \$1,000,000 \times 12.682503$$
$$= \$12,682,503$$

範例 3.4.5　一次領回之保險

每月固定繳交 100 萬元之保費，其他條件同範例 3.4.4，則 1 年後本金（年金終值）共可領回 12,682,503 元（其計算式與範例 3.4.4 相同）。

範例 3.4.6　固定攤還本息之金融業借款（I）

因購買汽車向銀行借款 50 萬元（亦即年金現值為 50 萬元），期限 3 年，在年利率 12% 情況下，3 年按月平均攤還本息，請問每月需繳本息多少（亦即每期年金為多少）？答案是 16,607 元，其計算式如下：

$$年金現值 = 每期年金 \times 年金現值利率因子$$
$$\$500,000 = 每期年金 \times \{[1 - 1/(1+1\%)^{36}]/1\%\}$$
$$每期年金 = \$500,000/30.107505$$
$$= \$16,607$$

⟲ 範例 3.4.7　固定攤還本息之金融業借款（II）

　　借款（年金現值）12,682,503 元，在年利率 12% 情況下，分 12 個月平均攤還本息，則每個月各攤還本息（每期年金）為 1,126,825 元，其計算式如下：

　　　　年金現值 = 每期年金 × 年金現值利率因子

　　　　$12,682,503 = 每期年金 × 11.255077

　　　　每期年金 = $1,126,825　　　　　　　　　　　　　　　　　◆

⟲ 範例 3.4.8　有寬限期下之金融業借款（I）

　　以所購之廠房向銀行借款 500 萬元，在年利率 12% 下，期限 6 年，前 2 年按月只繳利息（亦即還本寬限期為 2 年），自第 3 年起按月平均攤還本息，每月各攤本息 131,669 元，其計算如下：

　　　　年金現值 = 每期年金 × 年金現值利率因子（1%；48 期）

　　　　$5,000,000 = 每期年金 × 37.973959

　　　　每期年金 = $131,669

　　因前 2 年只繳利息，係簡單之單利，故月繳 5 萬元之利息。自第 3 年起方繳本息，故其計算年金現值利率因子之利率為 1%，期限為 48 期（亦即僅剩下 4 年，故分 48 期攤還本息）。　　　　　　　　　　　　◆

⟲ 範例 3.4.9　退休金計畫

　　A 公司員工老張預計於第 5 年年底退休，自退休日起 A 公司每年需支付 1,000,000 元退休金，為期 5 年（本計畫前後共 9 年），請問 A 公司現在（現值）需存入多少錢，在年息 2% 按年複利下，才能支付本計畫？

　　本題有二解，可從二個不同角度來思考。其一為：從第 9 期往現在看，第 9 期至第 5 期為一年金現值之模式，從第 4 期至第 1 期為一普通現值之模式，故：

　　　　年金現值 = 每期年金 × 年金現值利率因子（12%；5 期）

$$\times 普通現值利率因子（12\%；4 期）$$
$$= \$1,000,000 \times 3.604776 \times 0.635518$$
$$= \$2,290,900$$

另一解為：從第 9 期至第 1 期先假設成全部係年金現值之模式（亦即先假設第 1 期至第 9 期，每期均可領固定年金 100 萬元），再減去第 4 期至第 1 期之年金現值（因此 4 期係遞延年金），亦即：

$$現值 = 每期年金 \times 年金現值利率因子（12\%；9 期）$$
$$- 每期年金 \times 年金現值利率因子（12\%；4 期）$$
$$= \$1,000,000 \times (5.328250 - 3.037349)$$
$$= \$2,290,901$$

本例中，複利係假設按年複利，與上述之按月複利不同，故計算之基準利率與期數就不同。至於實際情形需視個案投資條件而定。　◆

範例 3.4.10　有寬限期下之金融業借款（II）

以機器設備向銀行借款 300 萬元，在年利率 4.8% 下，期限 5 年，寬限期 2 年，自第 3 年起，以每 3 個月為 1 期，分成 12 次平均攤還本金 25 萬元。

本例因還本呈不規則期限，計算年金現值比較困難，故實務上，一般銀行不會採用固定攤還「本息」方式，而會採用平均攤還本金方式（本例中，300 萬元分成 12 次還，故每次還本 25 萬元）。至於利息部分，則每個月按本金餘額計算，實務上，按月計收（亦即上述之單利方式）。　◆

3.5　名詞介紹

3.5.1　現值與終值

現值 (present value, PV) 係指現在值多少；終值 (future value, FV) 係指未來值多少。本係同一件事情，只因從不同時點，故其價值就不同。亦即終值

等於現值加上貨幣的時間價值。

由範例 3.4.2 及範例 3.4.3 中，可以得知現值與終值透過不同的普通現值利率因子或普通終值利率因子是可以互換計算的。

3.5.2 年金現值與年金終值

年金現值與年金終值，與上述之現值與終值意義是一樣的，其主要差異是年金現值與年金終值，在每期均有單一筆固定之金額投入，故稱為「年金」。參考範例 3.4.4 至範例 3.4.7 之說明，讀者應可更容易瞭解。

何以範例 3.4.4 與範例 3.4.7 所算出之每期年金居然不同 （範例 3.4.4 是 1,000,000 元； 範例 3.4.7 是 1,126,825 元)？ 原來此兩例子之年金總值都是 12,682,503 元，但是範例 3.4.4 之 12,682,503 元係計算年金終值；而範例 3.4.7 之 12,682,503 元係計算年金現值。若兩例子要達成相同的每期年金，也就是要達成上述之現值與終值是可以互換的，則範例 3.4.7 要改成與範例 3.4.4 相同之基礎， 亦即將範例 3.4.4 之終值 12,682,503 元， 換算成現值為 11,255,074 元 （＝$12,682,503×現值利率因子（1%；12 期）＝$12,682,503×0.887449)，則範例 3.4.7 需改成借款（現值）11,255,074 元，其餘條件均不變，則每期應攤還本息之計算式如下：

年金現值＝每期年金×年金現值利率因子

$11,255,074 ＝每期年金×11.255077

每期年金＝$1,000,000

3.5.3 不規則年金

上述所說明之年金，每期均有一固定之金額投入，故又稱為規則性年金。實務上，由於借貸雙方所要求之償還條件未必固定，故又有多種變化性之年金出現，一般常見不規則年金有下列數種。

1.遞延年金（現值或終值）

遞延年金係指投入之年金遞延一段期間後，每期固定投入年金者。參範例 3.4.8，貸款期限 6 年，寬限期 2 年，由第 3 年起方固定攤還本息之例子，其遞延年限為 2 年。

另範例 3.4.9 退休金之例子，其遞延年限為 4 年。

2.不規則性年金

不規則性年金，係指其每期投入之年金不固定，或其每次計算複利之期間不固定。例如：現在存入一筆錢（或稱躉售型保單），從第 5 年起，每年可領回 10 萬元。從第 10 年起，每年可領回 20 萬元。從第 20 年起，每年可領回 30 萬元，從……。此種年金方式，因個案而定，較不規則，其思考計算模式，可以比照範例 3.4.9。又如範例 3.4.10，複利期間不固定，故金融業者就不採用複雜年金計算之固定本息攤還方式，而採簡單平均之本金攤還方式。

◉ 3.5.4 特殊年金

1.永續年金

永續年金 (perpetuity) 係指無限期之年金，永續年金現值之計算式為：

永續年金現值＝每期年金÷利率

假設 A 公司股票每股面額 10 元，每年固定支付股利（此稱為零成長下之股利，將於第 13.1 節中說明，另固定之股利政策，請參考第 14 章）2 元，在市場報酬率為 10%，在永續經營下，A 公司目前（現值）理論股價應多少？

現值＝$2/10%
　　＝$20

2.期初年金

期初年金係指每期年金係在期初投入，比以上所述之年金方式早了 1 期，

故在計算年金終值時，其年金終值利率因子需以多 1 期之年金終期值利率因子值減 1；在計算年金現值時，其年金現值利率因子需以少 1 期之年金現值利率因子值加 1。今分別說明如下：

(1)期初年金終值：條件同範例 3.4.4，但年金改為每月月初存入。在範例 3.4.4 中，假設第一筆年金係於 2002 年 1 月 31 日存入，則 12 期應於 2003 年 1 月 31 日到期（第 12 次年金應於 2002 年 12 月 31 日存入），共複利 12 次。然而本例中，年金改由每月 1 日投入，共複利 13 次，故其年金終值利率因子改以 $n+1$ 期（13 期）計算；但因年金部分（本例為 100 萬）只投入 12 次，而非 13 次，故需減 1。其計算式如下：

$$期初年金終值 = 每期年金 \times [年金終值利率因子\,(i; n+1) - 1]$$
$$= \$1,000,000 \times (13.809328 - 1)$$
$$= \$12,809,328$$

請比較範例 3.4.4 之 12,682,503 元，期初年金終值因為提早於期初計息，增加了貨幣的時間價值。

(2)期初年金現值：條件同範例 3.4.6，但年金改為每月月初還款。在範例 3.4.6 中，假設於 2002 年 1 月 31 日借款，則第一次攤還本息應從 2002 年 2 月 28 日起（亦即下個月起還本息），共複利 36 次。然而本例中，從 2002 年 1 月 31 日即開始要還第一次本息，共複利 35 次，故其年金現值利率因子改以 $n-1$ 期（35 期）計算，但因年金還本還是 36 次（第一次還於借款當日），故需加 1。其計算式如下：

$$期初年金現值 = 每期年金 \times [年金現值利率因子\,(i; n-1) + 1]$$
$$\$500,000 = 每期年金 \times (29.408580 + 1)$$

經過計算每期年金為 16,443 元。請比較範例 3.4.6 之 16,607 元，期初年金現值一定較年金現值小，因為提早於期初還本，減少了貨幣的時間價值。

3.6　利率因子之種類與計算

綜上所述，由貨幣的時間價值，導出單利及複利。由複利再導出普通現值與終值，由普通現值與終值再導出年金現值與終值，要計算普通現值、普通終值、年金現值及年金終值，必須透過其利率因子，故有以下四種之利率因子（其中 i 表利率，n 表期數）：

(1)普通終值利率因子 $= (1 + i)^n$

(2)普通現值利率因子 $= \dfrac{1}{(1 + i)^n}$

(3)年金終值利率因子 $= \dfrac{(1 + i)^{n-1}}{i}$

(4)年金現值利率因子 $= \dfrac{1 - \dfrac{1}{(1 + i)^n}}{i}$

至於計算利率因子之方法則可分為以下四種：

(1)查表：利用一般工具書中之現值表、終值表、年金現值表及年金終值表所提供之數據，按所需之利率及期數，查表即可。此法亦是最常用的方法。

(2)用計算機計算：利用一般計算機或財務型計算機計算而得。

(3)利用公式計算：透過上述之利率因子計算公式，套入利率及期數，用試誤法、插補法或等比級數法計算而得。若是不知利率（或報酬率）是多少，常用此法計算出。

(4)用 Excel 計算：利用此應用軟體「財務函數」功能中的 RATE，電腦可回傳回年金或貸款的每期利率。例如：8,000 元的 4 年期分期付款，每月付款 200 元，則其期利率應該是：RATE(48, −200, 8,000) 等於 0.77%，算出來的是月利率，因為公式中所使用的是每月為 1 期。依此結果，年利率是 0.77%×12 等於 9.24%。

3.7　財務報表上之應用

(1) 依商業會計處理準則第十五條及第二十一條規定，應收（付）票據（帳款）應按現值評價，但到期日在 1 年以內者，得按面值（帳載金額）評價。

假設銷貨 300,000 元，收到一張 3 年期支票，假設在年利率 12% 下，按年複利計息，本日不能以 300,000 元入帳，而應以 213,534 元（= \$300,000 × 0.711780）入帳❶。

(2) 依商業會計處理準則第二十二條規定，公司債應按面值調整未攤銷溢、折價評價；其溢價或折價應於債券流通期間內按合理而有系統的方法加以攤銷，作為利息費用之調整項目。

假設發行面值 100 萬元之公司債，票面利率 6%，20 年到期，每半年付息一次；若市場利率為 2%，請問該公司債之公平市價為多少？

本例中公司債本金 100 萬元，係 20 年後要償還之金額，換算成現值則為 671,653 元（= \$1,000,000 × 普通現值利率因子（1%；40 期）= \$1,000,000 × 0.671653）。

每半年要付利息 30,000 元，40 次，其年金現值為 985,040 元（= \$30,000 × 年金現值利率因子（1%；40 期）= \$30,000 × 32.834666）。

上述兩者相加，亦即公司債目前之公平市價為 1,656,693 元，溢價發行 656,693 元（因為債面利率大於市場利率，所以公司債較有價值，故溢價發行）❷。

---

❶ 一般會計入帳方式有兩種：一是總額法（備抵科目法），以總金額入帳，借方科目為應收票據 \$300,000，貸方科目為銷貨收入 \$213,534 及未實現利息收入（或遞延收益）\$86,466。一是淨額法，以現值入帳，借方科目為應收票據 \$213,534，貸方科目為銷貨收入 \$213,534。

❷ 本例之會計入帳係借方科目為銀行存款 \$1,656,693，貸方科目為應付公司債 \$1,000,000 及公司債溢價 \$656,693，每半年付息時，除了需做付息之分錄外，還要用有系統之分攤方法將公司債溢價科目與利息費用科目相沖轉。

與本章主題相關的網頁資訊：

168 巴菲特投資理財網：http://home.kimo.com.tw/algerco/
認識巴菲特：http://home.kimo.com.tw/algerco/%BB%7B%C3%D1%A4%DA%B5%E1%AFS.htm
友邦生活理財網：http://www.aig.com.tw/content/z05d05-4.shtml

3.8　本章習題

1. 假設公司目前有 10,000 個員工。你估計員工人數以每年 3% 成長，則 5 年後將有多少員工呢？

2. 張先生每年年末存入銀行 2,000 元，年利率 7%，則 5 年後本利和應為多少？

3. 張先生每年年初存入銀行 2,000 元，年利率 7%，則 5 年後本利和應為多少？

4. 租入 B 設備，每年年末要支付租金 4,000 元，年利率為 8%，則 5 年中租金的現值應為多少？

5. 租入 B 設備，每年年初要支付租金 4,000 元，年利率為 8%，則 5 年中租金的現值應為多少？

6. RD 投資專案於 1991 年動土，由於施工延期 5 年，於 1996 年年初投產，從投產之日起每年得到收益 40,000 元。按年利率 6% 計算，則 10 年收益於 2001 年年初的終值應為多少？

7. 把 100 元存入銀行，按複利計算，10 年後可獲本利和為 259.4 元，請問銀行存款的利率應為多少？

8. 某工廠在第 1 年年初向銀行借入 10,000 元購買設備，銀行規定從第 1 年年末到第 5 年年末，每年等額償還 2,638 元，請問這筆借款的利率應是多少？

9. 假定有一筆 100 元的投資，期限為 3 年，年利率為 8%，每年複利 4 次，請問其終值為多少？

10. 承上題，若每年複利 2 次，其終值又為多少？

11. A 公司持有 B 公司的優先股 600 股，每年於年末可獲得優先股股利 1,200 元。若利率為 8%，則該優先股 3 年來股利的現值為多少？

12. 某科研基金會擬存入銀行一筆錢，預期以後無期限地於每年年末取出利息

160,000 元，用以支付年度課題研究經費。若存款利息率為 8%，則該基金會應於年初一次存入多少錢?

第<big>4</big>章

報酬與風險

4.1　報酬與報酬率　/ 64

4.2　何謂風險　/ 66

4.3　風險的衡量　/ 67

4.4　預期報酬和變異數　/ 70

4.5　系統性風險和非系統性風險　/ 72

4.6　資本市場效率性　/ 75

4.7　本章習題　/ 77

到蕃薯藤理財網瀏覽，可獲得一些理財方面的知識和一些投資工具的資訊。根據其股市入門所提出的資料顯示：1985 年至 1997 年間，股票的平均投資年報酬率為 22.05%，遠高於其他的投資工具。其次為基金的 19.07%，房地產為 16.71%，5 年期公債為 8.46%，1 年期定存為 7.2%，黃金則為 4.54%。

經過大環境的轉變，房地產的投資光環不再，全球的股市也欲振乏力，唯股票仍是眾多投資工具當中，兼具報酬率高、變現性高與投資金額較小的優點。然而，股票仍具有值得探討的空間，大眾投資者可透過表 4.1 比較出各種投資工具的特色。

表 4.1　各種投資工具的特色

項目	基金	定存	股票	債券	跟會	房地產	黃金	外匯	期貨
投資金額	小	小	視股價而定	大	小	大	小	中	大
平均報酬	中高	低	高	低	中高	中	低	高	高
變現性	高	中	高	中	中	低	中	高	高
風險性	中	低	高	低	中高	中	低	中	高

畢竟企業方面對其公司的財務管理政策，總是顧及資本市場的效率性以作為評估。故本章的重心還是以資本市場歷史觀點來探討投資的風險與報酬。何謂高報酬、低報酬？從金融資產投資所獲取的報酬及風險又是多少呢？預期將有助於分析評估風險性的投資案。

資本市場的兩大準則：第一、承擔風險是為了要獲取報酬，該報酬就是風險溢酬 (risk premium)，第二、存在的風險愈高，就表示潛在的報酬愈大。

探討個別資產有兩種型態的風險：系統性風險和非系統性風險，區分兩種風險是非常重要的，因為系統性風險只會影響到少數的資產，故須分散投資，但是投資者通常僅以系統性風險為考量，因此可對各別資產風險和報酬來加以探討。至於投資組合風險則留待第 5 章再予討論。

4.1　報酬與報酬率

報酬 (return) 係指投資人參與投資活動，扣除原始投資額後所獲得的金

錢補償。某項投資的報酬，就等於持有該項投資期間內所獲得的現金收益，再加上該投資本身市價在持有期間內所增加的金額，意指購入某項資產從中所獲得到的利得（或損失）即為投資報酬，而報酬可區分為二部分：(1)投資期間從中所得到的現金；(2)所購得的資產價值會不斷的變化，有可能發生資本利得或損失。在此定義下，報酬的多寡係以絕對金額來表示，忽略了最初的投資金額。因此，通常是以報酬佔最初投資金額的百分比來表示報酬的高低，而此百分比就是所謂的報酬率 (rate of return)，亦即金錢補償除以原始投資額後的比率。

範例 4.1.1　投資報酬

假設某人在年初以 $20,000 購買該公司的部分股票，共計 1,000 股，試問其投資總報酬為何？（忽略相關費用）

投資總報酬金額＝股利收入＋資本利得（或資本損失）

若該年中，公司每股發放 $1.5 的現金股利，且年底股價上漲至每股 $24，則其中股利收入為 $1.5 × 1,000 股 ＝ $1,500。

資本利得＝($24 − $20) × 1,000 股 ＝ $4,000

投資總報酬＝$1,500 ＋ $4,000 ＝ $5,500

此外應特別注意的是資本利得（或資本損失）僅於售出時計入，否則並非實際現金流入。若將此股出售，則出售股票的現金總額為：

出售股票現金總額＝原始投資額＋總報酬金額

＝ $20,000 ＋ $5,500

＝ $25,500

通常資本利得是屬於報酬的一部分，並無現金流入，僅為「紙上獲利」，而繼續持股與報酬計算是非攸關的，由於股票可隨時轉售，變現資本利得，故不太會影響所賺得的報酬。

4.2 何謂風險

　　所謂風險係指損失發生的機率，當意外發生所造成的代價，意涵著任何投資均有風險存在。若獲得正如同預期的，即代表一項投資可完全預期，此項投資無風險，亦即一項投資的風險來自於意外的部分，係指非預期的事件。狹義的財務學上的風險 (risk) 通常是指報酬率的不確定性而言，屬於零（或近乎零）風險的投資工具，如美國國庫券、臺灣政府公債，若把金錢投注於此類工具，幾乎不會發生任何的損失，所以風險近乎於零。屬於低風險的投資工具如定存、公司債等。而高風險的投資工具就如股票、期貨以及衍生性金融商品等。若目前購買政府發行的國庫券，到期時必定可以領回本金，並獲得應有的利息，故這兩筆金額都是確定的數字，因此該國庫券的報酬率為已知且固定的，此投資也就無風險可言。但相對地，若現在購買某上市公司的股票，因股價變動無常，無法確定到時的股價，其中所隱含的報酬就是不確定，故謂該投資具風險性。

　　比較平均報酬應將政府發行的證券納入，原因是證券報酬波動幅度較股市報酬為小。

　　該類債券的報酬為無風險報酬 (risk-free return)，故以它作為報酬的比較標準。

　　拿無風險的公債報酬及高風險的普通股報酬來加以比較，兩者報酬間的差異可解釋為一般風險性資產的超額報酬 (excess return)。

　　將其稱為「超額報酬」，是因為從無風險的投資轉移到風險性投資時，所能獲取的額外報酬，亦稱為承擔風險的報酬，故稱為風險溢酬。

　　由此可知，風險性資產賺到的是風險溢酬，所以承擔風險會有報酬。

　　報酬與風險間的關係可以下式表示：

　　　　報酬＝無風險報酬＋風險溢酬

　　　　　　＝政府公債報酬率＋風險溢酬

4.3　風險的衡量

為了要衡量風險的高低，必須使用某些能夠顯示不確定性程度的指標，而統計學上常用的衡量標準就是變異數 (variance) 和變異數的平方根（即標準差，standard deviation），因此成為目前最廣泛採用的，接著來討論如何計算出衡量的標準。

◉ 4.3.1　變異數和標準差

變異數是實際報酬和平均報酬平方差的平均值，此數值愈大，代表著實際報酬和平均報酬的差異愈大，同理，當變異數或標準差愈大時，則表示報酬分配得愈分散。

計算變異數和標準差端視特定的情況而定，要探討的是預估的未來報酬。

該如何來計算變異數?假設某公司過去 3 年來的報酬率分別是 60%,40% 及 –10%，則其平均報酬為 (60% + 40% – 10%)/3 = 30%，為求更容易理解，可將數值計算過程如表 4.2 所示:

表 4.2　變異數計算

年	實際報酬(1)	平均報酬(2)	偏離值(1) – (2)	偏離值的平方
2000	0.6	0.3	0.3	0.09
2001	0.4	0.3	0.1	0.01
2002	–0.1	0.3	–0.4	0.16
合計	0.9		0.0	0.26

上表中，偏離值為實際報酬扣除平均報酬的值，而計算變異數 $Var(R) = \sigma^2$ 時，則是將偏離值平方和加總後除以樣本個數減 1，即可得知 $\sigma^2 = 0.26/(3 – 1) = 0.13 = 13\%$，此外標準差 $SD(R)$ 或 σ 是變異數的平方根，故標準差為:

$$SD(R) = \sigma = \sqrt{0.13} = 3.61\%$$

由於變異數是以百分比的平方作為計算單位，故變異數較不容易解釋，而採變異數的平方根（即標準差），標準差是以百分比作為計算單位，故答案直接以百分比表示為 3.61%。

4.3.2 計算變異數和標準差

假設目前有兩家公司的普通股供投資者選擇，以下是兩家公司近 4 年來的歷史報酬：

表 4.3 A、B 公司的歷史報酬

年	A 公司實際報酬	B 公司實際報酬
1999	0.50	0.20
2000	0.20	−0.40
2001	−0.30	0.15
2002	0.40	0.13

求算出平均報酬、變異數、標準差，來判定哪一項投資的波動程度較大？而兩家公司的平均報酬是：

A 公司的平均報酬 = 0.80 / 4 = 0.20

B 公司的平均報酬 = 0.08 / 4 = 0.02

緊接著求算出 A 公司的變異數，如表 4.4 所示：

表 4.4 A 公司的變異數計算

年	實際報酬(1)	平均報酬(2)	偏離值(1)−(2)	偏離值的平方
1999	0.50	0.20	0.30	0.09
2000	0.20	0.20	0.00	0.00
2001	−0.30	0.20	−0.50	0.25
2002	0.40	0.20	0.20	0.04
合計	0.80		0.00	0.38

其變異數 $(\sigma^2) = 0.38(4-1) = 0.1267$，即標準差 $(\sigma) = \sqrt{0.1267} = 0.3559$ = 35.59%。

依相同計算法可求得 B 公司的變異數 $(\sigma^2) = 0.2378/(4-1) = 0.0793$，標準差 $(\sigma) = \sqrt{0.0793} = 0.2816 = 28.16\%$ 如表 4.5 所示：

表 4.5　A、B 公司的變異數與標準差

	A 公司	B 公司
變異數 (σ^2)	$0.38/(4-1) = 0.1267$	$0.2378/(4-1) = 0.0793$
標準差 (σ)	$\sqrt{0.1267} = 0.3559 = 35.59\%$	$\sqrt{0.0793} = 0.2816 = 28.16\%$

由於 A 公司的標準差為 35.59%，而 B 公司的標準差為 28.16%，故可得知 A 公司的波動幅度比 B 公司來得大。

4.3.3　常態分配

常態分配（normal distribution，或稱為鐘形曲線，bell curve）乃是指對各種不同的隨機事件，有一個特別的次數分配，常用在衡量事件發生在某一特定範圍內的可能性，如「依常態分配來配分」，此概念主要是考試分數呈鐘形曲線的緣故，故常態分配一般可作為實際分配的近似分配。

在任一常態分配下，報酬落在平均值上下一個標準差範圍內的機率大約是 68%，而落在平均值上下兩個標準差內的機率大約是 95%，最後，落在平均值上下三個標準差內的機率大約 99%，趨近於 1，如圖 4.1 所示：

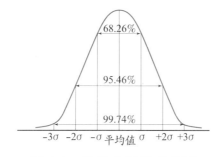

圖 4.1　常態分配機率範圍

4.4　預期報酬和變異數

前面已介紹過使用歷史報酬資料來計算平均報酬和變異數，接下來討論未來可能的報酬和機率資料，用以分析資產的報酬和變異數。

假設某人目前持有 $10,000 投資於兩家公司的股票，其中 A 公司銷售額具有週期性，而利潤隨著景氣波動甚鉅，而 B 公司因取得政府特許權，所以幾乎無損失的機會，根據分析後，景氣正常的機率為 40%，而景氣繁榮及蕭條的機率則各佔 30%，把兩家公司的報酬機率分配如表 4.6 所示：

表 4.6　不同景氣情況下兩公司之證券報酬

景氣情況	發生機率	A 公司報酬率(%)	B 公司報酬率(%)
繁榮	30%	80	30
正常	40%	20	20
蕭條	30%	−40	10

由此可得知 A 公司的預期報酬率 (expected return) 是：

$$E(R_A) = 0.3 \times 80\% + 0.4 \times 20\% + 0.3 \times (-40\%) = 20\%$$

亦即預期 A 公司發行的股票平均可賺得 20%。

前面曾說明風險溢酬為風險性投資的報酬及無風險性投資的報酬之差額，並求算出各種不同歷史風險溢酬，藉由所預期的報酬，可算出風險性投資的預期報酬及無風險性投資的確定報酬之差額，而得到預測的風險溢酬 (projected risk premium) 或預期的風險溢酬 (expected risk premium)。

假設無風險時的投資報酬率是 10%，以 R_f 表示之，則 A 公司股票的預期風險溢酬又該是多少呢？

因為 A 公司的預期報酬率是 20%，故預期風險溢酬是：

$$預期風險溢酬 = 預期報酬 - 無風險報酬率$$
$$= E(R_A) - R_f$$

$$= 20\% - 10\%$$
$$= 10\%$$

通常有價證券或投資在資產的預期報酬就等於可能報酬乘以相對的機率後予以加總，因此若有 100 種可能的報酬，應該就把每一種的報酬乘以發生機率，再加總即是預期報酬。而預期風險溢酬即是預期報酬和無風險報酬之差。

接著來求算 B 公司所發行股票之預期報酬率是：

$$E(R_B) = 0.3 \times 30\% + 0.4 \times 20\% + 0.3 \times 10\% = 20\%$$

兩公司的預期報酬率均為 20%，但 A 公司其可能報酬率在 +80% 到 −40% 間，但 B 公司的預期報酬率僅在 10% 到 30% 之間，故波動程度較小。

若以連續機率分配圖表示時，圖 4.2 中所顯示 B 公司實際報酬率比 A 公司更可能接近 20%。

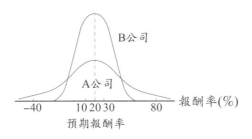

圖 4.2 兩公司報酬率比較圖

計算兩支股票報酬的變異數，應先計算各種景氣情況下報酬率與預期報酬率間差異的平方，再把每個差異的平方乘上發生的機率，予以加總，即是變異數，而標準差就是變異數的平方根。

依前例，A 公司的預期報酬率是 $E(R_A) = 20\%$，而實際上是 80%，20% 及 −40%，故變異數是：

$$變異數 = \sigma^2 = 0.3 \times (60\%)^2 + 0.4 \times 0 + 0.3 \times (-60\%)^2 = 0.216$$
$$標準差 = \sigma = \sqrt{0.216} = 0.4648 = 46.48\%$$

將 A、B 兩公司的變異數計算彙總如下：

表 4.7　A、B 公司的變異數計算彙總

景氣情況	機率(1)	預期報酬(2)	各情況下報酬率(3)	報酬差異(4) = (3) − (2)	報酬差異平方(5)	(1) × (5)
A 公司						
繁榮	0.3	0.2	0.8	0.6	0.36	0.108
正常	0.4	0.2	0.2	0	0	0
蕭條	0.3	0.2	−0.4	−0.6	0.36	0.108
						$\sigma^2 = 0.216$ $\sigma = 46.48\%$
B 公司						
繁榮	0.3	0.2	0.3	0.1	0.01	0.003
正常	0.4	0.2	0.2	0	0	0
蕭條	0.3	0.2	0.1	−0.1	0.01	0.003
						$\sigma^2 = 0.006$ $\sigma = 7.75\%$

經由此計算過程可得知 B 公司股票的風險較小，因其標準差僅為 7.75%，較 A 公司的 46.48% 小，若為一個風險規避者，則 B 公司股票將會是一個不錯的選擇。

4.5　系統性風險和非系統性風險

以股票而言，可將風險區分為兩大類：(1)市場風險 (market risk) 或不可分散的風險 (non-diversifiable risk) 表示無論如何分散持股皆無法消弭的風險，又稱為系統性風險 (systematic risk)；(2)公司特有的風險 (company-unique risk) 或可分散的風險 (diversifiable risk) 為總風險中可經由分散持股而降低的部分，又稱為非系統性風險 (unsystematic risk)。

◉ 4.5.1　系統性風險

系統性風險又稱為市場風險，亦稱不可分散的風險。係指由於某種因素

的影響和變化，導致股市所有股票的價格下跌，而給股票持有人帶來的可能性損失。而系統性風險的誘因發生在企業外部，一般上市公司本身無法控制它，所帶來的影響都會比較大。其主要的特徵歸納如下：

(1)由共同因素所引起的，在經濟面如利率、現行匯率、通貨膨脹、宏觀的經濟政策與貨幣政策、能源危機、經濟週期循環等等；在政治面如政權更迭、戰爭衝突等等；在社會面如體制變革、所有權制的改造等等。

(2)對市場上所有的股票持有者都會有影響，不過有些股票比另外的股票敏感度高一些而已。例如基礎性行業、原材料行業等，其股票的系統性風險就可能會更高。

(3)無法透過分散投資來加以消除，由於系統性風險是由個別企業或行業所不能控制的，例如是由社會、經濟、政治系統內的因素所造成的，其影響著絕大多數企業的營運，故股票持有者無論如何選擇投資組合皆無濟於事。

◉ 4.5.2　非系統性風險

非系統性風險又稱非市場風險 (non-market risk) 或可分散的風險。是與整個股票市場的波動無關的風險，係指某些因素的變化所造成單個股票價格下跌，而給股票持有人帶來的可能損失，其主要特徵是：

(1)由特殊因素所引起的，如企業的管理問題、上市公司的勞資問題等等。

(2)只會影響到某些股票的收益，是由某一企業或行業特有的部分風險所造成，例如房地產股票，適逢房地產業不景氣時就會出現下跌的情況。

(3)可透過分散投資來加以消除，由於非系統性風險是屬於個別風險，由個人、個別企業或行業等可控制因素所造成的，因此，投資者可透過多樣化的投資組合來化解非系統性的風險。

產生非系統性風險的原因主要是一些直接影響企業經營的因素，如上市公司管理能力的降低、產品質量的下滑、市場分額的減少、技術裝備和工藝水平的老化、原材料價格的提高以及個別上市公司發生了不可預知的天災人

禍等，這些事件的發生，將會導致上市公司經營利潤的下降甚至發生虧損，從而引起股價的向下調整。

非系統性風險的來源主要有：

⑴經營風險 (operating risk)：係指公司經營不善所蒙受損失的風險，而公司經營不善，會對投資者產生很大的威脅，構成經營風險主要是公司本身的管理水平、技術能力、經營方向、產品結構等內部因素。

⑵財務風險 (financial risk)：係指公司的資金困難所引起的風險。上市公司財務風險的大小，可透過該公司借貸資金的多寡來反映。借貸資金多，則風險大；反之，則風險小。因為借貸資金的利息是固定的，無論公司盈虧如何，均要支付規定的利息；而股息是不確定的，端視公司的盈利狀況來決定。因此，債務負擔重的公司比起無借貸資金的公司，其風險顯得更大。

◉ 4.5.3　報酬的系統性部分和非系統性部分風險

公司股票的實際報酬可分解成預期和意外部分：

$$R = E(R) + U$$

公司意外的部分，U 含有系統性和非系統性的部分，故：

$$R = E(R) + 系統性和非系統性部分$$

以希臘字母 ε 來代表非系統性部分，通常系統性風險又稱為市場風險，以 m 代表系統性部分，將總報酬重新表示如下：

$$\begin{aligned} R &= E(R) + U \\ &= E(R) + m + \varepsilon \end{aligned}$$

意外的部分，U 分解出非系統性的部分，ε 是公司的獨特部分，故它與其他資產的非系統性的報酬是不相關的。

4.6　資本市場效率性

資本市場顯示，股票和債券的市價每年的波動程度頗大，理由是價格因新訊息發生而變動，且投資者也因此訊息來重新評估資產的價值。

當新訊息傳達時，價格能否有效率的調整，若可以，則該市場稱為「有效率的」，具體而言，在一個效率資本市場 (efficient capital market) 中，現行市價可以充分地反映出所有的訊息，故無理由來論斷現行價格太低或太高。

然而，市場效率性是個值得探討的課題，其在資本市場歷史上佔有舉足輕重的地位，是不容忽視的。

◉ 4.6.1　效率市場學說

效率市場學說 (efficient market hypothesis, EMH)，係指健全的資本市場，若市場具有效率，則對市場投資者具有重要的涵義存在，表示在效率市場上，所有投資之淨現值 (net present value, NPV) 皆為零。理由是，若價格適中，則表示一項投資的價值及成本是一樣的，故 NPV（第 7 章將說明）為零，而在一個效率市場中，投資者是以合理的價位買進股票，同理，公司亦可用合理的價位發行股票及公司債券。

投資者間的競爭使得市場更具有效率，其鑽研著任何一種股票過去的價格和股利，儘量去瞭解公司過去之盈餘、債務、公司所得稅，以及其所處的行業，籌措新的投資方案等（此法實務上稱為基本面分析）。

試著去瞭解某家特定公司是有其必要的，誘因是利潤動機，深入瞭解才能在市場上較其他投資者略勝一籌，從而謀取利潤。

當投資者訊息充分完備，經過分析之後，股價低估或高估機會將會趨向減少。亦即，投資者間的競爭，使得市場更具有效率，而呈現某種均衡狀態，在此種情況下，將導致市場上低估或高估機會，僅能提供擅長於投資分析者賴以維生，而相較於大部分的其他投資人來說，蒐集資料及分析是不具效率性的。

◎ 4.6.2　市場效率性的各種型式

市場效率性區分為三種型式，依市場之效率程度而定：

(1)弱式效率市場 (weak form efficient market)：股價已反映出過去所有影響股價移動趨勢的資訊，技術分析無法賺取的超額報酬 (excess profit)。

(2)半強式效率市場 (semi-strong form efficient market)：股價已反映出所有已公開資訊，基本分析也無法賺取超額報酬。

(3)強式效率市場 (strong form efficient market)：股價已反映所有已公開或未公開資訊，任何投資者（包含 insider）亦無法獲取超額報酬。

若市場為強式效率，則各類訊息將會反映於股價上，此市場中，無所謂的內部消息。

而近年來，股市的內部訊息是存在的，常是獲利的根源，若事先知道公司購併訊息則為有價值的資訊。

半強式效率市場頗具有爭議性，若市場呈現此狀態，則所有公開的資訊均會反映於股價上。

而弱式效率市場認為現行股價可反映出過去的價格資訊，此型式的效率雖較溫和，但想從其中找出過去股價偏高或偏低是行不通的（此法稱技術分析，用於實務界）。

而資本市場歷史顯示對市場效率性又當如何釋義？可做下列三點歸納：

(1)價格可迅速反映訊息，但與效率市場下預期之反映差異並不大。

(2)依目前已公開的資訊以預測未來市場價格走向並不太容易。

(3)若股價偏高或偏低之現象確實存在，亦無法有效地來辨識。

因此，若僅以公開資訊的分析來測試高估或低估的股價尚不具有資本市場效率性。

與本章主題相關的網頁資訊：

成人基本教育教材：http://140.111.150.129/teacher/adult.htm

蕃薯藤理財網——投資股票的優點：http://hercafe.yam.com/hertalk/hercareer/careerfund/200207/22/20020718014.html

理財管理網——如何開始投資：http://www.geocities.com/WallStreet/Fund/5201/Planning/finbasic.html

登龍門人力資源網路——如何評價上市公司的報酬與激勵機制：http://www.denglongmen.com/information/article_show.php?ArticleID = 5485

4.7　本章習題

1. 假定倫飛電腦決定推出筆記型電腦後，發生了下列事件：(1)市場利率較前上升 1%；(2)政府對中國大陸實施戒急用忍政策，兩岸交流已趨緩；(3)公司總經理忽然離職他就；(4)該新式筆記型電腦發現瑕疵，必須延後 1 個月上市；(5)宏碁電腦公司宣佈，即將推出一種功能更強大的筆記型電腦。上述哪些事件屬於系統性風險？

2. 承上題，何者屬非系統性風險事件？

3. 可分散的風險包括哪些來源？

4. 若債券的票面利率愈高，則利率風險應愈高或愈低？

5. 長期債券或短期債券受市場利率波動的影響較大？

6. 證券的預期報酬通常可表示為無風險利率加上哪一因素？

7. 以國庫券、銀行承兌匯票、可轉讓存單及短期融資券來說，哪種證券流動性風險最大？

8. 兩種股票完全正相關時，把它們合理地組合在一起是否能分散風險？

9. 當股票投資的必要收益率等於無風險收益率時，風險係數應為何？

10. 請敘述非系統性風險。

第5章
投資組合之風險與證券市場線

5.1 投資組合 / 80

5.2 股票市場投資分析 / 83

5.3 風險分散原則 / 85

5.4 非系統性風險 / 86

5.5 系統性風險 / 87

5.6 總風險和貝它係數 / 89

5.7 證券市場線 / 90

5.8 資本資產定價模式 / 96

5.9 風險和報酬之範例 / 97

5.10 投資組合之抽樣調查 / 98

5.11 固定收益投資工具之比較 / 99

5.12 本章習題 / 100

近年來，由於國內外股市熱絡，掀起了一陣投資理財的熱潮，加上東南亞金融風暴的影響，許多人對於財富的累積及管理產生了風險意識。而幾年來金融局勢的變化，使得人們明白及正視財務金融對生活的重要性，因此投資理財工具的選擇亦成為現代人必備的基本知識。

在美國的法律中明文規定退休基金、保險公司、共同基金及金融機構等，皆必須將所持有的資金分散於多種投資標的，而形成高度多角化的投資組合。多角化的投資組合中個股的漲跌顯然變得相對的不重要，更重要的是整體投資組合的風險。

因此投資者可以藉著多角化的投資方式來降低投資風險。同時應該更有效率地選擇分散的標的。本章主要是根據公司之屬性及規模，選擇購買股票的權數以達分散風險的目的。

5.1　投資組合

投資組合的本質乃是資金分配的結果，可利用權數 (weight) 的分配來敘述一個投資組合。而投資組合內各資產投資價值的百分比，為投資組合權數。

若投資 $70 於某項資產，$130 在另一項資產，則投資組合總價值是 $200，整個投資組合中第一項資產的比例是 $70/$200 = 0.35，第二項資產的比例是 $130/$200 = 0.65，故投資組合權數是 0.35 和 0.65，因為已把所有的錢投資出去，故權數和必等於 1。

接著，我們再以第 4.4 節 A 公司與 B 公司為例，假定兩支股票各投資一半的資金，因此投資組合權數是 0.50 和 0.50，試求其投資組合的預期報酬為何？

假設景氣繁榮時，投資於 A 公司有 80% 的報酬，而投資於 B 公司則有 30% 的報酬，故在景氣繁榮時投資組合的報酬，R_P 為：

$$R_P = [0.5 \times 80\% + 0.5 \times 30\%] \times 0.3 = 16.5\%$$

而在另外二種情況下，投資組合的報酬率各為：

正常情況下 $R_P = [0.5 \times 20\% + 0.5 \times 20\%] \times 0.4 = 8\%$

景氣蕭條時 $R_P = [0.5 \times (-40\%) + 0.5 \times 10\%] \times 0.3 = -4.5\%$

投資組合的預期報酬，$E(R_P)$ 為各情況下投資組合報酬之加總：

$$E(R_P) = 16.5\% + 8\% + (-4.5\%) = 20\%$$

另外一種更為簡易的方法，是已知投資組合權數，由於 A 公司預期報酬的部分為 20%，而投資於 B 公司股票的預期報酬亦為 20%，故投資組合的預期報酬 $E(R_P)$ 是：

$$\begin{aligned} E(R_P) &= 權數 \times E(R_1) + 權數 \times E(R_2) + \cdots \\ &= 0.5 \times 20\% + 0.5 \times 20\% \\ &= 20\% \end{aligned}$$

這與前式所求得的投資組合預期報酬率相同，但是較為簡易。此外，因為 A、B 兩公司的預期報酬率均為 20%，故在權數和為 1 的情況下，無論各權數如何分配，其投資組合的預期報酬率必為 20%。

且不論投資組合內有多少資產，此種計算方法均適用，假設投資組合內有 n 項資產，n 表任何數，若 X_i 代表總金額投資在第 i 資產的比重，則預期報酬就是：

$$E(R_P) = X_1 \times E(R_1) + X_2 \times E(R_2) + \cdots + X_n \times E(R_n)$$

上式說明了投資組合的預期報酬，即投資組合內各項資產預期報酬的組合。現在假設 A、B 兩公司的相關預測如下：

各經濟情境下之報酬			
經濟情況	發生機率	A 公司報酬率 (%)	B 公司報酬率 (%)
繁榮	30%	100	20
正常	40%	45	15
蕭條	30%	−60	10

試求以下的兩種情況，首先，若投資在每一支股票的金額皆相同，則投資組合的預期報酬率為何？其次，若 1/3 的資金投資在 A 公司股票上，而另外 2/3 的資金投資於 B 公司股票時，該投資組合的預期報酬率又是多少呢？

先來計算個別股票的預期報酬：

$$E(R_A) = 0.3 \times 100\% + 0.4 \times 45\% + 0.3 \times (-60\%) = 30\%$$
$$E(R_B) = 0.3 \times 20\% + 0.4 \times 15\% + 0.3 \times 10\% = 15\%$$

若投資組合內的投資組合權數均相等，該投資組合稱為等權投資組合 (equally weighted portfolio)，由於二支股票權數都為 1/2，故投資組合的預期報酬是：

$$E(R_p) = 30\% \times 1/2 + 15\% \times 1/2 = 22.5\%$$

至於第二種情況，其投資組合的預期報酬則是：

$$E(R_p) = 30\% \times 1/3 + 15\% \times 2/3 = 20\%$$

接著，來計算其投資組合的變異數及標準差。

由上述討論得知，等額投資於 A、B 兩公司投資組合的預期報酬是 22.5%，而此投資組合的標準差又是多少呢？

下表將彙總計算其標準差：

表 5.1　A、B 兩家公司等權投資組合的變異數及標準差

經濟情況	發生機率(1)	投資組合報酬	差異報酬的平方(2)	(1) × (2)
繁榮	30%	18%	$(0.18 - 0.225)^2 = 0.002025$	0.0006075
正常	40%	12%	$(0.12 - 0.225)^2 = 0.011025$	0.00441
蕭條	30%	−7.5%	$(-0.075 - 0.225)^2 = 0.09$	0.027
				$\sigma_p^2 = 0.0320175$ $\sigma_p = \sqrt{0.0320175}$ $= 17.89\%$

投資組合的變異數大約是 0.032，標準差只有 17.89%。

5.2　股票市場投資分析

　　前已述及,投資組合風險和投資組合內各資產的風險可能有頗大的差異,進一步來比較個別資產所組成的投資組合風險。

　　以臺灣股市而言,其股市的市值只佔全球股市的 1%,並無投資於海外市場,故錯失了 99% 的海外股市獲利的機會。此外,與臺股相比較,若能投資在海外證券市場較具有多樣化的選擇性,增加更多的獲利機會,同時亦降低不少的風險。

　　現以網路上搜尋的資料,其網站作者將各國股市予以分析計算彙整如下所示:

表 5.2　2001 年全年股／匯市投資風險

各國股市	預期風險／報酬值*	風險分析	投資組合建議
美國股市	+14.8%	高風險高報酬	謹慎持有 Hold
日本股市	−16.8%	低報酬	少量投資
歐洲股市	+10.3%	合理風險／報酬	積極買進 Buy
香港／東南亞／新興股市	−2.5%	低報酬	少量投資
臺灣股市	−34.0%	高風險	謹慎持有 Hold

*數量統計分析預測計算方式及其他資料詳見於 http://www.jpvest.com/risks.htm。

資料來源: http://www.jpvest.com/risks.htm, by JP 簡瑞璞 2001/01/27。

　　故由上表可看出各國股市的預期風險與報酬分析所做出的投資建議,雖非當季資料,但對各國的大致情況與市場特性仍可窺知一二。而與其他國家比較,臺灣股市充斥著內線交易、政府干預護盤、市場炒作、非理性的投資人等等因素,往往容易造成股市的高風險,但又不一定有高報酬的現象發生,故選作投資組合尚須懂得如何搭配出雙贏的組合。猶如古代的諸侯賽馬般,利用上駟對中駟,中駟對下駟,下駟對上駟,便能產生 3 戰 2 勝之局面。所

以多角化的投資在景氣低迷的年代，愈需要尋求無數的投資機會。

以 JP 理財投資診所站 http://www.jpvest.com/risks.htm 所提出的近 10 年研究資料，可顯示出全球投資組合績效數字。

在全球投資組合分配可分成兩種類型：

1.穩健型

百分之六十五投資於股市，保留三成五現金，是屬於穩健的重點投資。較適合保守穩健者和風險規避者，而年預期投資報酬率為 10%～15%，故可承受年損失 8% 左右。

2.積極型

百分之百的投資於股市，不保留現金，是屬於積極的重點投資。故適合積極或冒險人士，年預期投資報酬率為 15%～20% 以上，可承受年損失 12% 左右。

首先在保守模擬之下，11 年來 (1987～1999)，若以「積極型」投資，則可創造年平均 15.8% 複利成長，透過此種的投資搭配可產生較高的獲利性，而摩根全球指數同期成長 11.1%。若是追求穩健投資或是風險規避者，則「穩健型」風險係數為 9.0%，因此較摩根全球指數風險係數 12.4% 來得低，所以會較有效率地降低風險。

表 5.3　全球投資組合分配

(US$) 計價年度	穩健型 55/10/35	摩根全球MSCI	道瓊工業指數	臺灣加權指數	積極型 75/20/5
1987	18.3%	13.7%	2.3%	144.8%	23.3%
1988	11.8%	21.1%	11.6%	120.1%	16.2%
1989	16.4%	14.7%	27.2%	95.1%	20.9%
1990	−6.7%	−18.6%	−4.3%	−56.6%	−12.5%
1991	24.3%	16.0%	20.3%	6.6%	33.6%
1992	3.3%	−7.1%	4.1%	−25.2%	6.2%
1993	18.4%	20.3%	13.7%	75.0%	31.7%
1994	−2.2%	3.3%	2.1%	18.8%	−6.2%

1995	20.3%	18.7%	33.4%	−31.3%	27.7%
1996	13.5%	11.7%	26.0%	33.2%	18.9%
1997	16.1%	14.1%	22.6%	−0.3%	22.2%
1998	10.2%	22.7%	16.1%	−20.3%	15.4%
1999	11.4%	23.4%	25.2%	34.9%	17.8%
1987~1999 年 複利成長率	11.6%	11.1%	8.8%	16.6%	15.8%
年標準差*	9.0%	12.4%	11.6%	61.9%	13.6%

*年標準差：數值愈小愈佳，數值愈小顯示波動幅度愈小，風險愈低。
資料來源：http://www.jpvest.com/risks.htm, by JP 簡瑞璞 2001/01/27。

照上述的瞭解，可得知投資組合在風險與報酬上，透過規劃後，再投入市場不但可使風險降低，報酬亦會隨之較為上升。

5.3　風險分散原則

依照投資組合中不同的數目與報酬標準差的關係，風險下降的速度隨著股票數目的增加而降低，當持有 10 種股票時，大多數的風險已趨下降，而若持有 30 多種股票時，其風險就會變得很小。

由圖 5.1 可說明兩個重點：

第一個重點是，藉由所組成的投資組合，可去除組合內一些個別資產的風險，此風險投資到不同資產的過程，稱為分散投資 (diversification)。分散投資原則 (principle of diversification) 即藉由分散投資到許多不同資產，故可去除部分風險。在圖 5.1 中，標示為「可分散的風險」(diversifiable risk) 的部分，即是可經由分散投資來去除的風險。

第二個重點是，有一部分的風險無法經由分散投資來消除，此部分的風險是圖 5.1 中所標示的「不可分散的風險」(non-diversifiable risk) 的部分，綜言之，分散投資可降低風險，但只能降低至某種程度而已。

分散投資的準則即是：分散投資可降低極端事件的影響，不論事件的好或壞。從上述投資組合風險的討論得知，個別資產的風險，一部分是可以分

散的，而另一部分則否，其關鍵在於系統性和非系統性（請參考第 4.5 節）的區別。

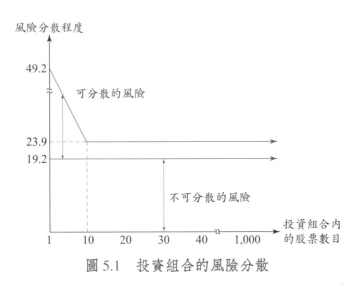

圖 5.1　投資組合的風險分散

5.4　非系統性風險

依定義而論，非系統性風險是專屬於某一資產的風險，以某家公司的股票為例，可為公司帶來正淨現值 (NPV) 的投資案，如新產品的開發及撙節成本開銷，有利於提升股價，而非預期的法律訴訟、公安事件、罷工等等，將減少公司未來的現金流量，亦會降低股價。

若僅持有一股，則投資價值容易受到公司特有事件影響而波動，然而，若持有眾多股票組成的投資組合，則投資組合裡之股價會隨公司的正負面事件而上升或下降，對整體而言，影響是微小的，且將會彼此相互抵消。

一般而言，個別資產的風險可藉由分散投資來消除，但當把資產組成投資組合時，即變為公司的獨有的事件，亦即是非系統事件——其風險含正面及負面，均會互抵。

綜言之，非系統性風險可經由分散風險來消除，故由很多資產所組成的投資組合幾乎無非系統性風險存在，故可分散風險和非系統性風險，其意思是相通的。

5.5　系統性風險

非系統性風險可藉由分散投資來消除，而依其定義，系統性風險在某種程度上會影響所有的資產，故不論是投資組合內包含多少種資產，系統性風險均不會消失。故可交替使用系統性風險和不可分散的風險。

一項投資的總風險（以標準差來衡量），可寫成下式：

總風險 ＝ 系統性風險 ＋ 非系統性風險

系統性風險亦稱「不可分散的風險」(non-diversifiable risk)，抑或「市場風險」(market risk)，非系統性風險也稱作「可分散的風險」(diversifiable risk)、「獨特風險」(unique risk)，或「資產特有的風險」(asset-specific risk)。對一個充分將風險分散的投資組合來說，非系統性風險是很小的，對此投資組合而論，所有的風險均屬於系統性風險。接著，將討論系統性風險與貝它係數間之關係。

決定風險性資產的風險溢酬之大小因素為何呢？而資產的風險溢酬為何又比其他資產來得大？主要是因為系統性和非系統性間的區分，接下來分別來加以探討之。

已知一項資產的總風險可分成兩部分：系統性風險和非系統性風險，根據資本市場歷史準則，承擔風險可得到報酬，故系統性風險原則 (systematic risk principle) 即是承擔風險所得報酬之大小，是依照投資系統性風險而定，藉著分散投資可消除非系統性風險，故承擔非系統性風險即無報酬的補償。

系統性風險原則的涵義：一項資產的預期報酬端視資產的系統性風險而定。

直接推論是：一項資產不論總資產的多寡，只由系統性風險來決定資產的預期報酬及風險溢酬。

系統性風險是決定資產預期報酬的關鍵性因素，故須有個方法來衡量投

資案的系統性風險水平，使用的是貝它係數 (beta coefficient)，以希臘符號 β 來代表之，一項資產的貝它係數即是該資產的系統性風險相對於平均一般資產的系統性風險的比值，而依貝它係數的定義，平均一般資產相對於本身的貝他係數是 1.0，假設一項資產的貝它係數是 0.5，則此系統性風險是平均一般資產的一半。若資產的貝它係數是 2.0，則此系統性風險是平均一般資產的兩倍。

表 5.4　臺灣類股的貝它係數

臺灣各產業類股	貝它係數(β_i)
水泥類股	0.64
食品類股	0.78
紡織類股	0.84
營建類股	0.85
造紙類股	0.88
塑化類股	0.89
機電類股	1.11
金融類股	1.13
電子類股	1.16

表 5.4 是由臺灣新報資料庫所統計出 2000 年平均的貝它係數估計值，其貝它係數的範圍足以代表產業股票之風險係數，而範圍外的貝它係數亦會發生，但此情況較罕見。

一項資產的系統性風險決定該資產的預期報酬和風險溢酬，其主因是貝它係數愈大的資產，其系統性風險就愈大，且預期報酬也愈高，故表 5.4 中，購買貝它係數為 0.64 的水泥類股的投資者，其預期報酬比購買貝它係數為 1.16 的電子類股的投資者較少。

並非所有公佈的貝它值皆用相同的方法來估計，主因是貝它係數的提供者使用的是不同的計算方式，故貝它係數估計值有時差異頗大，若能同時參考數個來源較佳。但從 1996～2000 年以來的臺灣各產業之 β 值其差異不大。

5.6　總風險和貝它係數

　　下列比較兩個證券的資料：包括總風險、系統性風險、非系統性風險何者較大？及風險溢酬何者又較高？

	標準差	貝它係數
證券 A	40%	0.50
證券 B	20%	1.50

　　依第 5.5 節的討論得知，證券 A 的總風險較大，但其系統性風險卻較小，由於總風險是系統性風險和非系統性風險的總和，故證券 A 的非系統性風險必較大；而證券 B，即使總風險較小，但其風險溢酬和預期報酬都較大。

　　接著，將利用下列的資料來計算投資組合的貝它係數。

　　假定目前將 $10,000 投資於三張股票所構成的投資組合，如下所示：

名　　稱	投資組合	預期報酬	貝它係數
股票 A	$2,000	10%	0.80
股票 B	$3,000	15%	0.90
股票 C	$5,000	20%	1.20

　　試求此投資組合的預期報酬及貝它係數是多少？而系統性風險是否會較平均一般資產高？

　　因投資額為 $10,000，而分配於三張股票的比例分別是 20%， 30% 及 50%，故預期報酬，$E(R_P)$，是：

$$E(R_P) = 0.20 \times E(R_A) + 0.30 \times E(R_B) + 0.50 \times E(R_C)$$
$$= 0.20 \times 10\% + 0.30 \times 15\% + 0.50 \times 20\%$$
$$= 16.5\%$$

　　同理，投資組合的貝它係數，β_P，是：

$$\beta_P = 0.20 \times \beta_A + 0.30 \times \beta_B + 0.50 \times \beta_C$$
$$= 0.20 \times 0.80 + 0.30 \times 0.90 + 0.50 \times 1.20$$
$$= 1.03$$

該投資組合的預期報酬是 16.5%，貝它係數是 1.03，由於貝它係數大於 1.0，故此投資組合的系統性風險比平均一般資產的系統性風險來得高。

此外，若將投資於 C 股的金額改為投資於預期報酬亦為 20%，但貝它係數為 1.00 的 D 股，該投資貝它係數將為何?

$$\beta_P = 0.20 \times \beta_A + 0.30 \times \beta_B + 0.50 \times \beta_D$$
$$= 0.20 \times 0.80 + 0.30 \times 0.90 + 0.50 \times 1.00$$
$$= 0.93$$

此時系統性風險比平均一般資產的系統性風險來得低，故可知將投資組合加入一個低貝它係數的股票可降低投資組合的風險。

5.7　證券市場線

接下來以市場如何定價「風險」來加以探討，先假設資產 A 的預期報酬為 20%，貝它係數為 1.5，而無風險報酬率為 10%，依定義論，無風險資產沒有系統性風險（或非系統風險），故無風險資產的貝它係數為零。

由資產 A 和無風險資產所組成的投資組合，經由改變此兩項資產的投資百分比，將可求得許多不同的投資組合的預期報酬和貝它係數，若 30% 資金投資在資產 A，則投資組合的預期報酬是：

$$E(R_P) = 0.3 \times E(R_A) + (1 - 0.3) \times R_f$$
$$= 0.3 \times 20\% + 0.7 \times 10\%$$
$$= 13\%$$

同理，可求得投資組合的貝它係數，β_P，是：

$$\begin{aligned}
\beta_P &= 0.3 \times \beta_A + (1 - 0.3) \times 0 \\
&= 0.3 \times 1.5 \\
&= 0.45
\end{aligned}$$

　　因為權數的和等於 1，故投資在無風險資產的百分比就等於 1 減掉投資在資產 A 的百分比。

　　計算一些可能情況如下所示：

投資在資產 A 的百分比	投資組合的預期報酬	投資組合 β
0%	10%	0.0
20%	12%	0.3
40%	14%	0.6
60%	16%	0.9
80%	18%	1.2
100%	20%	1.5

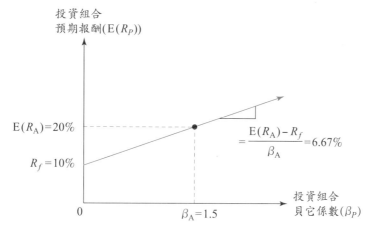

圖 5.2　投資組合的預期報酬與資產 A 的貝它係數

　　上圖標示此投資組合的預期報酬和貝它係數，所有的投資組合均落在同一直線上。

　　而報酬對風險的比率為圖中的直線斜率，該斜率永遠等於「預期報酬的變動除以貝它係數的變動」，此例中，當無風險資產移向資產 A 時，貝它係數係從零增加到 1.5，而預期報酬從 10% 上升到 20%，因此，這條線的斜率為

$10\% / 1.5 = 6.67\%$。

正好等於資產 A 的風險溢酬，$\mathrm{E}(R_A) - R_f$ 除以資產 A 的貝它係數，β_A：

$$\text{斜率} = \frac{\mathrm{E}(R_A) - R_f}{\beta_A} = \frac{20\% - 10\%}{1.5} = 6.67\%$$

亦即，資產 A 的報酬對風險比率 (reward-to-risk ratio) 是 6.67%，就是每單位系統性風險的風險溢酬是 6.67%。

假定是以第二項資產 B 為例，此項資產的貝它係數為 1.2，預期報酬是 15%，資產 A 及資產 B 中，哪一項為佳？可能是無法判斷的。

由於是依投資者的偏好而定，實際上是資產 A 較好，誠如下列計算式，資產 B 的系統性風險補償相對低於資產 A。

先來計算由資產 B 和無風險資產所組成的各種投資組合的預期報酬和貝它係數。若投資 30% 在資產 B，其餘的 70% 在無風險資產，則投資組合的報酬是：

$$\begin{aligned} \mathrm{E}(R_P) &= 0.3 \times \mathrm{E}(R_B) + (1 - 0.3) \times R_f \\ &= 0.3 \times 15\% + 0.7 \times 10\% \\ &= 11.5\% \end{aligned}$$

同理，投資組合的貝它係數，β_P 是：

$$\begin{aligned} \beta_P &= 0.3 \times \beta_B + (1 - 0.3) \times 0 \\ &= 0.3 \times 1.2 \\ &= 0.36 \end{aligned}$$

其他可能如下表所示：

投資在資產B的百分比	投資組合的預期報酬	投資組合 β
0%	10%	0.00
20%	11%	0.24
40%	12%	0.48
60%	13%	0.72
80%	14%	0.96
100%	15%	1.20

　　把投資組合的預期報酬和貝它係數的組合標在下圖，得到如同資產 A 般的一直線。

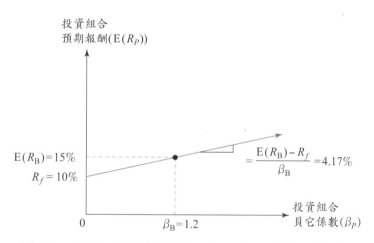

圖 5.3　投資組合的預期報酬和資產 B 的貝它係數圖

　　在比較資產 A 及資產 B 之結果時，資產 A 的預期報酬和貝它係數的組合線在資產 B 之上，意即，於任何一個系統性風險水準下（以 β 來衡量），資產 A 和無風險資產所組成的投資組合永遠提供較高的報酬，即為何資產 A 優於資產 B 的投資標的。

　　可藉由比較資產 B 的斜率，故可得知資產 A 每單位風險的報酬較高：

$$斜率 = \frac{E(R_\text{B}) - R_f}{\beta_\text{B}} = \frac{15\% - 10\%}{1.2} = 4.17\%$$

　　資產 B 的報酬對風險比率是 4.17%，小於資產 A 的 6.67%。

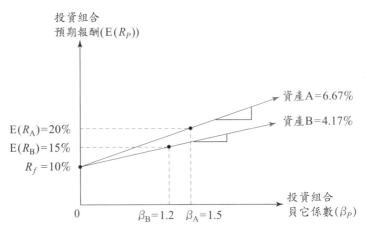

圖 5.4　兩項資產的投資預期報酬和貝它係數

前所述的資產 A 及資產 B 之狀況不可能持續在一個組織良好，且交易熱絡的市場中，由於投資者偏好投資於資產 A 而非資產 B，而使得資產 A 之價格上升，資產 B 之價格下跌，因價格和報酬呈相反方向的移動，故 A 的預期報酬將下跌，而 B 的預期報酬將攀升。

該買賣交易將持續到兩項資產落於同一直線上，即報酬對風險比率相等，此熱絡、競爭的市場中，可得下列的結論：

$$\frac{E(R_A) - R_f}{\beta_A} = \frac{E(R_B) - R_f}{\beta_B}$$

此為風險和報酬的基本關係。

該論點可延伸至兩種資產以上的情況，不論資產的多寡，均可得到相同的結論：

市場上，所有資產的報酬對風險比率必相等。

若一項資產的系統性風險是另一項資產的兩倍，則風險溢酬亦為兩倍。

因市場中所有資產的報酬對風險比率必相等，故必落於同一線上，此論點為圖 5.5 所示。

圖中，資產 A 及 B 均落於同一線上，而貝它係數和預期報酬的基本關係是

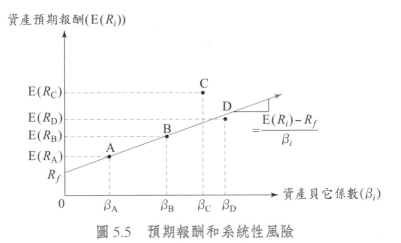

圖 5.5　預期報酬和系統性風險

所有資產的報酬對風險的比率，即 $[E(R_i) - R_f]/\beta_i$，皆須相等，意涵兩項資產 A 及 B 均落於同一線上，另外，資產 C 的預期報酬太高，而資產 D 則偏低。

其具有相同的報酬對風險的比率，若一項資產落於此線上方，如圖 5.5 中的 C，則價格會上漲，預期報酬會下跌，直到落於此線為止，同理，若一項資產落於此線下方，如圖 5.5 中的 D，其預期報酬會上升，直到剛好也落於此線上。

上述觀念最適宜用於評估不同的金融市場，在此探討的是以組織良好的市場為主，接續所要論述的，是從金融市場所得有關風險和報酬的資料，將有助於公司評估實物資產的投資專案。

若一項資產的價格相對高於其預期報酬和風險，則此項資產的價值被高估 (overvalued)，假設有下列情形：

證　券	貝它係數	預期報酬
上和公司	1.3	14%
聯想公司	0.8	10%

現在，無風險報酬率是 6%，此兩種證券是否有一種證券的價值相對於另一種的價值是高估的情況發生呢？

先來計算此兩種證券的報酬對風險比率，對上和公司而言，此比率是 $(14\% - 6\%)/1.3 = 6.15\%$。對聯想公司而言，其風險水準提供的預期報酬太低

（以 6.15% 相對風險比率計算，貝它係數 0.8，則預期報酬為 10.92%，其計算式為 $(X - 6\%)/0.8 = 6.15\%$），故價格偏高，亦即是，相對於上和公司，預期聯想公司的價格將下跌，所以，相對於聯想公司，則上和公司的價值被低估了。

5.8　資本資產定價模式

　　由預期報酬和貝它係數所組成的直線，在財務理論上具有某種程度的重要性，故用來描述金融市場中系統性風險和預期報酬間變動關係的直線，通稱為證券市場線 (security market line, SML)。僅次於淨現值 (NPV)，而 SML 是財務管理學的一大指標。

　　市場投資組合 SML 關係式是有益的，可用不同的方式來表達，若有一個投資組合是由市場上所有資產所組成，則可稱為市場投資組合。將市場投資組合的預期報酬表示成 $E(R_m)$。

　　因市場上所有資產必落在 SML 線上，由此資產所組成的市場投資組合也必會落在 SML 線上，要定位市場投資組合在 SML 的位置，必先知市場投資組合的貝它係數，β_m，因市場投資組合代表市場上的所有資產，故必擁有平均的系統性風險，即貝它係數是 1，可把 SML 的斜率寫成：

$$\text{SML 斜率} = \frac{E(R_m) - R_f}{\beta_m} = \frac{E(R_m) - R_f}{1} = E(R_m) - R_f$$

　　$E(R_m) - R_f$ 項通稱為市場風險溢酬 (market risk premium)，即市場投資組合的風險溢酬。

　　以 $E(R_i)$ 和 β_i 分別表市場中任一資產的預期報酬和貝它係數，此資產必落在 SML 上，則報酬對風險比率和整個市場是相同的。

$$\frac{E(R_i) - R_f}{\beta_i} = E(R_m) - R_f$$

　　將此式移項可把 SML 表示成：

$$\mathrm{E}(R_i) = R_f + [\mathrm{E}(R_m) - R_f] \times \beta_i$$

此即著名的資本資產定價模式 (capital asset pricing model, CAPM)。

在資本資產定價模式下，可由下述三方面決定資產的預期報酬：

⑴貨幣的時間價值：用無風險利率 R_f 衡量，僅是看投資成果，而非任何風險下的報酬。

⑵系統性風險的報酬：用市場風險溢酬 $[\mathrm{E}(R_m) - R_f]$ 衡量，是市場上平均一般系統性風險所給予的報酬。

⑶系統性風險：用 β_i 衡量，為某項資產相對於平均一般資產的系統性風險。

CAPM 不僅適用於個別資產，亦適用於其所組成的投資組合，如何來計算一個投資組合的 β，將 β 代入 CAPM 式中，即可得到投資組合的預期報酬。

圖 5.6 彙總 SML 和 CAPM 的討論，並畫出預期報酬與相對應 β 值的直線圖，依據 SML 和 CAPM 的斜率等於市場風險溢酬，$[\mathrm{E}(R_m) - R_f]$。

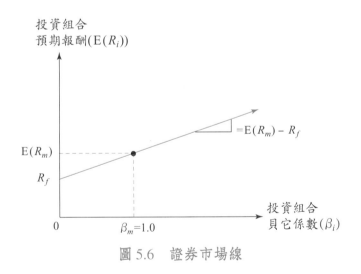

圖 5.6　證券市場線

5.9　風險和報酬之範例

若無風險報酬是 4%，市場風險溢酬是 8%，而某股票的貝它係數是 1.5，根據 CAPM，此股票的預期報酬是多少呢？若貝它係數加倍，預期報酬將如

何變化?

貝它係數是 1.5，故此股票的風險溢酬是 $1.5 \times 8\%$，即 12%，無風險報酬是 4%，故預期報酬是 16%，若貝它係數加倍成為 3，風險溢酬也將加倍成為 24%，則預期報酬就變為 28%。

證券市場線的斜率等於市場的風險溢酬，即承擔平均數量之風險的報酬，SML 的方程式可表示如下:

$$E(R_i) = R_f + \beta_i \times [E(R_m) - R_f]$$

此即資本資產定價模型 (CAPM)。

5.10　投資組合之抽樣調查

根據富邦銀行就其往來之客戶中，金融資產超過新臺幣 300 萬元之富邦白金理財客戶為問卷抽樣調查對象，共取得 921 份有效樣本進行統計分析。

在資產配置方面，高資產人士主要將資金放在新臺幣存款 (24%)，其次為「國內外債券型基金、公司債、短期票券等」(16%) 與「股票、海內外股票型基金」(16%)。

至於高資產人士未來最想增加及減少之投資項目，則列於圖 5.7。

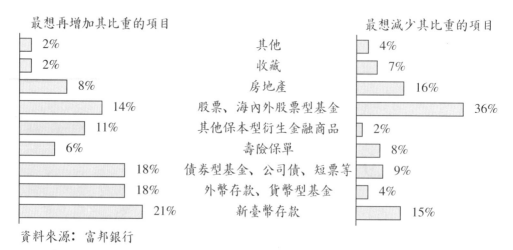

最想再增加其比重的項目		最想減少其比重的項目
2%	其他	4%
2%	收藏	7%
8%	房地產	16%
14%	股票、海內外股票型基金	36%
11%	其他保本型衍生金融商品	2%
6%	壽險保單	8%
18%	債券型基金、公司債、短票等	9%
18%	外幣存款、貨幣型基金	4%
21%	新臺幣存款	15%

資料來源: 富邦銀行

圖 5.7　2002 年高資產人士未來最想增加及減少之投資項目

5.11　固定收益投資工具之比較

根據土地銀行研究歸納國內七種固定收益之投資工具，其投資特性之比較如表 5.5。

表 5.5　七種固定收益投資工具超級比一比

	臺幣定存	外幣定存	儲蓄險	海外貨幣型基金	國內債券型基金	債券附買回 (RP)	投資型定存
投資收益	利息	1.利息 2.匯差收益或損失	1.利息分紅 2.約定可領回金額	利息滾入淨值，淨值成長即為收益	1.利息滾入淨值，淨值成長即為收益 2.少數每隔一段期間支付約定利息	1.債息 2.買賣差價	1.利息 2.匯差 3.投資所得
固定收益年投資報酬率	1年期2%左右	1年期1.5%左右(美元)	近1年4%左右	近1年2%～4%	近1年4%～5%	可能較定存低一些	可能較一般外幣定存高(0.2%～6%)
投資門檻	1萬元	1,000美元至1萬美元不等	依保費而定	1,000美元至1萬美元不等	1萬元	100萬元	5,000美元至50萬美元不等
投資管道	銀行等金融機構	銀行	保險公司	投信公司、銀行	投信公司、銀行	債券交易商或券商債券部門	銀行
投資期間	1個月至3年	1個月至1年	6至20年	最少1個月	最少1個月	1天至365天	1個月至6個月
手續費	無	1.提領時扣手續費 2.餘額不足最低金額限制時，收取帳戶管理費	內含管理費	0.5%左右	0.5%左右	無	無
稅負	利息所得需申報所得稅，適用27萬元免稅額	利息所得需申報所得稅，適用27萬元免稅額	免稅	免稅	資本利得免稅，若有配息適用27萬元免稅額	免稅	利息所得需申報所得稅，適用27萬元免稅額

提前解約費用	利息打八折	按較短天期利率計息再打八折	領回解約金,通常比所繳保費總額少	無	無	無	提前解約需付解約費
資金靈活度	佳(解約或質借當天即可領到)	佳(解約或質借當天即可領到)	低(但可辦理保單質借)	較低(贖回約需3~7個工作天)	較低(贖回約需3~7個工作天)	佳	佳
投資風險	極低	低	極低	中等	中等	中等	中等
可否質借	依本金九折質借	依本金七~九折質借	依本金九折質借	不可	不可	不可	不可
適合的投資人	保守,能慢慢累積資金,或籌措短期內的資金需求	擁有外幣資產,但短期內有資金需求者	保守,強迫儲蓄又保住利率者	擁有外幣資產,又期望比外幣定存更高的收益	較保守,短期	資金較多,或是股票族暫時出場時的資金中繼站	想兼顧保本及投資收益的人

與本章主題相關的網頁資訊:

國內投資篇~台灣上市上櫃企業—— JP 理財投資診所站: http://www.jpvest.com/taiwan.htm

RichMall 理財精算網——投資理財名詞解釋及運用: http://www.richmall.com.tw/newrich/explain/explain.asp?G_ID = E_01 & sTYPE = G

上海證券——西方現代投資組合理論與我國當前的投資組合策略: http://www.sscri.com/huiyuan/golden-journal/goldenjournal/200107/0002.htm

5.12 本章習題

1. 假定無風險利率等於 8%,市場投資組合預期報酬率為 20%,甲股票的貝它係數為 1.6,試問甲股票的預期報酬率為何?

2. 承上題,若股票投資組合的預期報酬率由 20% 升至 24%,甲股票的貝它係數由 1.6 下降為 1.2,則甲股票預期報酬率為何?

3. 新力公司股票的貝它係數為 1.5,其正考慮購併貝它係數為 0.8,而公司規模只有新力之 1/4 的先鋒公司。若假定資本資產定價模式成立,且股市處於均衡狀態,則此投資組合的貝它係數為何?

4. 承上題,此一購併案對於新力公司股票報酬率影響為何?

5.承題 3.，若 $R_m = 10\%$，且 $R_f = 5\%$，則新力公司的預期總報酬率為何?

6.承上題，若購併成功，則新力公司的預期報酬率為何?

7.已知無風險報酬率為 4%，市場報酬 16%，現有 A、B 兩種資產，其 β 係數分別為 0.6 和 1.4，但 A 資產的預期報酬率為 10%，B 資產的預期報酬率為 25%，試問這兩種資產現行價位是否合理呢?

8.假設無風險利率為 8%，市場資產組合的預期報酬率等於 12%，第 i 種證券的 β 值等於 1.5，則該證券的預期報酬率為何?

9.某公司股票的貝它係數為 2.0，無風險利率為 6%，市場上所有股票的平均報酬率為 10%，則該公司股票的報酬率為何?

10.某種股票為固定成長股票，年增長率為 5%，預期 1 年後的股利為 6 元。現行國庫券的收益率為 11%，平均風險股票的必要收益率為 16%，而該股票的 β 係數為 1.2，那麼，該股票的價值為何?

11.A 資產與一市場組合過去 10 年的報酬率變動如下: 試計算 A 資產的 β 係數。

年數	A 資產 R_A	市場組合 R_m
1	13%	8%
2	10%	4%
3	−2%	−11%
4	5%	−2%
5	2%	−6%
6	21%	18%
7	16%	12%
8	−20%	17%
9	14%	10%
10	−19%	15%

12.投資組合所以有風險分散效果是因為哪個因素?

13. A 公司股票的預期報酬率為 12%，預期報酬率標準差為 30%，其與市場投資組合間的相關係數是 −0.5，貝它係數為 −0.6。B 公司的預期報酬率為 16%，預期報酬率標準差為 20%，與市場投資組合間的相關係數為 0.9，貝它係數是 1.1，試問: 何種股票風險較高?

14.在投資人的風險趨避程度升高後，低風險股票的風險溢酬的增加幅度會比高風險股票為?

15.A 與 B 構成投資組合，A 佔 40% 而 B 佔 60%，A 報酬率的標準差為 5%，而 B 報酬率的標準差為 15%，假設 A 與 B 的報酬相關係數為 0.2778，試問此投資組合的報酬率之變異數為何?

16.股票 A 與股票 B 的期望報酬分別為 10% 與 6%，且其變異數分別為 0.04 及 0.01，假設經由購入此兩種股票，能夠構成一個無風險的投資組合，則持有 A、B 股票之比例各為多少?

17.承上題，試計算出此投資組合的期望報酬率。

18.若二股票的 β 值分別為 0.8 與 1.4，且二股票報酬率之相關係數為 0，則一個由這二種股票所構成的等權投資組合，其 β 值為何?

19.承上題，若相關係數為 −1，則此投資組合之 β 值為何?

第 **6** 章

資產之管理
——資金成本

6.1 資金成本 / 105

6.2 權益成本 / 106

6.3 負債成本和特別股成本 / 110

6.4 加權平均資金成本 / 112

6.5 專案資金成本 / 118

6.6 發行成本與加權平均資金成本 / 123

6.7 本章習題 / 126

　　全球最大的專業顧問公司 Price Water House Coopers 曾於 2000 年做過一次資訊透明度與資金成本關係的調查，根據其調查結果，資金成本與公司資訊透明度之間存有直接且呈反比的關係，也就是說透明度愈高的公司或國家，其資金成本愈低。臺灣在該次受調查的 35 個國家中排名第 18，與巴西及阿根廷的資訊透明度相當，遠低於香港及新加坡，因此臺灣公司的資金成本也相對較高。

　　本章將以如何計算出公司的資金成本，及對於公司和投資者所代表的涵義來做探討。

　　為熟悉資本預算，先要決定攸關的現金流量，將其折現後，若是淨現值 (NPV) 為正值，則接受此專案予以投資，但若是 NPV 為負值，就要選擇將它放棄，而折現率要多少才可以呢?

　　從對風險和報酬的探討得知，較正確的折現率要視倉儲配銷系統的風險而來擬定，當專案的報酬超過金融市場中相類似風險投資所能提供的報酬時，該新專案才會產生正的 NPV，因此稱此最低的必要報酬為該專案的資金成本 (cost of capital)。

　　要訂定出一個正確的決策，必須先調查資本市場所能提供的報酬，藉著資訊以估算出對專案的資金成本，本章目的在於介紹如何進行該項工作，運用各種不同的方法，來深究許多觀念性和實務性的問題。

　　最重要的觀念之一是加權平均資金成本 (weighted average cost of capital, WACC)。係指整個公司的資金成本，可將其釋義為整個公司的必要報酬率，而在討論 WACC 時，要確認的是，一般公司會以各種不同型式來籌募所需要的資金，而不同型式募集到的資金成本可能會有差異。

　　本章確認出一項事實，就是稅負會對投資的必要報酬有所影響，應著重於評估專案的稅後現金流量，故本章在探討評估資金成本時，亦將稅負效果一併納入考量。

6.1 資金成本

前面已介紹過證券市場線 (SML)，並用它來討論有價證券的預期報酬和系統性風險間的關係所在，其重點是從公司股東的觀點來審慎評估購買證券的風險報酬，股東的觀點有助於投資者在市場上取得相關的替代方案。

本章是以另一個角度來加以思考，就發行公司的觀點而言，公司發行有價證券的風險報酬又是怎樣的呢？該注意的是，當投資者從有價證券所獲取的報酬，就是有價證券發行公司的資金成本。

◎ 6.1.1 必要報酬率

當一項投資的必要報酬率 (required rate of return) 是 10% 時，係指該項投資的淨現值 (NPV) 只在報酬超過 10% 時，才可能是正值。另一種說法是，公司要從該項投資賺得 10%，才能提供融資該專案投資者必要的報酬，此即投資者的資金成本 10% 所在。

進一步來說明，假設正在評估一項無風險專案，如何來決定必要報酬是非常直接的，觀測資本市場，並找出現行無風險投資的報酬率，利用報酬率來折現專案的現金流量,故無風險投資的資金成本即是無風險投資的報酬率。

若專案具有風險性，在假設其他資料不變的情況下，則必要報酬率較偏高，亦即若是風險性專案的評估，其資金成本 (capital cost) 就會比無風險報酬率為高，且適當的折現率也會高於無風險報酬率。

所以，將交替使用必要報酬率、適當折現率和資金成本等的名詞，從本節的探討知悉，所指的實際上均是同一件事，關鍵點在於，一項投資的資金成本是依該項投資的風險而決定，為公司理財中最重要的探討課題。

資金成本主要端視資金的用途而定，而並非是資金的來源。

◎ 6.1.2 財務政策

一家公司所選擇的負債和權益的特定組合──公司的資本結構──是管

理變數。本章中將把公司的財務政策視為已知，假設公司會維持一個固定的負債／權益比，該比率反映出公司的目標資本結構，而公司要如何選擇此負債／權益比，將在後面予以討論。

　　從上述得知，一家公司的整體資金成本將反映在該公司整體資產的必要報酬上，對於兼具負債和權益資本的公司而言，整體資金成本彌補了債權人和股東個別所求報酬的組合，亦即公司的資金成本將同時反映出負債成本和權益成本，下文再分別來探討這些成本的問題。

6.2　權益成本

　　從資金成本問題著眼：何謂公司的整體權益成本 (cost of equity)？是個困擾的難題，因無法直接觀測到公司權益投資人對計畫所要求的報酬，因此必須以某些方法來估算，本節將討論兩個決定權益成本的方法：(1)股利成長模型 (dividend growth model) 法和(2)證券市場線 (security market line, SML) 法。

6.2.1　股利成長模型法

　　估計權益資金成本，最簡易的方法是使用股利成長模型（參考第 13 章）。假定公司股利是以固定成長率 g 成長，則股價為 P_0，可寫成：

$$P_0 = \frac{D_0 \times (1+g)}{R_E - g} = \frac{D_1}{R_E - g}$$

　　上式中 D_0 是表示剛發放的股利，而 D_1 是下一期的預期股利，在此以 R_E（E 表示權益）來代表股票的必要報酬。

　　如前面所述及的，將上式移項求得 R_E：

$$R_E = D_1/P_0 + g$$

　　由於 R_E 是代表著股東對股票所要求的報酬，故可解釋為公司的權益資金成本。

1.股利成長模型的運用

以股利成長模型法來估計 R_E，必備三項資料：P_0，D_0，和 g。對於公開交易且發放股利的公司來說，前兩項可直接觀測得知，但第三項，股利的預期成長率，必須估算才能知曉。

首先，假設一家永續經營的公司，目前每股售價為 \$40，而剛發放 \$2 的股利，預計下一期的股利將以 5% 成長，試求該公司的權益資金成本為何?

利用股利成長模型法，求得下一期的預期股利 D_1，是:

$$D_1 = D_0 \times (1 + g)$$
$$= \$2 \times (1 + 5\%)$$
$$= \$2.1$$

因此，權益成本 (R_E)，是:

$$R_E = D_1 / P_0 + g$$
$$= \$2.1 / \$40 + 5\%$$
$$= 10.25\%$$

故權益成本是 10.25%。

2.估計成長率

要運用股利成長模型法，須先估計出 g 值，就是成長率，有兩種估計 g 值的方法:⑴歷史成長率;⑵用分析師對未來成長率的預測值，可由各種不同的來源取得。通常不同來源的估計值將有所區隔，因此方法之一是以取得的數個估計值，來求算出平均值。

藉由歷史資料，可將平均值當作是預期成長率 g 的值，舉例來說，某家公司過去 5 年的股利如下表所示:

年　度	股利
1998	$1.50
1999	1.80
2000	2.00
2001	2.20
2002	2.50

則每一年股利變動的百分比可知如下表所示：

年度	股利	變動金額	變動百分比
1998	$1.50	－	－
1999	1.80	$0.30	20.00%
2000	2.00	0.20	11.11%
2001	2.20	0.20	10.00%
2002	2.50	0.30	13.64%

以年為基準，計算出股利的變動大小，再把此變動表示成百分比的型式。故以 1999 年而言，股利是從 $1.50 上升至 $1.80，增加 $0.30/1.50 = 20.00%。求其成長率的平均值，則可得到預期成長率 g 的估計值，而公司預期成長率為 (20.00% + 11.11% + 10.00% + 13.64%)/4 = 13.69%。

3.股利成長模型法的優缺點

股利成長模型法的主要優點在於簡易性，但實務上的問題和缺點亦存在。

問題一是，股利成長模型法只適用於發放股利的公司，此方法在很多情況下是無法使用的，另一方面是，若公司發放股利，重要的隱含假設是股利呈固定比率成長，如上例所示，絕非如此，通常，此模型只適用於可能發生合理穩定成長的情況而論。

問題二是，估計的權益成本對估計成長率具敏感度。在某一個股價下，g 向上調整一個百分點，則估計的權益成本就會增加一個百分點，由於 D_1 也可能向上調整，故權益成本的增加量將會更大些。

最後要來探討的問題是，此方法並無明確地考量風險因素，不似證券市場線 (SML) 法（下面將討論），股利成長模型法對投資的風險並無直接的調

整。例如，對其所估計股利成長率的確定和不確定程度並無加以考量，故很難確定所估計的報酬是否與投資的風險水準相對稱。

◉ 6.2.2　證券市場線法

1. 證券市場線法的運用

前面曾討論過證券市場線 (SML) 是一項風險性投資的必要報酬，即是預期報酬，受到下列三要素的影響：

(1)無風險報酬率，R_f。

(2)市場風險溢酬，$E(R_m - R_f)$。

(3)該資產的系統性風險，即所謂的貝它係數，β。

可利用 SML，將公司的權益預期報酬，$E(R_E)$，表示成：

$$E(R_E) = R_f + \beta_E \times [E(R_m) - R_f]$$

該式中，β_E 是權益的估計貝它值，為使 SML 法和股利成長模型法相一致，將省略代表期望值的 E，把 SML 法下的必要報酬 R_E，寫成是：

$$R_E = R_f + \beta_E \times (R_m - R_f)$$

⟵ 範例 6.2.1　證券市場線之運用

假設鴻杏公司的股票貝它值是 0.70，而市場風險溢酬是 10%，無風險利率是 5%，目前的股價為 \$30，上期股利為每股 \$2，預期股利將以每年 5% 永續平穩地成長，試問該公司的權益資金成本是多少呢？

可從 SML 法著手，求得鴻杏公司的普通股預期報酬是：

$$
\begin{aligned}
R_E &= R_f + \beta_E \times (R_m - R_f) \\
&= 5\% + 0.7 \times 10\% \\
&= 12\% \text{（SML 法下的預期報酬）}
\end{aligned}
$$

接下來使用股利成長模型法所得到的預期報酬是：$D_0 \times (1 + g) = \$2 \times$

$1.05 = \$2.1$，故預期報酬是：

$$R_E = D_1 / P_0 + g$$
$$= \$2.1 / \$30 + 5\%$$
$$= 12\%$$

這兩個估計值均為 12%，得知鴻杏公司的權益成本為 12%，但若是兩個估計值不同時，則將其 SML 法及股利成長模型法下的預期報酬平均即可得知。◆

2. SML 法的優缺點

SML 法有兩項優點，第一是，明確調整風險的影響作用，第二是，對於股利不呈穩定成長的公司亦適用。

然而，SML 法也有其缺點，SML 法需估計兩個數值：市場風險溢酬和貝它係數，若這兩個數值估計得不精確，則權益成本亦受到影響，若使用不同期間或不同股票組合，就有可能會導致非常不一樣的估計值。

如同股利成長模型法般，當使用 SML 法時，仍是依過去的資料來預測未來，在經濟情況快速變遷的時代，過去不盡然是未來的最佳指標，在最適情況下，此兩種方法（股利成長模型法和 SML 法）皆適用。

6.3　負債成本和特別股成本

除普通權益外，一般公司也會以負債和特別股來融通投資的資金。誠如下述，兩種融資來源的資金成本比決定權益成本來得容易求得。

◎ 6.3.1　負債成本

負債成本 (cost of debt) 是公司的債權人對於新借款要求的報酬,基本上,可以先估計公司負債的貝它值,再以 SML 法來估計負債的必要報酬,就如同是估計權益成本的必要報酬一樣。

負債成本和權益成本並不相同，通常可直接或間接觀測到負債成本，因負債成本即是公司所必須支付新借款的利息，故可從金融市場上觀察到該利率。若某公司已有債券流通在外，則該債券的到期收益率即是公司負債的市場必要報酬率。

若已知公司債的評等，假設是 AA，就可找出新發行 AA 等級債券的利率，不論是使用何種方法，都不需要估計負債的貝它值，就可以直接觀測到報酬率。

即使公司流通在外負債的票面利率在此是非關緊要的，但票面利率只是表示債券發行時公司的概括性負債成本，而非今日的負債成本，此即為現行市場上負債的收益率，為求符號的一致性，將以 R_D 來代表負債成本。

範例 6.3.1　米諾公司的負債成本

負債的稅後成本是用來計算加權平均資金成本，為負債的利率減去可節省的稅，假設米諾公司是以 7% 的利率舉債，而公司稅為 35%，則其負債成本為 $7\% \times (1 - 0.35) = 4.55\%$。　◆

6.3.2　特別股成本

認定特別股成本是相當簡易的。誠如前面所提及的，而特別股在每期發放固定股利，故特別股實質上就是永續年金 (perpetuity)（參考第 3 章）。因此，特別股成本，R_p，就是：

$$R_p = D/P_0$$

用 D 代表的是固定股利，P_0 是目前特別股的每股價格，而特別股成本也就等於特別股的股利收益率，由於特別股是以類似債券的方式評等，故特別股成本可由觀察其他相近評等特別股的必要報酬率加以估算。

範例 6.3.2　勤怡公司的特別股成本

勤怡公司特別股售價為每股 $50，其發行成本為 $2，每年每股發放 $3 股

利，試問該公司特別股成本為何?

$$P_0 = \$50 - \$2 = \$48$$

$$R_P = D/P_0 = \$3/\$48 = 6.25\%$$

故該公司的特別股成本為 6.25%。

6.4 加權平均資金成本

既知公司主要資金來源的成本後，現在就來討論一些特定的資金組合，先前已將公司的資本結構視為固定的，故將把重點放在負債和普通權益來做探討。

前面已提過，財務分析師最注重的在於公司總成本，即是公司長期負債和權益的加總，在決定資金成本的同時，亦是如此。短期負債在資金成本決定過程中，常被忽略，接下來的討論，將不明確區分總價值和總成本，其中所介紹的方法皆適用在總價值和總成本。

◉ 6.4.1 資本結構

以符號 E (equity) 來代表公司權益的市場價值，把流通在外總股數乘以每股價格就得到 E 值。同理，再以符號 D (debt) 來代表公司負債的市場價值，以長期負債為例，再把流通在外債券總數乘以每張債券的市價，即得到 D 值。

若同時有好幾筆的債券流通在外，就可針對每筆債券計算個別 D 值，之後再予以加總，倘若有非公開交易之負債（例如，人壽保險公司所持有的負債），則須觀察相似、公開交易負債的收益率，再以此收益率當作是折現率，估計出未公開交易債券的市值，對於短期負債的帳面（會計）價值和市場價值應該很近似，因此僅能以帳面價值作為市場價值的估計值。

最後，以符號 V (value) 來代表負債和權益的整體市場價值：

$$V = E + D$$

若把兩邊除以 V，即可計算出負債和權益佔總資金的百分比是：

$$100\% = E/V + D/V$$

此百分比可解釋如同投資組合權數般，通常稱為資本結構權數 (capital structure weights)。

假定某公司股票的總市值是 4 億，負債總市值是 1 億，則整體的市場價值是 5 億。其中，$E/V = 4$ 億／5 億 = 80%，故公司的總資產中，80% 是權益部分，剩餘的 20% 是負債部分。

要強調的處理方法是使用負債和權益的市場價值，在其他情況下，例如私人的公司，或許無法得到此市場價值的可靠估計值，故可能採用負債和權益的會計價值來估計，但對於數值仍抱持著保留態度。

◉ 6.4.2　稅後加權平均資金成本

稅後現金流量是一般公司需要密切注意的數字，若要決定稅後現金流量的適當折現率，則折現率應以稅後基礎來加以表示。

誠如本書前面所探討過的（亦是稍後將再予以討論的），公司支付的利息是可抵稅的，但是支付給股東的，如股利，是無法抵稅的。意涵著，政府分攤了部分公司的利息，故在決定稅後折現率時，必要區分稅前和稅後的負債成本。

假設公司稅率 35%，某公司以年息 8% 利率借款 200 萬，因此該公司將負擔 16 萬的利息費用，其中有 16 萬 × 0.35 = 5.6 萬的稅負，然而，稅後的利息為 $160,000 - $56,000 = $104,000，稅後的利率是 $104,000/$2,000,000 = 5.2%，該利率則為 8% × (1 - 0.35) = 5.2%。

現在，將本章已討論過的資本結構權數、權益成本以及稅後負債成本彙整。為了方便計算公司的整體資金成本，將把每項成本乘以資本結構權數，再予以全部加總，得到的結果即是加權平均資金成本 (weighted average cost of capital, WACC)：

$$WACC = (E/V) \times R_E + (D/V) \times R_D \times (1 - T_C)$$

　　WACC 直接的解釋，即是公司為了維持股票的價值，使用現有的資產所必須賺得的所有報酬，亦是公司對任何與現有營運具有相同風險的投資的必要報酬，故若是在評估從現有營運擴張而來的現金流量時，WACC 就是所要採用的折現率。

⟳ 範例 6.4.1　計算 WACC（I）

　　假設海珊建設公司目前流通在外股票為 100 萬股，每股價格為 $25，其公司負債市場價值 625 萬，在目前債券收益率 10%，而無風險利率是 8%，及市場風險溢酬是 6%，估計出 β 係數為 0.9 下，試求算出該公司的 WACC 是多少？（該公司稅的稅率是 40%）

　　　　權益總值為 100 萬股 × $25 = 2,500 萬
　　　　權益負債市價總計為 2,500 萬 + 625 萬 = 3,125 萬
　　　　可求得該公司權益百分比為 2,500 萬 / 3,125 萬 = 80%
　　　　而負債權數則為 625 萬 / 3,125 萬 = 20%
　　　　或是 1 − 80% = 20%（權數和為 1）

根據 SML 下，權益成本是 8% + 0.9 × 6% = 13.4%，因此，WACC 是：

$$
\begin{aligned}
WACC &= (E/V) \times R_E + (D/V) \times R_D \times (1 - T_C) \\
&= 0.8 \times 13.4\% + 0.2 \times 10\% \times (1 - 0.4) \\
&= 11.92\%
\end{aligned}
$$

求得該公司整體加權平均資金成本是 11.92%。　　　　　　　　　　◆

再將特別股納入考慮，來計算 WACC：

⟳ 範例 6.4.2　計算 WACC（II）

　　假設儀詮公司目標資本結構及相關資料如下：

長期負債	$1,000,000	40%
普通股	1,450,000	58%
特別股	50,000	2%
資本總額	$2,500,000	100%

其中，稅前負債成本是 10% (K_d)，而特別股為 11% (K_P)，而普通股權益成本為 14% (K_S)，在稅率為 35% (T_C) 下，求其 WACC 是：

$$WACC = W_d K_d (1 - T_C) + W_P K_P + W_S K_S$$
$$= 0.4 \times 10\% \times 0.65 + 0.02 \times 11\% + 0.58 \times 14\%$$
$$= 10.94\%$$

其中的 W_d、W_P、W_S 各為負債、特別股與普通股權益個別權數，由此可知，儀詮公司的加權平均資金成本為 10.94%。 ◆

◉ 6.4.3 帳面價值與市價權數下的 WACC

現在要利用昕勝電子公司在 2000 年 12 月 31 日的資訊，來探討 WACC。

1.昕勝電子公司的權益成本

假設昕勝公司在市面上大約 1,500 萬股流通在外，每股帳面價值是 $34，市價是 $63.25，權益的帳面價值大約是 5.1 億，而總市值則接近 9.5 億元。

將昕勝電子公司的權益股本予以估算後（假設市場風險溢酬是 6%、貝它值 1.2，年底國庫券利率大約是 5%），可知以第 5.8 節之 CAPM 法的權益成本為 12.2%，由於昕勝電子公司剛成立不久，並無股利發放記錄，故在此例中，股利成長模型將會有估算上的問題，因此不使用此模型來探討。

2.昕勝電子公司的負債成本

目前昕勝電子公司仍有三筆長期債券尚未到期，欲得到其負債成本，要綜合這三筆債券才能算出，故以加權平均值為其計算方法，基本資料如下所示：

票面利率	到期日	帳面價值 (面額,百萬)	價格	剩餘 利息次數	到期收益率
7.6	2002	$200	$ 93.25	17	0.0732
8.0	2010	143	101.00	51	0.0761
7.3	2006	117	102.00	52	0.0644

為求得計算出加權平均負債成本,要將每一筆債券佔總負債的百分比,乘以該債券之收益率予以加總,可求得加權平均負債成本,在本例中,分別以帳面價值和市價來計算,結果如下所示:

票面利率	帳面價值 (面額,百萬)	佔全部 百分比	價格	佔全部 百分比	到期 殖利率	加權平均負債成本 (佔全部之%×收益率) 帳面價值	市價
7.6	$200	43%	$187	42%	7.32%	3.18%	3.03%
8.0	143	31%	144	32%	7.61%	2.37%	2.44%
7.3	117	25%	119	26%	6.44%	1.64%	1.71%
合計	$460	100%	$450	100%		7.19%	7.18%

上表顯示,由於帳面價值和市價均很接近,故以帳面價值或是以市價為基礎,昕勝電子公司的負債成本都是 7.18%。然而,此現象並不特殊,因為兩者計算的效果亦相同,也解釋了為何公司在計算 WACC 時經常是使用負債帳面價值的緣由。

3. 昕勝電子公司的 WACC

現已具備計算 WACC 所需的各種資料,首先必須計算資本結構權數,再以帳面價值來看,昕勝電子公司的權益和負債分別是 5.1 億和 4.6 億,總價值是 9.7 億,故權益和負債所佔的比率分別是 5.1 億/9.7 億 = 0.53 和 4.6 億/9.7 億 = 0.47,因此該公司的 WACC 是(假設稅率為 35%)為多少?

$$WACC = 0.53 \times 12.2\% + 0.47 \times 7.18\% \times (1 - 0.35) = 8.7\%$$

所以,利用帳面價值資本結構權數算出該公司的 WACC 是 8.7%。

若採用市價來計算,WACC 就會稍高一些,為何如此呢?在本例中,權

益的市價 9.5 億、負債的市價 4.5 億。即可計算出其資本結構權數分別是 9.5
億／14 億＝0.68 和 4.5 億／14 億＝0.32，可看出權益百分比相對提高了，故昕
勝電子公司的 WACC 是：

$$WACC = 0.68 \times 12.2\% + 0.32 \times 7.18\% \times (1 - 0.35) = 9.8\%$$

以市價資本結構權數所得到昕勝電子公司的 WACC 是 9.8%，比利用帳
面價值權數所得到的 8.7% 為大。

誠如上例所示，採用市價價值總是大於權益帳面價值，亦即第 2 章所探
討過的市價對帳面價值比（每股市價對每股帳面價值比）。此比率值通常都是
顯著大於 1（預估未來愈賺錢之公司，此比率即愈大），如昕勝電子公司的市
價對帳面價值比大約是 2 （$\doteqdot \frac{9.5\ 倍}{5.1\ 倍}$）。其帳面價值明顯地高估昕勝電子公司
來自負債的融資比率。　此外，　若是要計算一家未公開市場交易股票公司的
WACC 時，就要藉著檢視其他公開交易公司，設法得知適當的市價對帳面價
值比，再藉由比率來調整公司的帳面價值，若無適度的調整，將會導致 WACC
嚴重被低估。

表 6.1　計算資金成本

一、權益成本 (R_E)
　1.股利成長模型法（根據第 13 章）：
　$R_E = D_1/P_0 + g$
　其中 D_1 是表示一期後的預期股利，g 是股利成長率，P_0 是現行的股價。
　2.SML 法（根據第 6 章）：
　$R_E = R_f + \beta_E \times (R_m - R_f)$
　其中 R_f 是表示無風險報酬率，R_m 是整個市場的預期報酬，β_E 是權益的系統性
　風險。
二、負債成本 (R_D)
　1.關於負債是由社會大眾所握有的公司債券而言，負債成本可由流通在外的到期
　　收益率來衡量，而票面利率是非攸關的，到期收益率已在前面討論過。
　2.若是公司無公開交易的負債，則負債成本可由相類似等級債券（債券等級的討
　　論在第 10 章）的到期收益率來做衡量。
三、加權平均資金成本 (WACC)

> 1. 公司的 WACC 是表示整個公司的必要報酬率，對於和整個公司的風險相類似的現金流量來說，WACC 亦即為適當的折現率。
> 2. WACC 可由下式求得：
>
> $$WACC = (E/V) \times R_E + (D/V) \times R_D \times (1 - T_C)$$
>
> 其 T_C 是表示公司稅稅率，E 是公司權益的市場價值，D 是公司負債的市場價值，而 $V = E + D$。E/V 是公司的融資中（以市場價值而論），權益所佔的百分比，而 D/V 是負債所佔的百分比。

⟲ 範例 6.4.3　成本節省方案

利潤最大化與降低成本乃是各公司營利的最終訴求，現在考慮一個能在第 1 年的年底節省 150 萬的稅後現金流量專案，若該專案能節省的金額是以 5% 速度成長，而該公司權益百分比是 80%、權益成本 23.5%、負債成本 10%，試問該公司於稅率 40% 下，是否接受該專案？

$$WACC = (E/V) \times R_E + (D/V) \times R_D \times (1 - T_C)$$
$$= 0.8 \times 23.5\% + 0.2 \times 10\% \times (1 - 0.40) = 20\%$$

所以，PV 是：

$$PV = \frac{150\ 萬}{0.20 - 0.05} = 1,000\ 萬$$

故惟有成本小於 1,000 萬，公司才會接受該專案。　　　　　　◆

6.5　專案資金成本

通常，當投資專案和公司的現有的營運活動相類似時，WACC 才會是未來現金流量的適當折現率。若是公司是賣咖啡的行業，正在考慮擴充新的據點，則 WACC 就是該新據點要使用的折現率。

雖以 WACC 作為基準有其利益，但在某些情況下所考慮的專案現金流量的風險卻不同於整個公司的風險，下面將要來探討如何解決此課題。

◉ 6.5.1　證券市場線與加權平均資金成本

當評估風險和整個公司風險不同的投資案時,利用 WACC 可能會導致錯誤的投資決策, 圖 6.1 說明了此原因。

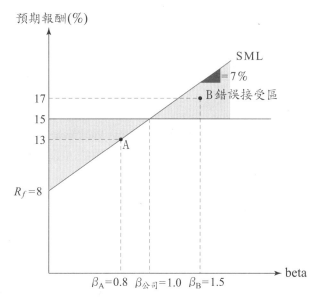

圖 6.1　證券市場線 (SML) 和加權平均資金成本 (WACC)

在圖 6.1 中,畫出了一條 SML,對應 8% 的無風險利率,和 7% 的市場風險溢酬。為求簡易起見,假設一家權益型的公司（即公司無負債）的貝它值是 1,由於無負債,此公司的 WACC 和權益成本皆等於 15%。

假設公司是以 WACC 來評估所有的投資案,任何一項投資案,若是報酬高於 15% 就會被接受,低於 15% 會被斷然拒絕,但是,從對風險和報酬的探討中得知,一項有利的投資案須落在 SML 之上。如圖 6.1 所列示,以 WACC 來評估所有類型的專案將會使公司錯誤地接受高風險投資專案,而拒絕了低風險投資專案。

假如方案 A 的貝它值 $\beta_A = 0.8$,而預期報酬是 13%,則該項投資案有利嗎? 答案是肯定的,因為其必要報酬為 13.6%。

$$必要報酬 = R_f + \beta_A \times (R_m - R_f)$$
$$= 8\% + 0.8 \times 7\%$$
$$= 13.6\%$$

但是，若以 WACC 為取捨點，就應當拒絕該專案，由於其報酬低於 15%，故以此例說明，以 WACC 為取捨點的公司，則將傾向於拒絕風險低於整個公司風險的有利投資專案。

另外，若選擇方案 B，此專案的貝它值是 $\beta_B = 1.5$，提供了 17% 的報酬，高於公司的資金成本，但卻不是一項值得投資的專案，以系統性風險程度而言，其報酬是不充足的，但若以 WACC 來做評估，它是一項具有吸引力的投資方案，故若以 WACC 為取捨點，將產生第二個錯誤是，公司將傾向於接受風險高於整個公司的不利專案。結論是，隨著時間變化，以 WACC 評估所有專案的公司將傾向於接受不利的投資專案，而使得公司的風險相對提高。

假如公司使用 WACC 作為制定各類型專業的接受／拒絕決策之標準，則公司將傾向於錯誤地接受高風險的投資專案，和錯誤地拒絕低風險的投資專案。

◎ 6.5.2　部門加權平均資金成本

WACC 的另一個相近似問題也可能發生在超過一個業務部門的公司，假設一家擁有兩個業務部門的公司，其一是受管制的電力公司，另一個是電子製造公司，前者電力公司的風險較低，後者電子製造公司的風險相對較高。

在此情況下，公司的整體資金成本即是兩個不同業務部門的資金成本的組合，但若是這兩個業務部門在相互爭取資源，而公司是以單一的 WACC 為取捨點，則哪個部門較傾向於會得到較多的資金來投資呢？

一般而言，風險較高的部門較傾向於擁有較高的報酬（忽略其較高的風險），因此，也傾向於是「贏家」；而較不顯眼的部門可能會有較大的利潤空間，但卻容易被忽略掉，因此，很多公司已著手設計個別部門的資金成本。

6.5.3 集中投資法

WACC 的不適當使用可能導致一些問題發生，在此情況下，要如何得到適當的折現率呢？由於無法觀測到這些投資的報酬，因此並沒有直接的方法可以得到貝它值，故應該從市場上找尋具有相同風險等級的其他投資專案，而以市場必要報酬率作為專案的折現率，即可藉由在市場中找尋相類似的投資，並求出此投資的資金成本。

回到上述電信部門的例子，若決定該部門所使用的折現率，則可找出一些證券公開交易的其他電信公司，可能發現一家典型電信公司的貝它值是 0.90，負債評等為 AA 級，而資本結構大約是 50% 的負債和 50% 的權益。依此資料，可得知典型電信公司的 WACC，並以此作為折現率。

另外，當考慮進入一條新的事業線，可以觀測到已在該行業公司的市場必要報酬率，並找出適當的資金成本，對於集中在單一事業線的公司，即稱為集中投資 (pure play)。若有一家公司想要控制原油價格，則可能設法找出那些完全只處理此產品的公司，因其最受原油價格變動的影響，而專門購買該類公司的股票。

在此要儘可能找出集中在所考慮專案類型公司，作為評估投資的必要報酬率的方法，即稱為集中投資法 (pure play approach)。

前面曾討論過如何確認相近似公司，來做比較，類似的問題又再度顯現，很難找到適合的公司來加以比較。在此情況下，應當如何客觀地決定折現率，就成為一個棘手的難題，重要的是，要意識到此問題癥結所在，則可以降低任何以 WACC 作為所有投資案的取捨點，亦可將決策的錯誤降至最低。

6.5.4 主觀法

要客觀地建立個別專業的折現率並非是件容易的事，通常公司會主觀調整有關整體 WACC 作為個別專案的折現率， 假設公司的整體 WACC 是 12%，而公司的所有專案都歸納為下列四個要項：

分　類	例　子	調整因子	折現率
高風險	新的產品	+6%	18%
中度風險	節省成本，擴充現有產品線	+0%	12%
低風險	重置現有設備	−4%	8%
強制性的	污染控制儀器	NA	NA

註：NA = 不適用

　　此種概略的劃分法在於假設所有的專案皆不屬於此三個等級中的一類，是歸屬於強制性的，在最後一類，由於專案計畫必須被接受，因此資金成本是非攸關的，在主觀法下，跟隨著經濟狀況的變化，公司的 WACC 亦可能跟著有所變化，故不同風險類型專案的折現率亦會隨之發生變化。

　　每個風險等級中，有些許的專案可能較其他的風險為高，因此，錯誤決策的風險仍存在，圖 6.2 說明了此點，在比較圖 6.1 和圖 6.2，發現相似的問題仍存在其中，但主觀法下的潛在程度較輕微。若是使用 WACC 法，A 專案將會被接受，可是一旦被列入為高風險投資種類，就可能會被拒絕，在此說明了，主觀風險的調整未必比無風險的調整來得好。

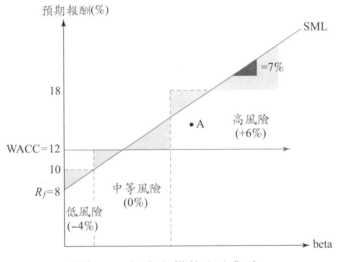

圖 6.2　證券市場線和主觀法

　　基本上，若能客觀地決定每一專案的最佳必要報酬，而基於所需資料的不完備，或是成本和心血需要較多的投入，則採主觀調整法較為適宜。

在主觀法下，公司將所有的風險專案歸納成幾個等級，再將公司的 WACC 加上（對高風險專案）或扣除（對低風險專案）的一個調整因子，以求得評估專案時所用的折現率，主觀法的錯誤決策，會較單純使用 WACC 來得少。

6.6　發行成本與加權平均資金成本

在加權平均資金成本的探討中均未將發行成本納入，假如公司接受一個新的專案，則可能必須發行新債券或股票，即表示公司將產生一些成本，稱為發行成本 (flotation costs)，而發行成本的本質和多寡將在後面再予以詳細的介紹。

某些時候，公司的 WACC 應該向上調整，才能反映出發行成本，但是這並非最佳的方法，由於投資的必要報酬要視投資的風險而定，並不受資金的來源而有所變化。這並不意指可將發行成本忽略掉，然而，此成本是由決定接受該專案應運而生，故為攸關的現金流量，所以下面會簡介如何將其包含在專案分析中。

◉ 6.6.1　發行成本基本運算

先從簡單的例子來看，假設梵諦公司是一家權益型公司，權益成本是 20%，由於公司的權益是 100%，因此其 WACC 和權益成本相同。目前該公司因營運績效良好，正考慮出售新股來募得資金 1,000 萬以擴張生產規模。

根據投資銀行的評估，梵諦公司預計其股票發行成本約佔發行量的百分之十，乃指該公司來自銷售權益的實收額，只佔發行量的百分之九十，倘若把發行成本亦納入考量，則擴充專案的成本又該是如何呢？

可將其列式計算如下：

$$1{,}000 \, \text{萬} = (1 - 0.10) \times \text{募集金額}$$

$$\text{募集金額} = 1{,}000 \, \text{萬} / 0.90 = 1{,}111 \, \text{萬}$$

由於梵諦公司的發行成本是 1,111 萬，若把發行成本考量進去，則擴充專案的真正成本是 1,111 萬。

若公司同時使用負債和權益，其結果會較複雜些。假設梵諦公司的目標資本結構是 80% 的權益和 20% 的負債，則權益的發行成本仍是 10%，但負債的發行成本較低，僅有 5%。

前面已探討過，當負債和權益的資金成本不相同時，必要使用目標資本結構權數來計算加權平均資金成本，在此的作法亦相同，可把權益發行成本，f_E，乘上權益百分比 (E/V)，再將負債發行成本，f_D，乘上負債百分比 (D/V)，再把這兩個加總，即可求得加權平均發行成本，f_A：

$$f_A = (E/V) \times f_E + (D/V) \times f_D$$
$$= 80\% \times 0.10 + 20\% \times 0.05$$
$$= 9\%$$

因加權平均發行成本是 9%，意指對新專案所需外部融資的每 $1，實際上公司必須募集 $1/(1 - 0.09) = $1.099，以上式為例，若是忽略發行成本，則專案成本是 1,000 萬，但若是考慮發行成本，則專案成本是 1,000 萬 $/(1 - f_A) = 1,000$ 萬 $/0.91 = 1,099$ 萬。

在考慮發行成本的同時，勿用到錯誤的權數，倘使公司能以全部的負債或權益來融資特定專案所需的資金，該是以目標權數來計算專案的資金成本，因為資金來源的型式是非相關的，若是公司的目標負債 / 權益比是 1，而卻選擇全部以負債來融資特定的專案，則之後公司將必須發行額外的權益，來維持其目標負債 / 權益比。因此公司總是以目標權數來計算發行的成本。

⟳ 範例 6.6.1　計算加權平均發行成本

假設蓮襄公司的目標資本結構是 60% 的權益，及 40% 的負債，權益發行成本為募得金額的 10%，而負債的發行成本則是 5%，若該公司發行新股需要 500 萬，若把發行成本列入考量，則真實成本又該是多少呢？

先來計算加權平均發行成本，f_A，是：

$$f_A = (E/V) \times f_E + (D/V) \times f_D$$
$$= 60\% \times 0.10 + 40\% \times 0.05$$
$$= 8\%$$

由於加權平均發行成本是 8%，當忽略發行成本時，則專案成本是 500 萬，若把發行成本納入考慮，則真正成本是 500 萬 $/(1-f_A)=$ 500 萬 $/0.92 =$ 543 萬，再次證明發行成本是一筆龐大的費用。　　　　　　　　◆

6.6.2　發行成本和 NPV

為了要說明發行成本如何將 NPV 納入分析中，假設豪申公司目前正考慮興建一座 8 吋晶圓廠，其價值是 $8,000,000，該公司的目標資本結構是負債/權益比為 1，預期此 8 吋晶圓廠每年可有 $1,162,500 的稅後現金流量，因此豪申公司將透過發行新普通股來融資，而普通股的發行成本是募得成本的 10%。試問在稅率 35% 下，其權益發行成本是 20%，而負債的發行成本是 5% 下，新的晶圓廠之 NPV 是多少呢？

該公司的 WACC 是：

$$WACC = (E/V) \times R_E + (D/V) \times R_D \times (1-T_C)$$
$$= 0.5 \times 20\% + 0.50 \times 5\% \times (1-35\%)$$
$$= 11.625\%$$

PV 為每年稅後現金流量的成長永續年金，則：

$$PV = \frac{\$1,162,500}{0.11625} = \$10,000,000$$

在忽略發行成本下，NPV 是：

$$NPV = \$10,000,000 - \$8,000,000 = \$2,000,000$$

因專案的 NPV 大於零，故應該接受此專案。

若將發行成本併入計算，其加權平均發行成本，f_A，將為：

$$f_A = (E/V) \times f_E + (D/V) \times f_D$$
$$= 0.5 \times 20\% + 0.50 \times 5\%$$
$$= 12.5\%$$

一旦將發行成本納入考量來計算，則實際成本是：

$$\$8,000,000/(1 - f_A) = \$8,000,000/(1 - 0.125) = \$9,142,857$$

如此一來，考量到發行成本的新 NPV 是：

$$新 NPV = \$10,000,000 - \$9,142,857 = \$857,143$$

雖然 NPV 仍為正值,但該專案 NPV 已與未考慮發行成本下的 NPV 有所差距，因此專案投資的成本分析甚為重要。

與本章主題相關的網頁資訊:

楊義群投資理財網——資金成本：http://yyiq.51.net/capital%20cost.doc

中華會計網校——論資金成本的計算方法： http://www.chinaacc.com/new/2002_10%5C21031142941.htm

新浪雜誌——數位時代 20021115 November 15, 2002： http://magazines.sina.com.tw/bnext/contents/20021115/20021115-002_3.html

中央研究院經濟論文——資金成本與資產價格波動： http://www.sinica.edu.tw/econ/publish/a29-4.htm

6.7　本章習題

1. 甲公司打算發行每股面值 60 元，股利支付利率 9% 之特別股，其每發行一股就必須負擔相當於每股市價 5% 的發行成本。目前每股市價為 56 元，試問甲公司的新特別股成本有多高？

2. 乙公司欲發行票面利率 8% 的債券，其認為其能按照某特定價格將債券賣給投資人，而投資人能因此獲得 10% 之收益率。若稅率為 25%，則乙公司

之稅後負債成本為何？

3. 丙公司的目標負債對權益比率為 1.5，加權平均資金成本為 10.52%，稅率為 35%，普通股權益成本為 18%，則其稅前負債成本為何？

4. 承上題，若丙公司稅後負債成本為 7.5%，則其普通股權益成本為何？

5. 若 1993 年底時，丁公司的每股盈餘為 3 元，但至 2003 年底時，其每股盈餘為 6.5 元。而丁公司的股利支付率為 40%，在 2003 年底時，其股價為 110 元，其 10 年中每年平均盈餘成長率為 8.04%，試問丁公司一直成長下去，2004 年預期每股股利為何？

6. 承上題，丁公司之保留盈餘成本為何？

7. 戊公司稅率為 25%，其有 3,000 張票面利率為 8%，面值 10 萬元，10 年後到期的債券流通在外，半年複息一次，按面值 105% 賣出，其稅前資金成本為 7.34%，另外，戊公司亦有 3,000 萬股普通股流通在外，每股 25 元，貝它係數為 1.2，以及 1,000 萬股特別股流通在外，每股 22 元，股利支付率為 5%。已知市場投資組合的風險溢酬為 8%，無風險利率為 6%，試問戊公司普通股成本為何？

8. 承上題，戊公司特別股成本為何？

9. 承題 7.，戊公司之加權平均資金成本為何？

10. 其他情況不變下，當公司提高股利支付率，則其加權平均資金成本 (WACC) 會如何？

11. 加權平均資金成本 (WACC)，其重要性為何？

12. 資金時間價值的表現型式和實際內容是什麼？

13. 什麼是流動資金周轉率？它有哪幾種表示方法？

第 7 章
資產之管理
——資本預算

7.1　淨現值法則　/ 130

7.2　還本期間法則　/ 134

7.3　折現還本期間法則　/ 138

7.4　平均會計報酬率法則　/ 142

7.5　內部報酬率法則　/ 144

7.6　獲利指數法則　/ 152

7.7　資本預算實務　/ 153

7.8　本章習題　/ 155

一般公司取得資金來源不同，決定其不同之財務壓力及資金成本，通常資金來源大致有三：即由股東投資、借款及日常營運而來。

據 2001 年 1 月 5 日《工商時報》的報導指出：高雄捷運 BOT 興建案可釋出 1,700 多億元的工程商機，在中鋼的評估下，在興建期中，中鋼集團將可充分運用既有工程人力、經驗與事業資源爭取業務，且在投標之初，中鋼即已充分考量興建風險，以目前景氣狀況，預料興建成本可再降低。另興建完成後，可充分利用場站周邊土地、資源開發利用，中鋼轉投資事業營業項目眾多，預期可產生相關連帶效益。此外，本案之特許期間為 36 年，包含興建期間 6 年及營運期間 30 年，推估未來之運量、票價、營運成本及營運與開發附屬事業之情況，經綜合評估後股東投資淨現值為新臺幣 13.91 億元，內部報酬率為 11.7%，高於資金成本 7.5%，為一具效益之投資案。爾後中鋼亦取得這宗投資案。這即是財務管理上對於投資專案的資本預算的各項評估方式，由本章介紹如下：

7.1 淨現值法則

第 1 章曾述及財務經理的終極目標是在為股東創造出價值利潤，故審視潛在的投資機會及明白投資機會對公司股票價值的影響，有其必要性。故本節將以一種最廣泛使用分析投資機會的方法：淨現值法則，來做探討。

◉ 7.1.1 基本概念

評估一項投資若真能為股東創造出價值，則此投資是值得進行的。而一項投資的價值遠比在市場上取得的成本還要高，即表示創造出其價值豐厚的利潤，當投資的整體價值超過每一部分的成本加總時，則其投資的收益就超過其成本，故有利潤可圖。

若考慮是否開採新礦，其開採成本為 500 萬元，預期市場價值是 750 萬元，但實際開採完畢尚須花費 50 萬元，以使得土地恢復舊觀，在不考慮時間因素下，市價超過成本 200 萬元，於是創造出 200 萬元的利潤價值。

此案例中，最難分辨出的在於事前投資成本與預期估計利益，此即資本預算試圖探討之議題。

投資的市價和成本間之差異，稱為該投資的淨現值 (net present value, NPV)。亦即淨現值是衡量投資所能創造或增加出的價值利潤，其目標在為股東創造出更具優勢的價值，故資本預算是在評估正的淨現值投資方案。

由上例中，可知悉是如何制定出資本預算決策，依照已估計出的總成本及市價來看，若兩者之差是正的，則表示該項投資是可以進行的，因其估計淨現值是正值，但仍有風險存在，故估計值未必全然正確。

上例說明，當市場存有類似投資的資產時，投資決策就趨於簡單化，而當可比較的投資標的難以覓得時，則資本預算就顯得較複雜，由於只能以間接的市場資訊來估計投資的利潤價值。故此點是財務經理所面臨的窘境，下文將加以討論。

◉ 7.1.2　估算淨現值

若考慮生產及銷售一項新的產品，例如，晶片研發，必須相當精確地估算出開辦成本 (start-up costs)，須先知需要何種東西才能著手生產，評估是否為有利的投資？答案就要依新產品的價值是否超過其開辦成本，亦即此項投資的淨現值是否為正的而定。

此問題比開採新礦的案例更複雜,主因是晶圓廠並非經常於市場上交易，故不易得知類似投資之市價，只得藉由其他方法來估計。

當如何來估算晶圓廠的價值呢？先嘗試估計新事業預期將產生的未來現金流量，接著再應用基本折現現金流量的現值和該投資的成本之差，來估計 NPV。誠如前述，此過程常被稱為折現現金流量評價 (discount cash flow valuation, DCF valuation)。

又當如何估計出 NPV 呢？假設晶圓廠每年的現金收益是 2,000 萬，每年含稅的現金成本是 1,200 萬，預估將在 10 年後結束營業，屆時工廠、設備等的殘值是 200 萬，此專案開辦成本為 5,000 萬，折現率為 10%，是否值得投資呢？若現今有 3 萬股流通於外，則從事此項投資對股價之影響又為何呢？

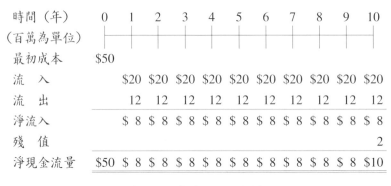

圖 7.1　專案現金流量

　　運算上，必須以 10% 折現率來計算未來現金流量的現值，而淨現金流量為每年 2,000 萬的現金流入，故扣除每年 1,200 萬的成本，共計 10 年，如圖 7.1 所示即為現金流量。圖示中，實際上是每年 2,000 萬 – 1,200 萬 = 800 萬，得到 10 年的年金，及一個 10 年後一次流入的 200 萬，故計算未來現金流量的總現值是：

$$現值 = 800 萬 \times 年金現值因子 + 200 萬 \times 複利現值因子$$
$$= 800 萬 \times (1 - 1/1.10^{10})/0.10 + 200 萬 /1.10^{10}$$
$$= 800 萬 \times 6.1446 + 200 萬 \times 0.3855$$
$$= \$49,156,800 + \$771,000$$
$$= \$49,927,800$$

估計成本與總現值相較之下，可預測出淨現金流量是：

$$-\$50,000,000 + \$49,927,800 = -\$72,200$$

　　若是正如所預期的，其股票總值下降 \$72,200，平均每股價值減少 \$72,200/3 萬股 = \$2.40。因此，該專案是不值得投資的。

　　此例說明如何以 NPV 來評估一項投資能否進行。若是 NPV 為負的，則對股票價值的影響是不利的；另外，若是 NPV 是正的，則為有利的影響，故是否決定要接受或拒絕某一特定的提案，要依 NPV 是正的或負的來決定。

財務經理的目標是在於提高股價，本節可歸納出淨現值法則 (net present value rule) 如下：

接受正的淨現值投資方案；予以否決負的淨現值投資方案。

若淨現值正好為零，則接受或斷然拒絕該投資方案皆可。

上例中，有兩個評論的重點。第一，該機械式的折算現金流量運算過程並非最重要的。有現金流量和適當的折現率資料，剩餘的僅是計算的部分，而要取得現金流量和折現率並不太容易。本章中，都要把假設估計的現金收益、成本、和折現率視為已知。

第二點是 –$72,200 的 NPV 是一個估計值，與任何的其他估計值皆相同，有可能高估抑或低估。唯一能找到 NPV 的方法即是把此項投資予以出售，估算出價值有多少？可信度高的估計值頗為重要。在本章中，將假設所有的估計值都是很精確的，後面會再以此方面來作進一步的探討。

⟵ 範例 7.1.1　NPV 法則之運用

假設想要研擬一項投資開發計畫，該項投資計畫的資金成本為 $18,000，折現率為 10%，其預計在 4 年的專案投資中，現金流量分別為 $3,000，$4,000，$5,000 及 $7,000，在此前提下，是否值得投資呢？

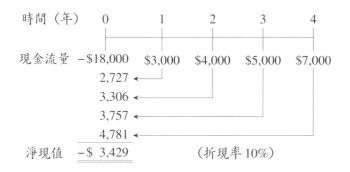

首先求得的現值是：

$$現值 = \$3,000/1.1 + \$4,000/1.1^2 + \$5,000/1.1^3 + \$7,000/1.1^4$$
$$= \$2,727 + \$3,306 + \$3,757 + \$4,781$$
$$= \$14,571$$

預期現金流量的現值是 $14,571，而投資的資金成本是 $18,000，故 NPV 為 $14,571 – $18,000 = –$3,429，依據淨現值法則，該專案應予以否決。 ◆

如本節所示，估計 NPV 是評估投資提案獲利能力的方法之一。然而，NPV 並非評估獲利能力時僅有的方式，即使 NPV 法則並非是實務上首要方法，而原則上 NPV 仍是較佳的表示方法。

7.2 還本期間法則

實務上常論及一項投資提案的還本期間，簡言之，所謂還本期間 (payback period) 係指回收原始投資，即是「把餌拿回來」所花費的時間。此概念廣泛被應用，故將詳細地介紹它。

7.2.1 還本期間之定義

圖 7.2 為一項計畫提案的現金流量。需要花費多久的時間，該項投資的累積現金流量才會等於或大於投資成本呢？如圖 7.2 所示，原始的投資金額為 $100,000。第 1 年後，公司還本 $40,000，剩餘 $60,000。第 2 年的現金流量正好是 $60,000，故該項投資正好是以 2 年的時間還本。亦即還本期間為 2 年。假如要求的還本期間不超過 3 年，則該項投資是可以被接受的。此謂還本期間法則 (payback period rule)：

依據還本期間法則，若是一項投資的還本期間所計算出來的還本期間低於某個預先設定的年數，則該項投資是可被接受的。

圖 7.2 投資專案淨現金流量

在上例中，還本期間恰巧是 2 年。而實際上未必如此，若非整數，一般是以分數表示。假設原始投資額是 $100,000,而第 1 年的現金流量是 $50,000，第 2 年是 $60,000，則前兩年的現金流量共計是 $110,000。因此，該專案在第 2 年中的某個時點可還本。在第 1 年後，投資專案已回收 $50,000，剩下 $50,000 尚未回收。餘留的 $50,000 就佔了第 2 年現金流量的 $50,000/$60,000 = 5/6。假若 $60,000 的現金流量是平均分配在這一年中，則還本期間即是 $1\frac{5}{6}$ 年。

範例 7.2.1　還本期間法則之運用

某項的投資專案預測現金流量是：

年	現金流量
1	$200
2	500
3	800

該項投資專案的成本是 $1,000，試求其還本期間。

原始成本是 $1,000。2 年後，現金流量共計是 $700。3 年後，總現金流量是 $1,500。故該專案在第 2 年年底至第 3 年年底間還本。由於前兩年累積的現金流量是 $700，因此第 3 年還剩餘 $300 的現金流量。所以，必須在第 3 年中等到 $300/$800 = 0.375 年才能完成回收成本。故還本期間是 2.375 年，大約為 2 年又 5 個月。◆

知道了如何計算出一項投資的還本期間後，利用還本期間法則來制定決策就輕而易舉了。先來選定一個取決時點 (cutoff time)，例如 2 年。若是所有還本期間等於或小於 2 年的投資案都予以接受，則超過 2 年才還本的就該拒絕。

表 7.1 解釋了四個不同投資專案的現金流量。原始成本的現金流量代表投資的成本，用這些投資專案來說明還本期間法可能產生的問題。

表 7.1　專案 A 至 D 的預期現金流量

年	A	B	C	D
原始成本	−$500	−$500	−$500	−$ 500
1	100	200	50	2,000
2	200	400	30	−10,000
3	200	300	20	
4	350	250	20	

以 A 專案而言，其還本期間恰好是 3 年，而 B 專案的還本期間則為 1+ $\frac{\$300}{\$400} = 1\frac{3}{4}$ 年。至於 C 專案在 4 年的期間，成本始終大於未來現金流量的總和，若投資計畫預定 4 年內還本，該專案將會被否決。然而 D 專案則十分罕見，竟然在 3 個月內就可還本，但是後來的現金流量又為 −$10,000，這似乎說明了 "easy come easy go" 的道理。

◉ 7.2.2　還本期間法則之分析

與 NPV 法則相比較，還本期間法則仍有些嚴重的缺失存在。第一，還本期間法則是把未來的現金流量予以加總，無考慮折現，因此將貨幣的時間價值排除。而還本期間法則，亦無考慮風險的差異。一般高風險和低風險的投資專案皆利用相同的方法來計算還本期間。

還本期間法則的最大癥結點在於如何選出正確的取決期間 (cutoff period)，由於並無客觀的方法基礎來決定一個適當的期限，亦即是沒有任何經濟理論基礎是以探討還本期間為首要目標。

接下來將比較還本期間法則及 NPV 法則。首先來看表 7.2 的 S 和 L 專案，根據下表資料來討論。此兩個專案的成本均為 $600。現在若決定還本期間為 3 年，其中 S 專案的還本期間為 2 年，而 L 專案的還本期間則為 3 + $\frac{\$100}{\$400} = 3.25$ 年。

表 7.2　投資的預測現金流量

年	S 專案	L 專案
0	$-\$600$	$-\$600$
1	200	100
2	400	150
3	100	250
4	0	400

因為 L 專案還本期間為 3.25 年，超過取決點，因此就還本期間法則而言，明顯地指出應採用 S 專案。

但此決策正確與否，等待討論過兩專案的 NPV 再來下定論（假設折現率 10% 下）：

$$S \text{ 專案 NPV} = -\$600 + \$200/1.1 + \$400/1.1^2 + \$100/1.1^3$$
$$= -\$12.47$$
$$L \text{ 專案 NPV} = -\$600 + \$100/1.1 + \$150/1.1^2 + \$250/1.1^3 + \$400/1.1^4$$
$$= \$76$$

結果 S 專案的 NPV 是負的，而 L 專案的 NPV 是正的，此乃是還本期間法則忽略時間價值所造成的偏誤。

7.2.3　還本期間法則之優點

雖有上述缺點，還本期間法則仍常被大公司用以制定小型投資案的決策，主要的理由是，有些投資案根本不需要做詳細的分析。由於進行分析的相關成本遠大於決策錯誤所可能造成的損失。以實務的觀點而論，若是一項投資可以很快的還本，且在取決點之後尚有利潤，則 NPV 會是正的。

通常大機構中，每天要對眾多的小型投資案做出決策。而該投資案的決策是分佈於各個階層的。因此，對投資金額少於 100 萬的投資案，公司會要求以 2 年為還本期間，然而，其他較大的投資案就需要詳細地複查。2 年還本期間雖不甚完美，但確實對支出做了某種程度的控管能力，從而降低了可能的損失。

另外，還本期間法則具有兩項優點。第一，由於較傾向於選擇短期投資，因此也提高資金流動性。故還本期間法則較傾向可以很快的回收資金再予以轉投資。對小公司而言，可能是甚為重要的；但是對大公司來說，因為資金充裕，可能比較不是那麼的重要。第二，預期在投資專案後期收到的現金流量的不確定性較高。故還本期間法則將後期現金流量的較高風險列入考慮。

◎ 7.2.4　結　論

還本期間是屬於「損益兩平點分析」的衡量指標。因此不將時間價值納入考量，故可以把還本期間視為達到會計上損益兩平點分析所需花費的時間。但並不是經濟上損益兩平點的時間。而還本期間法則最大瑕疵在於沒有命中問題的核心，這裡所攸關的爭論點是投資案對股東價值所產生的影響，而非原始投資所需回收資金的時間。

但由於還本期間法則較簡易，因此公司會用它來篩選無數的小型投資案。既然瞭解還本期間法則，就該對那些可能引發的問題有所警示。表 7.3 彙整還本期間法則的優缺點。

表 7.3　還本期間法則的優點和缺點

優　點	缺　點
1.簡單明瞭。	1.不將貨幣的時間價值列入考慮。
2.調整了後期現金流量的不明確性。	2.需要取得果斷的取決點。
3.傾向於高度流動性。	3.不考量取決點後的現金流量。
	4.傾向於否決長期投資專案，例如研發及新的專案。

7.3　折現還本期間法則

還本期間法則的缺點之一是不將時間價值納入考量，而折現還本期間法則即是在解決此問題。而折現還本期間 (discounted payback period) 係指折現

現金流量的總和等於原始投資所需花費的時間。因此折現還本期間法則
(discounted payback period rule) 是：

> 依據折現還本期間法則，若是一項投資的折現還本期間低於某個預先設
> 定的年數，則該投資是可以被接受的。

假設擁有一項成本 1,200 萬，而未來 5 年每年的現金流量是 358 萬的投
資，欲計算其折現還本期間，假設對新投資要求 15% 的報酬率，亦即要得到
折現還本期間就必須以 15% 折現每一筆現金流量至現值後予以加總，如表
7.4 所示。同時列出折現和未折現的現金流量。由累積現金流量可看出，通常
的還本期間大約到第 4 年的現金流量才足夠還本；然而，折現還本期間是在
第 5 年。

表 7.4　一般還本和折現還本

年	現金流量 未折現	折現	累積現金流量 未折現	折現
1	358 萬	318 萬	358 萬	318 萬
2	358 萬	283 萬	716 萬	601 萬
3	358 萬	251 萬	1,074 萬	852 萬
4	358 萬	223 萬	1,432 萬	1,075 萬
5	358 萬	199 萬	1,790 萬	1,274 萬

其實，普通還本期間就是達到會計上損益兩平點所需的時間。現在，將
貨幣的時間價值納入，因此折現還本期間即是財務上或是經濟上的損益兩平
點。此例子中，是可以在 5 年的時間內將本金和利息回收。

年	15% 下的未來值 358 萬年（預測的現金	1,200 萬總額（預測的投資）
0	$ 0	$1,200
1	358	1,380
2	770	1,587
3	1,243	1,825
4	1,788	2,099
5	2,414	2,414

6	3,134	2,776
7	3,962	3,192
8	4,914	3,671

圖 7.3 畫出當折現率為 15% 時，1,200 萬投資的未來值和每年 358 萬的年金的未來值。該兩條線正好在第 5 年相交會。該專案的現金流量是在第 5 年時達到平衡，之後就超過了原始投資額。

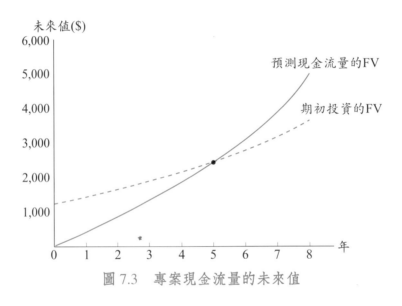

圖 7.3 專案現金流量的未來值

表 7.4 和圖 7.3 說明了在折現的基礎下，若是一個專案可以還本，則 NPV 就必定是正的。理論上是，當折現現金流量總和與投資成本相等時，NPV 即是零。表 7.4 中的所有現金流量現值是 1,274 萬，成本為 1,200 萬，故 NPV 為 74 萬。而這 74 萬就是發生在折現還本後之現金流量值（見表 7.4 的最後一行）。通常使用折現還本期間法則，就不太可能誤用到負的 NPV 投資專案。

依此例，折現還本期間法則似乎比較好。但實際上卻很少採用此法。為什麼呢？由於折現還本期間法則比 NPV 法則來得繁複。因此要計算出折現還本期間，就須把現金流量折現、加總，並和成本相比較，就如同是在計算 NPV。故不同於一般還本期間，而折現還本期間的計算並非簡易。

折現還本期間法則有兩大缺失，最大的缺點在於取決點是任意選定的，而在取決點之後的現金流量均被忽視掉，因此一個正的 NPV 專案可能由於取

決點太短,而被否決。且一個投資案的折現還本期間較短,並不意味著 NPV 就較大。

綜言之,折現還本期間法則是介於一般還本期間法則和 NPV 法則之間,其不如一般還本期間法則簡易,亦不如 NPV 法則嚴謹,因此,若必須評估一項投資還本所需花費的時間,折現還本期間仍是優於一般還本期間,因其將時間價值納入。亦即是折現還本期間法則把資金投資在他處所應得的報酬考慮進去。將折現還本期間法則的優缺點彙整如下。

表 7.5 折現還本期間法則的優點和缺點

優 點	缺 點
1. 將貨幣的時間價值納入考量。	1. 可能拒絕為正的 NPV 投資案。
2. 簡易明瞭。	2. 需要一個果斷的取決點。
3. 不接受估計 NPV 為負的投資案。	3. 將取決點後的現金流量忽視掉。
4. 傾向於高度的流動性。	4. 傾向於拒絕長期的投資專案,如研究發展和新專案。

⟲ 範例 7.3.1 折現還本期間法則之運用

在原始投資額為 \$300 的情況下,若每年可收回的現金流量為 \$100。試問在折現率 25% 時,一般還本期間是多久?折現還本期間是多久?NPV 又是多少?

一般還本期間為 \$300 的原始成本,還本期間為 3 年。其 NPV 計算,首先要求得現金流量的現值是 $\$100/0.25 = \$400$,故 NPV 為 $\$400 - \$300 = \$100$。

至於折現還本期間,在折現率 25% 下,\$100 永續年金的現值需累積到大於或等於 \$300。故可得知 $\$100 \times [(1 - 1/1.25^n)/0.25] \geq \$300$,$(1 - 1/1.25^n) \geq 0.75$,可求得期數為 6 年多($n$ 介於 6~7 之間)。 ◆

7.4　平均會計報酬率法則

在資本預算決策上的另一種方法是平均會計報酬率 (average accounting return, AAR) 法則。AAR 具有各種不同的定義，而不論是以何種定義的方式，AAR 都可定義為：

$$AAR = \frac{平均淨利}{平均帳面價值}$$

如何計算該數值呢? 假設某公司新設立研發部門，投入的資金需要成本 800 萬，部門成熟期大約是歷時 5 年。5 年後，有關此部門的一切均要無償移轉至新的子公司。試將此項投資以 100%，殘值為零，在 5 年內以直線法提列折舊，即每年的折舊金額為 800 萬 /5 = 160 萬，稅率為 35%。表 7.6 即是預測的收益和費用。依此數據，表中計算出每年的淨利。

表 7.6　預測的年收益、年成本和平均會計報酬

(萬元為單位)	第 1 年	第 2 年	第 3 年	第 4 年	第 5 年
收　益	$ 833	$ 862	$ 712	$ 730	$ 659
費　用	(537)	(480)	(420)	(374)	(415)
折舊前盈餘	$ 296	$ 382	$ 292	$ 356	$ 244
折　舊	(160)	(160)	(160)	(160)	(160)
稅前盈餘	$ 136	$ 222	$ 132	$ 196	$ 84
稅 ($T = 0.35$)	(48)	(78)	(46)	(69)	(29)
淨　利	$ 88	$ 144	$ 86	$ 127	$ 55

$$平均淨利 = \frac{(\$88 + \$144 + \$86 + \$127 + \$55)}{5} = \$100 （萬）$$

$$平均帳面價值 = \frac{\$800 + 0}{2} = \$400 （萬）$$

若使用直線法攤提折舊，平均投資為原始投資的一半。故該投資的平均帳面價值，是以 800 萬為最初成本，期末是 0，則投資年限內的帳面平均價值是（800 萬 +0）/2 = 400 萬。

由表 7.6 得知，第 1 年的淨利是 \$880,000，第 2 年是 \$1,440,000，而第 3 年是 \$860,000，第 4 年是 \$1,270,000，最後 1 年是 \$550,000。故平均淨利是：

(\$880,000 + \$1,440,000 + \$860,000 + \$1,270,000 + \$550,000)/5
= \$1,000,000

平均會計報酬率 (AAR) 是：

$$AAR = \frac{平均淨利}{平均帳面價值} = \frac{\$1,000,000}{\$4,000,000} = 25\%$$

若是公司的目標 AAR 小於 25%，則該項投資會被接受，否則會被拒絕。所以，平均會計報酬率法則 (average accounting return rule) 是：

依據平均會計報酬率法則，若是一項專案的平均會計報酬率大於目標平均會計報酬率，則該專案可被接受。

AAR 的主要缺點：從經濟面來探討，AAR 並非具有任何經濟意義的報酬率。反之，若只是兩個會計數字的比率，是無法和金融市場上所提供的報酬相比較的。

AAR 亦非真正的報酬率，理由一是，忽略了貨幣的時間價值。當把發生在不同時點的數字加以平均時，是以較近的現金流量和較遠的現金流量作同等的對待，如同我們一般在計算平均淨利時並無考量到折現問題。

AAR 的第二個問題和還本期間法則相近似：缺乏客觀的取決點。由於所求得的 AAR 無法和市場報酬相比較，因此必須決定一個目標 AAR。可用計算整個公司的 AAR，作為比較的標準，但是其他的方法亦可採行。

AAR 的第三個亦是最嚴重的問題，是 AAR 計算所採用的不是相對的現金流量和市價，而是用淨利和帳面價值，故 AAR 無法顯示出一項投資對股價的影響情況。

而 AAR 是否有優點呢? 答案是肯定的，因為可由投資案或是公司的會計資料中很容易得知相關之數據，現將 AAR 的優缺點彙總如下：

表 7.7　平均會計報酬率法則的優點和缺點

優　點	缺　點
1.計算簡易。	1.因為忽略了貨幣的時間價值，因此非真正的報酬率。
2.資料一般皆可以取得。	2.可用隨機的報酬率為取決點作為比較的標準。
	3.依據會計（帳面）價值，而不是以現金流量和市價來計算。

7.5　內部報酬率法則

接續討論 NPV 法則的最重要替代方案，即內部報酬率法則 (internal rate of return rule)，通稱 IRR 法則。IRR 和 NPV 相關緊密。IRR 法則就是試著找出能總結專案價值的報酬率，稱之為「內部的」報酬率，由於該報酬率只取決於該項投資的現金流量，因此不受外在其他報酬率資料的影響。

現在假設一個成本 $200，1 年後本利和為 $240 的投資，其投資報酬率為 20%。20% 則為此投資的內部報酬率 (IRR)。

這個 IRR 是 20% 的專案值得投資嗎? 若是所要求的必要報酬率低於 20%，就是一項好的投資。可將 IRR 法則定義如下:

依據 IRR 法則，若是一項投資的 IRR 超過必要報酬率，該項投資就會被接受; 反之則否。

假設要計算簡易投資案的 NPV。在折現率為 i 之情況下，NPV 是:

$$NPV = -\$200 + [\$240/(1 + i)]$$

假設不知道折現率是多少，就會有問題存在，但是問題是在折現率達到多高時，該專案才不予接受呢? 當 NPV 為零時，公司是否投資該專案就無差異，亦即是，當 NPV 等於零時，該項投資是處於經濟上的損益兩平點，由於價值無增減。因此要找出損益兩平點的折現率 (break-even discount rate)，可以令 NPV 為零，求解出 i:

$$NPV = 0$$
$$= -\$200 + \$240/(1 + i)$$
$$\$200 = \$240/(1 + i)$$
$$1 + i = \$240/\$200$$
$$= 1.20$$
$$i = 20\%$$

這 20% 就是所稱這項投資的報酬率。上述說明了一項投資的內部報酬率就是 NPV 等於零的折現率。這個重要觀念，值得再重述：

一項投資的 IRR 即是使該項投資案的 NPV 等於零的折現率。

IRR 即是 NPV 等於零時的折現率，是值得注意的，因為它告知如何計算出更複雜的投資案的報酬率。單期投資的 IRR 容易求得。但假設所考慮的投資案的現金流量如圖 7.4 中所列示，投資成本為 $200，每年現金流量為 $150，共計 2 年，此計算就比單期投資要複雜化。若被問及該項投資的報酬率是多少，要如何回答呢？可以令 NPV 為零，並求解出折現率：

圖 7.4　專案現金流量

$$NPV = 0 = -\$200 + \$150/(1 + IRR) + \$150/(1 + IRR)^2$$

但一般只能以試誤法來找出 IRR。前面已提過找出年金的未知報酬率及債券的到期收益率的問題，其解是相同的。

利用試誤法將 31% 代入，則 NPV 為 $1.91，而以 32% 代入時，NPV 為 −$0.27，由試誤法可知內部報酬率在 31%～32% 間，若該行業為高風險、高報酬為其基本訴求，則要求必要報酬率為 40% 時，該投資案將會被拒絕。

要注意到 IRR 法則和 NPV 法則其實是很相似的。有時 IRR 被稱為折現

現金流量報酬，或是 DCF 報酬。說明 NPV 和 IRR 的最簡易方法是將表 7.8 的數字畫成圖形。現以 y 軸代表 NPV，x 軸代表折現率。若有非常多的點，則可得到一條平滑的曲線，稱為淨現值曲線 (net present value profile)。圖 7.5 即是該投資專案的 NPV 曲線。當折現率是 0% 時，y 軸為 \$100；當折現率增加時，NPV 平滑地遞減。而這條曲線會在哪裡貫穿 x 軸呢? 即是在 NPV 等於零時，即 IRR 為 31% 時。

表 7.8　不同折現率下的 NPV

折現率	NPV
0%	\$100.00
10%	60.33
20%	29.17
30%	4.14
40%	−16.33
50%	−33.33
60%	−47.66
70%	−59.86

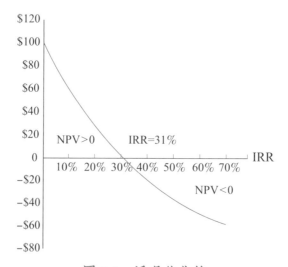

圖 7.5　淨現值曲線

此例中，NPV 法則和 IRR 法則會得到一致性的投資決策。在 IRR 法則下，若是必要報酬率低於 31%，則該投資會被接受。如圖 7.5 所示，當折現率小於 31% 時，NPV 為正的，故使用 NPV 法則亦會接受該投資。故以此例

而言，這兩種方法是一樣的。IRR 的求算，亦可利用內插法，求算一近似值為 31.91% ❶。

⟲ 範例 7.5.1 IRR 法則之運用

假設一位採購部門經理，目前須評估機器採購專案，在不考慮機器使用殘值下，若採購成本為 \$493.52，機器在未來 3 年現金流量各為 \$200、\$300 及 \$400，使用 3 年即淘汰。試問其 IRR 是多少？若必要報酬率為 15%，該項採購值得進行嗎？

可列式得知：

$$
\begin{aligned}
NPV &= 0 \\
&= -\$493.52 + \$200/(1 + IRR) + \$300/(1 + IRR)^2 \\
&\quad + \$400/(1 + IRR)^3
\end{aligned}
$$

由試誤法求得 IRR = 32%。

在必要報酬率為 15% 時，內部報酬率大於 15% 的必要報酬率，依 IRR 法則所獲得的結論，該項採購是值得進行的。 ◆

是否質疑 IRR 和 NPV 法則會導致相同的決策呢？若是符合兩個要件，答案即是肯定的。第一，專案的現金流量是屬於傳統型的，即最初的現金流量是負的，而後來的現金流量都為正的。第二，專案是屬於獨立型的，係指該項專案是否被接受都不會影響到其他專案接受與否的決策。而第一個條件一般都會成立，但第二個條件就並非如此。在任何情況下，若是其中的任一條件不予成立，就會有問題發生。接續來探討這方面的課題。

---

❶ 由試誤法得知內部報酬率在 31%～32% 間，若以 31% 代入，則 NPV 為 \$2.79，以 32% 代入時，NPV 為 −0.27。透過內插法可以求得 IRR 近似值為 31.91%，計算過程如下（以比例觀念求算）。

$$
\frac{0.32 - IRR}{0.32 - 0.31} = \frac{-0.27 - 0}{-0.27 - 2.79}
$$

IRR ≒ 31.91%

◉ 7.5.1　IRR 問題

當現金流量非屬於傳統型的情況時，若要比較兩個或多個投資案的優劣勢時，就會產生 IRR 的問題。第一個情況是，「各種投資案的報酬率為若干?」而第二個情況是，IRR 可能會是個誤導的決策指標。

1.非傳統型現金流量

假設有一項需要投資 $120 的採礦專案。第 1 年的現金流量為 $310。第 2 年時，礦產已開採完畢，但必須花費 $200 才能重整礦區。如圖 7.6 所示，第 1 年和第 3 年的現金流量為負的。

圖 7.6　專案現金流量

可以計算不同折現率下的 NPV 來找出投資案的內部報酬率 (IRR)：

折現率	NPV
0%	$-$10.00
10%	$-3.47
20%	$-0.56
30%	$-0.12
40%	$-0.61
50%	$-2.22

首先，折現率是從 0% 增加至 30% 時，NPV 由負的變為正的。似乎有違常理，因為折現率增加，NPV 就增加。後來，NPV 又開始變小且變為負的。試問，IRR 又是多少呢? 為找出解答，在圖 7.7 中畫出 NPV 曲線。

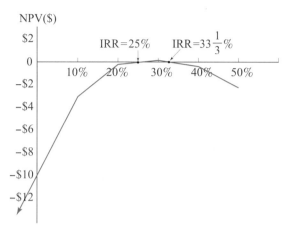

圖 7.7　NPV 曲線

在圖 7.7 中，折現率等於 25% 時，NPV 也正好等於零，故 IRR 就是 25%。這正確嗎？在折現率為 $33\frac{1}{3}$% 時，NPV 亦為零，標準答案到底是哪一個呢？明確說，並無一個確定的答案。因為這是多重報酬率 (multiple rates of return) 的範疇。有些財務電腦套裝軟體並無正視此問題，而只列示第一個找到的 IRR，或有的只顯示出最小的正 IRR。

此例中，IRR 法則徹底失敗。假設必要報酬率為 10%，該予以投資嗎？而這兩個 IRR 皆大於 10%，故依據 IRR 法則，或許該投資。但是，如圖 7.7 所示，當折現率小於 25% 時，NPV 是負的，故並非一項好的投資案。而何時才應該接受此投資專案呢？再看圖 7.7，只在折現率介於 25% 和 $33\frac{1}{3}$% 時，NPV 才會是正的。

當現金流量是非傳統型時，IRR 就會發生一些不尋常的狀況。然而，使用 NPV 法則永遠可以得到正確的解答。

2.互斥專案投資

即使僅有一個 IRR，亦可能產生另一個互斥投資決策 (mutually exclusive investment decisions) 的問題。若 A 和 B 是兩個互斥的投資案，則選擇其中一個，需放棄另外一個 (若兩個投資案非互斥的，即是獨立存在的)。例如，有一塊空地，不是蓋廠房，就是要蓋大樓，兩者擇一，故是互斥的。

目前的問題都是針對一項已知的投資去評估是否可進行。但另一個相關的問題是兩個或更多個互斥的投資案中，哪個最適合投資呢？答案是 NPV 最大的即是最佳的投資。但可否解釋為，報酬率最高的即是最佳的呢？答案是否定的。

要說明 IRR 法則與互斥投資間的問題，可將下列兩個互斥投資的現金流量列入考量。

A 投資案的 IRR 是 19%，而 B 投資案的 IRR 是 16%。由於這兩個投資是互斥的，故只能選擇其中之一。直覺顯示，應該選 A，因為其報酬率較高，而實際並非是這樣的結果。

年	A 投資	B 投資
0	−$1,000	−$1,000
1	420	250
2	360	320
3	300	320
4	270	330
5	180	360
	$ 530	$ 580
	19%	16%

為何 A 投資案未必是兩個互斥投資中最好的，下列分別來計算這兩個投資在不同折現率下的 NPV：

折現率	NPV(A)	NPV(B)
0%	$530	$580
5%	349	358
8%	253	244
10%	201	181
15%	79	37
20%	−24	−80
25%	−110	−178

A 投資案的 IRR(19%) 比 B 投資案的 IRR(16%) 高，但若是比較兩者的 NPV，NPV 大小會隨著折現率之大小而有變化。而 B 投資案的總現金流量較

大，但回收會較晚，故在較低的折現率下，B 投資案的 NPV 會較大。

此例中，NPV 和 IRR 對投資案的排序於某些折現率下是互相矛盾的。若是必要報酬率為 5%，則 B 投資案的 NPV 會較高，故是兩者中較佳的，縱使 A 投資案的內部報酬率較高。而若必要報酬率為 15%，則 IRR 和 NPV 皆無衝突，同是 A 投資案較佳。

在 IRR 和 NPV 的互斥投資衝突可用圖 7.8 的 NPV 曲線來說明。在圖 7.8 中，兩條 NPV 曲線相交於 8.1%。同樣在折現率小於 8.1% 時，B 投資案的 NPV 會較高。在此範圍中，雖然 A 投資案的 IRR 較高，但採行 B 投資案仍會比 A 投資案更加獲利。在折現率大於 8.1% 時，則 A 投資案的 NPV 會較大。

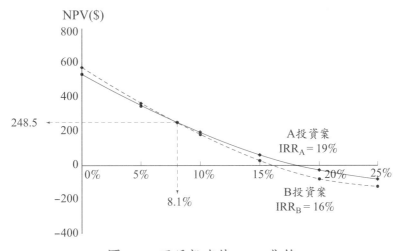

圖 7.8　互斥投資的 NPV 曲線

此例說明，當互斥專案發生時，不可用內部報酬率作為評定的標準，通常，在比較哪個投資案較佳時，IRR 也許會被誤導。但必須以相對的 NPV 來看，以避免錯誤的決策發生。其目標是要為股東創造出價值，因此，不論相對的報酬率是多少，應選擇出 NPV 較高的投資案。

這似乎有違直覺，假設有兩項投資案，一項的報酬率是 10%，可立即賺進 $100，而另一項的報酬率是 20%，亦可以立即賺進 $50。哪個投資方案較佳呢？不論報酬率是多少，皆會選擇前者的 $100，而不是後者的 $50。

🔵 7.5.2 IRR 法則之優缺點

IRR 雖有缺點，但實務上卻常用，比 NPV 還普遍化。由於 IRR 有 NPV 所缺乏的，因為在分析投資案時，探討的重點是在報酬率，而非在於總金額。

IRR 亦是一個溝通資訊的簡易方法。經理間的對話可能是：「重新修建辦公室的報酬率是 20%」，這比「在 10% 的折現率下，NPV 為 $4,000」來得簡易明瞭。

最後，在某些的情況下，IRR 確有略勝於 NPV 之優點，亦即除非適當的折現率為已知，不然就無法估計出 NPV，但仍可估算出 IRR。假設未知一項投資的必要報酬率，但發現它的內部報酬率是 40%，則就會傾向於接受該項投資案，因為必要報酬率似乎不會那麼的高。現將 IRR 的優缺點彙整如下：

表 7.9　內部報酬率法則的優點和缺點

優　點	缺　點
1. 與 NPV 密切相關，一般會導致與 NPV 一樣的決策。 2. 易被瞭解與溝通。	1. 也許導致多重解或無法應用於非一般傳統型現金流量的實例。 2. 比較互斥投資時，會導致錯誤的決策發生。

7.6　獲利指數法則

另一項評估專案的方法稱為獲利指數 (profitability index, PI) 法則，亦稱為利益／成本比率 (benefit／cost ratio)，涵義為未來現金流量的現值除以期初投資。因此，若是一個專案的成本是 $100，而未來現金流量的現值是 $120，則獲利指數是 $120／$100 = 1.2。該投資的 NPV 為 $20，故為一項值得投資的方案。

若是一項投資的 NPV 是正的，其未來的現金流量現值，必定大於期初投資。因此，NPV 為正的投資其獲利指數必定會大於 1.00，而 NPV 為負的投資其獲利指數也必定會小於 1.00。

當如何來解釋獲利指數呢？此例中，獲利指數是 1.2，代表著每投資 $1 就會得到 $1.2 的價值，即是得到 $0.20 的 NPV。故獲利指數衡量每 $1 投資所創造出的價值。所以，經常會被用來衡量政府或其他營利投資的績效。而當資金稀少時，可將資源分配給 PI 最高專案亦是合理的。

所以，獲利指數和 NPV 其實是很相似的。但是考慮一項成本 $10，淨現值 $30 的投資。和另一項成本 $200，淨現值 $400 的投資。第一個投資的 NPV 是 $20，PI 是 3；而第二個的 NPV 是 $200，PI 是 2。若兩個是互斥的投資案，雖第二個的 PI 較低，但第二個投資案優於第一個投資案，由於第二個 NPV 較高，故應該選它。這種排序問題與前面 IRR 排序相類似。綜言之，似乎無理由可以 PI 來代替 NPV。有關 PI 的優缺點彙整如下：

表 7.10　獲利指數法則的優點和缺點

優　點	缺　點
1. 與 NPV 密切相關，通常會導致相同的決策。 2. 易於溝通與瞭解。 3. 當投資的資金有限制時，有助於投資案的排序。	比較互斥投資案時，會導致錯誤的決策。

7.7　資本預算實務

既然 NPV 法則已明示，但為何仍有其他的法則仍被廣泛地使用呢？在制定投資決策時，是對未來非常不確定的情況下的決策。故只能估計投資案的 NPV。該估計值可能非常「不可靠」，亦即是與實際上的 NPV 有些差距。

由於真正的 NPV 是未知的，因此聰明的財務經理須尋找其他線索，來評估預測的 NPV 是否具有可信度。一般公司是採用多重準則來評估一項投資提案。假設有一項投資，估計 NPV 值為正的投資。依據在其他專案所獲取的經驗，該項投資還本期間較短，且 AAR 亦是相當高。在此種情況下，不同的指標可能會接受該方案。即是還本期間法則及 AAR 法則和 NPV 法則所獲得的

結論是一致性的。

另外，假設有個估計 NPV 值為正的，但還本期間較長，而 AAR 較低的投資案，這也許是個好的投資案，但在制定決策時須更加謹慎，由於所得到的訊息並不一致。若估計的 NPV 是較不確定的預測，應該再做進一步的分析。

現在除了營利的公司方案在衡量使用外，其實各機關亦把它使用在任何一個方案的設置上，在此，藉由高雄縣興達海洋文化園區開發計畫來介紹如何進行這種分析。

就以高雄縣興達海洋文化園區開發計畫為例，總開發經費預估約為新臺幣 710 億元，其中第 1 期開發經費約為新臺幣 217 億元，第 2 期開發經費約為新臺幣 328 億元，第 3 期開發經費約為新臺幣 165 億元。

依照高雄市政府對此方案所公佈的財務分析結果如下：

(1)淨現值：以 10% 為折現率，則開發公司投資本案之 NPV 為 3,422 百萬元，由於計算出的 NPV 大於零，故本計畫應值得採行。

(2)內部報酬率：本案之 IRR 為 10.44%。

(3)還本期間：本投資案之還本期間為 23 年。

在國外更有一些研究實地調查了公司真正使用的決策準則，彙整了一些結果，可發現還本期間法則用得非常普遍，報告中的公司超過 80% 都使用它。而最少使用的方法是 IRR 法。但即使如此，仍有 59% 的大公司不是以 NPV 就是以 IRR 為主要的方法。故還本期間法則雖很少被當作主要的準則，但卻是最普遍被當作次要的方法。

與本章主題相關的網頁資訊：

俞海琴博士財管講題：資本預算程序 長期投資決策：http://fhyu.mis.cycu.edu.tw/f11.htm

CNET Networks —— 用資金預算來確定專案的成本：http://www.zdnet.com.cn/developer/study/story/0,2000081626,39112520,00.htm

楊義群理財網——確定性投資專案的評估方法比較：http://yyiq.51.net/Capital%20Budget%20Valuation.doc

7.8　本章習題

1. 何謂淨現值法？

2. 如果我們說一項投資的 NPV 為 $1,000，我們確實所指的是什麼意思？

3. 以文字敘述還本期間。何謂還本期間法則？

4. 為什麼我們說還本期間是會計上的損益兩平點？

5. 以文字敘述折現還本期間。為什麼我們說折現還本期間是財務上，即經濟上的損益兩平點衡量值？

6. 折現還本期間有什麼勝於普通還本期間的優點呢？

7. 何謂平均會計報酬率 (AAR)？

8. AAR 法則有何缺點？

9. 在哪些情況下，IRR 和 NPV 會有相同的接受／拒絕決策？在什麼時候它們可能會有衝突？

10. 一般而言，IRR 勝於 NPV 的優點在於使用 IRR 法則時不需要知道必要報酬率，對嗎？

11. 獲利指數用來衡量什麼？

12. 請敘述獲利指數法則。

13. 最常用的資本預算方法是什麼？

14. 既然知道 NPV 是資本預算中最好的方法，你認為為什麼實務上還要使用多重衡量方法呢？

15. 何謂資本預算？完整的資本預算應包括哪些過程？

16. 什麼是現金流量？現金流量估算時應注意哪些問題？

17. 為什麼以現金流動量而不是會計利潤來評估各種投資方案？

18. 什麼是淨現值法則？其決策規則是什麼？

19. 什麼是內部報酬率法則？其決策規則是什麼？

20. 什麼是還本期間法則？其決策規則是什麼？

21. 應如何利用淨現值法則、內部報酬率法則進行投資決策？

22.淨現值法則的優點是什麼?

23.淨現值法則的缺點為何?

24.試比較淨現值法則、內部報酬率法則之異同處。

25.投資決策要關注的要點是什麼?

第 8 章

資產之管理
——資本投資決策之現金流量

8.1 專案現金流量 / 158

8.2 增額現金流量 / 159

8.3 預估財務報表與專案現金流量 / 162

8.4 專案現金流量：進一步探討 / 166

8.5 營運現金流量的其他定義 / 178

8.6 折現現金流量分析的特殊情況 / 180

8.7 本章習題 / 186

臺灣高速鐵路全長 340 公里，沿線共經過 14 個縣市，端點為臺北市及高雄市兩大城市，北、中、南各設一調車場，主要的維修基地設於南部；高鐵總工程經費新臺幣 4,316 億元，其中政府必須辦理事項為 1,057 億元，主要用於購地及拆遷補償；民間投資額度為 3,259 億元，其中土木工程為最大部分，佔高鐵總工程經費之 32%。為了減少介面整合的困難與不確定性，及有效掌控興建時程，除了高鐵建設用地取得、南港一板橋段路線地下化土建工程（不含軌道及機電設施）及管理與監督由政府負責辦理外，民間投資範圍涵蓋其他所有高鐵計畫工程之設計及施工。

所謂「投資」(investment)，係指運用有限資源，藉以創造、擴充與保護財富的一項經濟活動，是一運用有限資源，獲取最大化報酬的行為。而「財務決策」，即係指投資活動中如何取得資金與有效運用資金的過程，以達成財務目標，獲取最大的可量化之貨幣報酬。一般而言，私人企業對於投資計畫的決策評估，都以財務目標為其最主要的決策依據，即建構財務決策評估程序，進而研擬投資決策，實際進行開發計畫。

一般而言，投資計畫的評估是一門極為深奧的學問，其所涉及的範疇極為廣泛，舉凡法令限制、文化限制、個人習慣與資金上等等的限制與社經環境、投資者的短、中程目標、市場與基地狀況、開發時程等，皆是投資決策分析的重點。

8.1　專案現金流量

執行某項專案會改變公司目前和未來的整體現金流量。當要評估一項投資專案，必須先要考慮該專案對公司現金流量的變化，用以決定該現金變動是否會增加公司的價值。所以，首要步驟是，決定哪些是攸關及非攸關的現金流量。

◉ 8.1.1　攸關現金流量

專案的攸關現金流量 (concerning the cash flow) 是什麼呢？基本原則：專

案的攸關現金流量係指由於決定接受該專案，而導致公司整體未來現金流量
的變化量。而攸關現金流量被定義為公司現有流量的變化量，或增加量，故
攸關現金流量被稱為專案的增額現金流量 (incremental cash flows)。

增額現金流量的觀念是專案分析的核心，將一般性的定義歸納如下：

專案的增額現金流量包括所有由於接受該專案，而直接導致公司未來現
金流量的任何變動的數量。

此增額現金流量的定義隱含著一個重要的推論：任何現金流量，不論專
案是否接受它都存在，則不認定為攸關現金流量。

⊚ 8.1.2　獨立原則

實務上，對大型企業而言，依專案進行與否分別來計算相關的總現金流
量，是較為繁瑣的。一旦分辨出接受該項專案對公司現金流量的影響後，只
需要把重點放在分析專案所產生的增額現金流量即可，故稱為獨立原則
(stand-alone principle)。

獨立原則係指，一經決定接受某項專案的增額現金流量，即可把該專案
當成是一個「迷你公司」，而此專案擁有本身的未來收益和成本、資產以及現
金流量。應著重在於比較它的現金流量和取得成本。而該分析方法的重點為
評估某項專案是依照其本身的價值來評估的，與公司其他業務活動或專案是
各自獨立存在的。

8.2　增額現金流量

在此，只考慮由接受一個專案而增額的現金流量，前面的一般性定義曾
說明，要決定現金流量是否為增額的現金流量，似乎較容易得多，但仍有少
數情況被混淆，本節將探討一些常見的陷阱及應如何避免。

◎ 8.2.1 沉沒成本

所謂沉沒成本 (sunk cost) 係指已經支付的成本或是已經發生而在以後必須償還的債務，該項成本不因專案的決策而有所變化。亦即，在任何情況下公司都必須支付的成本。依據增額現金流量的一般性定義，此成本與既有的決策無關。因此沉沒成本須在專案的分析中排除掉。

所以，沉沒成本顯然並非攸關成本。但是仍然很容易陷入「沉沒成本應與專案有關」的謬誤中。就以製藥工業來說，其內含高度知識與資訊是屬於融合性創造與知識的第三產業，往往需要投入大量沉沒成本及研發成本，而且西藥工業開發新藥的過程相當複雜化。根據統計，臨床前研究與發展期間約為 1～3 年，臨床研究與發展期間約為 2～10 年，新藥上市申請之審核時間約為 2 個月～7 年，大型的生技製藥公司之資本額都相當的龐大，需要有足夠的經費與時間投入新產品的研發，無論研發新藥的成果如何，在這項產業上，唯有不斷的研發才會有生存發展的空間，就變成此產業的特點之一。

◎ 8.2.2 機會成本

當想到成本時，通常會先想到的是已付出的成本，即實際支付的現金成本，但機會成本 (opportunity cost) 並不一樣，機會成本係指從事新的投資決策，而必須放棄舊的既存利潤，而其所放棄的代價即稱為機會成本。常見的情況是公司已擁有某項專案而所需使用的資產。若某公司想把多年前以 $200,000 購買的一幢舊紡織廠，重新整理成電子廠，若採用該專案，在評估此翻新專案時，可否將紡織廠當成是免費的呢？答案是否定的，因為紡織廠是電子廠專案的一項機會成本：因為是放棄將紡織廠作為他項處置，而產生價值的機會。

另外的問題是，一旦認同使用此紡織廠亦有機會成本，而該項機會成本又是多少呢？因為紡織廠是以 $200,000 購得的，就應該把這筆金額當作是翻新專案的機會成本。對與否？答案是「否定的」，理由是在於沉沒成本的概念。

由於在多年前支付 $200,000，是個非攸關的事實，此金額應計入沉沒成

本,所以計算該專案的機會成本是紡織廠目前的市價(扣除所有銷售成本後),因此,該金額才會是繼續使用它所需放棄的金額。

8.2.3　外溢效用

專案的增額現金流量包含著公司未來現金流量的所有變化量,一項專案會有正面或負面的副效果 (side effect),或是外溢效果 (spillover effect),假如豐田公司想要引進一款新車,但可能要犧牲該公司的其他車型原有銷售量。此情況可能會對現金流量產生負面的影響,即稱為侵蝕 (erosion)。相同的問題亦可能發生在任何具有多樣化生產線消費產品的廠商或是銷售公司。在此例中,應該要降低新生產線的現金流量,才能反映出其他生產線的利潤損失。

在計算侵蝕的影響時,要分辨清楚,任何新產品的引進所可能導致銷售的損失,但由競爭因素所造成的才是攸關的。

8.2.4　淨營運資金

通常,一項專案除長期資產的投入外,公司尚須投入淨營運資金 (net working capital),並保留部分現金,以支應相關的費用,而且專案開始後需投入資金於存貨和應收帳款。在此融資中部分是以賒欠供應商的型式(應付帳款)取得,而他項餘額則必須由公司另闢途徑提供。因此該項餘額即是代表著淨營運資金的投資。

資本預算中,淨營運資金有一個重要特性但容易被忽略。當專案結束時,要將存貨賣掉,再把應收帳款收回來,應付帳款付清,而公司應回收先前在淨營運資金上的投資,故專案中的淨營運資金如同一筆借款,公司在專案開始時要先投入營運資金,在專案結束時再予以收回。

8.2.5　融資成本

在進行分析投資專案時,並不考慮付出的利息或是任何其他融資成本 (financing costs)(發放股利或償還本金),主要是要把專案的資產所創造出來的現金流量列為重點。由於利息費用等融資成本並不是來自於資產的現金流

量，而是流向於債權人的現金流量，因此不予考慮。

一般專案評估的目標是在比較來自專案的現金流量和取得該專案的成本，來估算出 NPV。而公司在融資一個專案實際選擇的負債和權益特定融資組合，為一個管理變數，其主要在決定如何分配專案的現金流量給予股東和債權人。但並不意涵著融資的安排並不重要。在後面的章節中將會再討論這方面的課題。

◉ 8.2.6　其他有關的課題

另外，有些仍是要注意的，第一，只關注如何衡量出現金流量，但衡量的是現金流量真正發生的時點，而非會計上認列的時點。第二，關注的是稅後 (after tax) 的現金流量，而稅是一種現金流出。實際上，當提到增額現金流量 (incremental cash flows) 時，其所指的都是稅後增額現金流量。注意，稅後現金流量和會計利潤或淨利是完全不相干的。

8.3　預估財務報表與專案現金流量

在評估投資提案時，需先備妥預估的財務報表。用來計算專案的預估現金流量。再以現金流量配合第 7 章所描述的方法估計出專案的價值。

◉ 8.3.1　預估財務報表

預估財務報表 (pro forma financial statements) 彙總了專案的一些攸關資訊，要編列這些報表時，必須先估計一些數字，例如銷售的單位、每單位售價、每單位變動成本和總固定成本等等，也必須知道總投資需求及包含任何淨營運資金的投資。

先來區分固定成本與變動成本，所謂固定成本乃是指公司於短期內，對固定要素所支付的成本，即不隨產量變動的成本，當產量為零時，仍須負擔；而變動成本則為隨著產量增減而變動的成本，當產量為零時，變動成本亦為零。知道如何區別固定成本與變動成本後，將再進一步討論預估財務報表及

專案現金流量。假設浤泰公司決定每年投資 $200,000 在淨營運資金上，預計每年可銷售 10,000 件（單價 $80），每件變動成本為 $30，固定成本為 $50,000，此專案將於 3 年的年限內將固定資產 $300,000 完全折舊完畢。 在稅率 35% 下，可編製出此專案的預估財務報表。如表 8.1 所示：

表 8.1　預估損益表：浤泰公司專案

銷貨收入（10,000 件，$80/單位）	$ 800,000
減：變動成本（$30/單位）	(300,000)
固定成本	(50,000)
折舊 ($300,000/3)	(100,000)
息前稅前盈餘	$ 350,000
減：稅 (35%)	(122,500)
淨　利	$ 227,500

亦可編製出一系列簡易的資產負債表，來說明該專案的資金需求。此例中，每年的淨營運資金是 $200,000，專案開始時（第 0 年）的固定資產是 $300,000，每一年是以 $100,000 的折舊遞減，到專案結束時正好為零。未來的總投資係指帳面價值，即是會計價值，而不是市價。

現在，要把這些會計資訊轉換成現金流量。接下來就看要如何將這些予以轉換。

◉ 8.3.2　專案現金流量

來自資產的現金流量包含三部分：營運現金流量、資本支出和淨營運資金的變化。要對一個專案或一家迷你型公司做評估，須先得到這三部分的每一個估計值。

若知道這三部分現金流量的估計值，就可利用以下的等式，來計算專案的現金流量：

專案現金流量＝專案營運現金流量－專案淨營運資金的變化－專案資本支出

表 8.2　預估資金需求：浤泰公司專案

年投資	0	1	2	3
淨營運資金	$200,000	$200,000	$200,000	$200,000
淨固定資產	300,000	200,000	100,000	0
總投資	$500,000	$400,000	$300,000	$200,000

1.專案營運現金流量

要擬定專案的營運現金流量，需先將營運現金流量定義：

營運現金流量＝息前稅前盈餘 (EBIT)＋折舊－稅

為了要說明如何計算營運現金流量，再引用浤泰公司專案的預估資料為例，表 8.1 重述了損益表的內容，但以簡潔方式傳達。

依據表 8.1 的損益表，計算出營運現金流量。如表 8.3 所列示，該專案的預估營運現金流量是 $327,500。

表 8.3　預估營運現金流量：浤泰公司專案

息前稅前盈餘	$ 350,000
折　舊	100,000
稅 (35%)	(122,500)
營運現金流量	$ 327,500

簡便計算營運現金流量之方法，係以損益表中，稅後淨利加不影響現金流量之費用科目，即得營運現金流量。何謂不影響現金流量之費用科目，亦即該費用科目入帳時，不必牽涉現金者，例如：折舊、各項攤提等科目，因為當初入帳時，係借記折舊（各項攤提），貸記累計折舊（開辦費）。上例中，營運現金流量等於 $227,500 加上 $100,000，等於 $327,500。此法又稱由下往上法（第 8.5 節）。

2.專案淨營運資金和資本支出

接著計算出固定資產需求和淨營運資金需求。依上述的資產負債表，公司須先支付 $300,000 購買固定資產，並投資額外的 $200,000 在淨營運資金

上。故該公司立即的現金流出是 $500,000。而專案在結束時，固定資產並不具任何的價值，但公司可回收原先的營運資金投資額 $200,000，因此，最後一年會有 $200,000 的現金流入。

只要有投入淨營運資金，必定有等額的回收該項投資；易言之，現金流入必須發生在未來的某一個時點。

8.3.3　預估總現金流量和價值

累積這些資料後，即可完成初步的現金流量分析，如表 8.4 所列示，有了現金流量預估值，就可應用第 7 章所介紹的專案評估準則。首先，在 35% 的必要報酬率下，NPV 是：

表 8.4　預估總現金流量：浤泰公司專案

年投資	0	1	2	3
營運現金流量		$327,500	$327,500	$327,500
增額淨營運資金	$(200,000)			200,000
資本支出	(300,000)			
專案總現金流量	$(500,000)	$327,500	$327,500	$527,500

$$NPV = -\$500,000 + \$327,500/1.35 + \$327,500/1.35^2 + \$527,500/1.35^3$$
$$= \$136,689.02$$

依據這些預估數字，專案的 NPV 創造了 $136,689.02 的價值，所以應予以接受此專案，而這項專案的投資報酬率很明顯地超過 35%（由於在 35% 的報酬率下，NPV 大於零）。經由此一法則，即可找到 IRR 大約是 53.02%（由試誤法或是 Excel 中的財務函數鍵入 IRR，輸入相關資料亦可迅速求得 53%）。

若有必要，亦可計算出還本期間和平均會計報酬率 (AAR) 及評估專案的現金流量，該專案的還本期間會超過 1 年，大約是 1 +〔($500,000 – 第 1 年現金流量 $327,500) ÷ 第 2 年現金流量〕= 1.79 年。

由第 7 章得知，AAR 是以平均淨利除以平均帳面價值。而每一年的淨利是 $227,500，故總投資的平均帳面價值（見表 8.2）是 ($500,000 + $400,000 + $300,000 + $200,000)/4 = $350,000，因此，AAR 是 $227,500/$350,000 = 65%。已知該項投資的報酬率 (IRR) 大約是 25%，而 AAR 較大，故再次證明 AAR 無法完全解釋投資專案的報酬率。

8.4 專案現金流量：進一步探討

本節要進一步的探討專案的現金流量，將深入來討論專案的淨營運資金，之後再檢視有關於折舊的現行稅法之規定。最後，說明一個攸關資本決策的案例。

🎯 8.4.1 淨營運資金

先前在計算營運現金流量時，並無將賒銷問題列入，而某些已發生的成本，實際上亦可能尚未支付現金。在此兩種情況下，現金流量都還未發生。此處要說明的是，只要把淨營運資金的變化納入分析中，這兩種情況皆不成問題。

假設某一項專案於某一年中的簡化損益表如下所示：

銷貨收入	$1,000
銷貨成本	(625)
淨 利	$ 375

若是折舊和稅都是零，而在這一年中無購進任何的固定資產。為了方便說明，假設淨營運資金只在應收帳款和應付帳款。而年初和年底的餘額分別為：

	年 初	年 底	變動量
應收帳款	$1,800	$ 2,000	$ 200
應付帳款	(900)	(1,250)	(350)
淨營運資金	$ 900	$ 750	$(150)

依上述的資訊，這一年度的總現金流量是多少呢？此例中，營運現金流量就等於息前稅前盈餘，由於沒有稅，亦無折舊，所以，營運現金流量是 $375。並且，要注意的是，淨營運資金實際上減少了 $150，故「增額」淨營運資金為負的，表示這一年多出了 $150 可以使用。由於無資本支出，故總現金流量是：

$$總現金流量 = 營運現金流量 - 增量淨營運資金 - 資本支出$$
$$= \$375 - (-\$150) - \$0$$
$$= \$525$$

這 $525 的總現金流量必等於這一年中「流入的錢」減「流出去的錢」，所以，另一個問法是：這一年的現金收入是多少呢？而現金成本又該是多少呢？

若是要決定現金收入，必須先進一步來看淨營運資金。在這一年中，銷貨為 $1,000，但應收帳款在同一期增加了 $200。這表示銷貨金額比現金收入的貨款多了 $200。亦即是，在 $1,000 的銷貨收入中，尚有 $200 還未收到現金。因此，現金流入是 $1,000 - $200 = $800。而且現金流入是銷貨金額減應收帳款的變化量。

綜合上述資料，現金流量等於現金流入減現金流出是 $800 - $275 = $525，與前文所計算出來的現金流量一樣。注意：

$$現金流量 = 現金流入 - 現金流出$$
$$= (\$1,000 - \$200) - (\$625 - \$350)$$
$$= \$800 - \$275$$
$$= 營運現金流量 - 淨營運資金變化量$$
$$= \$375 - (-\$150)$$
$$= \$525$$

此例說明了，把淨營運資金的變化列入計算式中，即可調整會計帳上銷貨和會計成本與實際現金收入和現金支付間的差額。

◈ 範例 8.4.1　現金收款和成本

　　假設韞笛公司在這一年度的銷貨額為 $10,000，成本為 $8,000。將該公司年初和年底的資產負債表資料列示如下：

	年　初	年　底
應收帳款	$ 1,000	$1,200
存　貨	1,000	900
應付帳款	(1,000)	(700)
淨營運資金	$ 1,000	$1,400

　　依此數字，現金流入是多少？現金流出又該是多少？每一個科目會有怎樣的變化？而淨現金流量又是多少呢？

　　銷貨是 $10,000，但是應收帳款上升了 $200，因此，現金收款比銷貨額少 $200，即是 $9,800。成本為 $8,000，但存貨卻少了 $100，因此，會計成本比現金成本高估了 $100。且應付帳款下降了 $300，表示在淨值的基礎下，實際付給供應商的現金成本比從供應商進貨的會計成本多了 $300，故成本低估了 $300。調整了這些項目後，得知現金成本是 $8,000 − $100 + $300 = $8,200，且淨現金流量就是 $9,800 − $8,200 = $1,600。

　　由於整體營運資金增加 $400。原本的會計銷貨減成本是 $10,000 − $8,000 = $2,000。而韞笛公司花費了 $400 在淨營運資金上，因此，淨現金流量為 $2,000 − $400 = $1,600，與上述的解答相符合。　　　　　　　◆

◉ 8.4.2　折　舊

　　會計折舊為一種非現金支出。而折舊之所以會影響到現金流量，是由於它對稅額亦有影響。從稅負的觀點而言，用折舊的計算方式會對資本投資決策造成影響。而折舊的計算方法是由稅法所制定的。接著就來討論美國 1986 年的稅務改革法案 (Tax Reform Act) 對折舊制度所規定的特色。該制度是 1981 年所制定的加速折舊制 (accelerated cost recovery system, ACRS)，修改而來的❶。

1. 修正的 ACRS 折舊 (MACRS)

其基本概念在於，將每項資產都歸屬於一個特定等級。而資產的類別係依照耐用年限來分類。且資產的稅負年限決定後，即可把資產的成本乘上一個固定的百分比，就得到每一年的折舊金額。計算折舊時，並未將預期殘值（即處置時的預期價值）和實際預期經濟年限（預期該項資產可使用的年限）列入考量。

將具代表性資產的折舊率與稅率分別列於表 8.5 與表 8.6 中。

表 8.5　修正後的 ACRS 財產等級

等　級	舉　例
3 年	研究用設備
5 年	汽車、電腦
7 年	大部分工業設備

表 8.6　修正後的 ACRS 折舊率

年	財產等級 3	5	7
1	33.33%	20.00%	14.29%
2	44.44%	32.00%	24.49%
3	14.82%	19.20%	17.49%
4	7.41%	11.52%	12.49%
5		11.52%	8.93%
6		5.76%	8.93%
7			8.93%
8			4.45%

為了說明如何計算出折舊，假設考慮一臺成本 $20,000 的電腦，其被列為耐用 5 年的財產類別，如表 8.6 所列，該類資產的第 1 年折舊為 20%。所以，第 1 年折舊率是 $20,000 × 0.20 = $4,000。而第 2 年折舊率是 32%，故折舊率是 $20,000 × 0.32 = $6,400，由此類推（何以 5 年折舊，既無殘值，何有

❶ 我國所得稅法第五十一條規定，折舊方法未報經主管稽徵機關核准者，視為採用平均法，平均法下計算現金流量，較加速折舊法簡單，但較不嚴謹，故此處以美國稅法規定之加速折舊法為例。

第 6 年折舊率，此係 MACRS 假設資產均在年中買入，故有第 6 年），計算彙整如下：

年	MACRS 折舊率 ×	成本	= 折舊額
1	20.00%	× $20,000 =	$ 4,000
2	32.00%	× 20,000 =	6,400
3	19.20%	× 20,000 =	3,840
4	11.52%	× 20,000 =	2,304
5	11.52%	× 20,000 =	2,304
6	5.76%	× 20,000 =	1,152
	100.00%		$20,000

請留意，MACRS 百分比的和是 100%。故攤銷了 100% 的資產成本，此例中，即是 $20,000。

2.帳面價值和市價

在現行稅法下攤提折舊時，若不將資產的經濟使用年限和未來的市價列入考慮，則資產的帳面價值可能與它的真實市價相差甚遠。若這臺 $20,000 的電腦 1 年後的帳面價值是 $20,000 減掉第 1 年 $4,000 折舊，等於 $16,000。將其餘帳面價值彙整在表 8.7 中。6 年之後，這臺電腦的帳面價值為零。

表 8.7　MACRS 帳面價值

年	年初帳面價值	折　舊	年底帳面價值
1	$20,000	$4,000	$16,000
2	16,000	6,400	9,600
3	9,600	3,840	5,760
4	5,760	2,304	3,456
5	3,456	2,304	1,152
6	1,152	1,152	0

假設要在 5 年後賣掉這臺電腦。依據過去的市價，它可售得 $5,000。若真的值這麼多錢，則必須對 $5,000 的售價和 $1,152 的帳面價值的差額，按一般稅率繳納稅額。而對於 35% 稅率級距的公司而言，應付稅負是 ($5,000 − $1,152) × 0.35 = $1,346.80。

在此種情況下，必須繳稅是由於市價和帳面價值的差額是「超額」折舊，當賣掉該資產時必須「收回來」。亦即是，該項資產超提折舊 $5,000 – $1,152 = $3,848。由於多提列 $3,848 的折舊，故少繳了 $1,346.80 的稅，所以，必須補回這個差額。

這並非是資本利得所課的稅。基本上是，資本利得只會發生在當市場價格超過原始成本時，而究竟要如何分辨出資本利得及非資本利得呢？由於特別的法規可能是相當繁複的，所以大都忽略資本利得稅。

若是帳面價值超過市價，該差額就以損失來做稅務上的處置。若是在 2 年後以 $8,000 賣掉這臺電腦，則帳面價值就比市價高出 $1,600，故可節省 0.35 × $1,600 = $560 的稅。

⟳ 範例 8.4.2　MACRS 折舊

假設鴻醢公司以 $80,000 引進研究用設備，因其歸類為 3 年的財產類。試問每年折舊要如何分攤？依照往例，於 2 年後因設備汰舊換新，它的價值將僅殘存 $15,000。請問，出售該項資產有何稅負效果？而出售該項資產的總現金流量又是多少呢？

每年折舊分攤如下表所示：

年	MACRS 折舊率 ×	成本	= 折舊額	年底帳面價值
1	33.33%	× $80,000 =	26,664	$53,336
2	44.44%	× 80,000 =	35,552	17,784
3	14.82%	× 80,000 =	11,856	5,928
4	7.41%	× 80,000 =	5,928	0
	100.00%		$80,000	

依稅負觀點而言，於 2 年後出售該項資產僅殘存 $15,000，與帳面價值 $17,784 比較之下，將虧損 $2,784。

該損失如同折舊般，不屬於一種現金支出。

然而現金的流出入會有怎樣的變化？第一，從購買者那邊拿了 $15,000。第二，節省了 $2,784 × 0.35 = $974.40 的稅。因此，銷售該資產所產生的總現金流入是 $15,974.40。

◆

◉ 範例 8.4.3 新產品研發評估

來練習一個牽涉到較多資本預算分析的問題。注意，此基本方法和第 8.3 節浤泰公司的例子是完全相同的，只不過是增加了一些更實際的細節。

假若崍曦公司正在著手研究一種新型氣壓棒系統，而該公司正在評估此項產品的可行性，透過同業已銷售的資料得知，推斷出以下數據：

年	銷售單位
1	4,000
2	5,000
3	6,000
4	5,500
5	6,000
6	5,500
7	5,000
8	4,000

該項新型氣壓棒將以每單位售價 $200 推出。而於 4 年後，當有新的競爭者進入時，價格將下跌至 $180。

此專案一開始需要 $50,000 的淨營業資金。往後，每一年的年底總營業資金是該年銷貨額的 15%，而變動成本是每單位 $100，總固定成本是每年 $65,000。

在開始生產之前須先購買 $1,500,000 的設備。由於此項投資是屬於工業設備，故可歸類為耐用年限 7 年的 MACRS 財產。8 年後，該項設備的實際價值大約為成本的 $480,000。而攸關稅率是 35%，必要報酬率是 15%，依上述的資料，崍曦公司應該進行該項專案投資嗎？

(1)營運現金流量：首先，要計算出預估的銷售額。第 1 年預估銷售是 4,000 個單位，每單位 $200，共計是 $800,000，其餘的數字則列於表 8.8 中。

表 8.8　預估收益：新型氣壓棒專案

年	單位價格	銷售量	收　益
1	$200	4,000	$　800,000
2	200	5,000	1,000,000
3	200	6,000	1,200,000
4	200	5,500	1,100,000
5	180	6,000	1,080,000
6	180	5,500	990,000
7	180	5,000	900,000
8	180	4,000	720,000

表 8.9　各年折舊額：新型氣壓棒專案

年	MACRS 折舊率 ×	成　本　=	折舊額	年底帳面價值
1	14.29%	× $1,500,000 =	$　214,350	$1,285,650
2	24.49%	× 1,500,000 =	367,350	918,300
3	17.49%	× 1,500,000 =	262,350	655,950
4	12.49%	× 1,500,000 =	187,350	468,600
5	8.93%	× 1,500,000 =	133,950	334,650
6	8.93%	× 1,500,000 =	133,950	200,700
7	8.93%	× 1,500,000 =	133,950	66,750
8	4.45%	× 1,500,000 =	66,750	0
	100.00%		$1,500,000	

在表 8.9 中計算了 $1,500,000 投資的折舊。依此資訊，就可以編製預估的損益表，如表 8.10 所示。用損益表來往下計算出營運現金流量就較簡單了，並把營運現金流量列在表 8.12 的第一部分。

表 8.10　預估損益表：新型氣壓棒專案

	年			
	1	2	3	4
單位價格	$　　200	$　　200	$　　200	$　　200
銷售量	4,000	5,000	6,000	5,500
收　益	$ 800,000	$1,000,000	$1,200,000	$1,100,000
變動成本	(400,000)	(500,000)	(600,000)	(550,000)
固定成本	(65,000)	(65,000)	(65,000)	(65,000)
折　舊	(214,350)	(367,350)	(262,350)	(187,350)

息前稅前盈餘	$ 120,650	$ 67,650	$ 272,650	$ 297,650
稅(35%)	(42,228)	(23,678)	(95,428)	(104,178)
淨 利	$ 78,422	$ 43,972	$ 177,222	$ 193,472

	年			
	5	6	7	8
單位價格	$ 180	$ 180	$ 180	$ 180
銷售量	6,000	5,500	5,000	4,000
收 益	$1,080,000	$ 990,000	$ 900,000	$ 720,000
變動成本	(600,000)	(550,000)	(500,000)	(400,000)
固定成本	(65,000)	(65,000)	(65,000)	(65,000)
折 舊	(133,950)	(133,950)	(133,950)	(66,750)
息前稅前盈餘	$ 281,050	$ 241,050	$ 201,050	$ 188,250
稅(35%)	(98,368)	(84,368)	(70,368)	(65,888)
淨 利	$ 182,682	$ 156,682	$ 130,682	$ 122,362

(2)淨營運資金的變動：知道營運現金流量後，就必須要決定增額淨營運資金(NWC)。假設，淨營運資金需求隨著銷貨的改變而變化。因此，每一年不是增加就是回收些許的專案淨營運資金。一開始時，NWC 是 $50,000，之後增加到銷貨額的 15%，可以計算出每一年的 NWC，如表 8.11 所示。

表 8.11　增額淨營運資金：新型氣壓棒專案

年	收 益	淨營運資金	現金流量
0		$ 50,000	−$50,000
1	$ 800,000	120,000	−70,000
2	1,000,000	150,000	−30,000
3	1,200,000	180,000	−30,000
4	1,100,000	165,000	+15,000
5	1,080,000	162,000	+3,000
6	990,000	148,500	+13,500
7	900,000	135,000	+13,500
8	720,000	108,000	+27,000

在表 8.11 中，第 1 年的淨營運資金由 $50,000 成長到 0.15 × $800,000 = $120,000。所以，這一年增加了 $120,000 − $50,000 = $70,000 的淨營

運資金。可用同樣的方法求得其餘年度的數字。

一般而言，淨營運資金增加是屬於現金流出（請在腦海中，想像一張帳戶式資產負債表，營運資金增加或資產增加，在借方貸方資產總額相等下，一定會影響現金同額減少，故為現金流出），因此在表中以負號代表公司在淨營運資金上的額外投資，而正號是代表淨營運資金流回公司。如第6年時 $13,500 的 NWC 流回公司。在整個專案期間中，淨營運資金最高可累積到 $180,000 的尖峰，之後隨著銷貨的下滑而呈現遞減的現象。

表 8.12 的第二部分就表示淨營運資金的改變額。當專案結束時尚有 $108,000 的淨營運資金要回收。而在最後一年期間，該專案在年度中回收了當年的 $27,000 的 NWC 和年底剩餘的 $108,000，共計是 $135,000。

表 8.12　預估的現金流量: 新型氣壓棒專案

	0	1	2	3	4
I. 營運現金流量:					
息前稅前盈餘		$120,650	$ 67,650	$272,650	$ 297,650
折　舊		214,350	367,350	262,350	187,350
稅 (35%)		(42,228)	(23,678)	(95,428)	(104,178)
營運現金流量		$292,772	$411,322	$439,572	$ 380,822
II. 淨營運資金:					
最初 NWC	$ (50,000)				
增加 NWC		$(70,000)	$(30,000)	$(30,000)	$ 15,000
回收 NWC					
增額 NWC	$ (50,000)	$(70,000)	$(30,000)	$(30,000)	$ 15,000
III. 資本支出:					
最初投資	$(1,500,000)				
稅後殘值					
資本支出	$(1,500,000)				

	年			
	5	6	7	8
I. 營運現金流量：				
息前稅前盈餘	$281,050	$241,050	$201,050	$188,250
折　舊	133,950	133,950	133,950	66,750
稅 (35%)	(98,368)	(84,368)	(70,368)	(65,888)
營運現金流量	$316,632	$290,632	$264,632	$189,112
II. 淨營運資金：				
最初 NWC				
增加 NWC	$　3,000	$　13,500	$　13,500	$　27,000
回收 NWC				108,000
增額 NWC	$　3,000	$　13,500	$　13,500	$135,000
III. 資本支出：				
最初投資				
稅後殘值				$312,000
資本支出				$312,000

⑶資本支出：最後，必須考慮計算專案的長期資本投資。在赫曦公司的例子中，第 0 年時，共投資了 $1,500,000 購買生產設備。假設該項設備在專案結束時的價值是 $480,000，而其帳面價值是零。前面曾提過，當市價大於帳面價值的 $480,000 這部分是要課稅的，故稅後實收金額為 $480,000×(1－0.35)＝$312,000，該數字列在表 8.12 的第三部分。

⑷總現金流量和價值：現在已知所有的現金流量，再把這些現金流量歸納於表 8.13 中。除總現金流量外，表 8.13 亦計算出累積現金流量和折現現金流量。若要同時計算出淨現值、內部報酬率以及還本期間，亦可求得的。

表 8.13　預估的總現金流量：新型氣壓棒專案

	年				
	0	1	2	3	4
營運現金流量資		$　292,772	$　411,322	$　439,572	$　380,822
增額 NWC	$　(50,000)	(70,000)	(30,000)	(30,000)	15,000

資本支出	(1,500,000)			
專案現金流量	$(1,550,000)	$ 222,772	$ 381,322	$ 409,572	$ 395,822
累積現金流量	$(1,550,000)	$(1,327,228)	$(945,906)	$(536,334)	$ (140,512)
15% 下折現現金流量	$(1,550,000)	$ 193,715	$ 288,334	$ 269,300	$ 226,313

	年			
	5	6	7	8
營運現金流量	$ 316,632	$ 290,632	$ 264,632	$ 189,112
增額 NWC	3,000	13,500	13,500	135,000
資本支出				312,000
專案現金流量	$ 319,632	$ 304,132	$ 278,132	$ 636,112
累積現金流量	$ 179,120	$ 483,252	$ 761,384	$1,397,496
15% 下折現現金流量	$ 158,914	$ 131,485	$ 104,560	$ 207,946

淨現值 (15%) = $30,567
內部報酬率 = 15.567%
還本期間 = 3.37 年

把折現現金流量 (-$1,550,000) 和最初的投資加總，即可得到淨現值
（在 15% 下）為 $30,567，由於 NPV 是正的，故該專案是可以接受的。
而其內部報酬率 15,567% 大於 15%，代表該專案是可以接受的。

再看累積現金流量，發現該專案在第 4 年時大概就可以還本了，此時
累積現金流量趨近於零。如表 8.13 所列示，正確的還本期間為
$140,512/$380,822 = 0.37，故還本期間為 3.37 年。由於鞣曦公司無還
本期間的比較標準，故無從判斷 3.37 年是否合理。 ◆

◉ 8.4.3 結 論

現已完成初步的現金流量折現評價 (DCF) 分析。接下來，鞣曦公司應該
立刻開始生產及行銷。但分析結果若僅是一個預估的 NPV，一般對自己的預
估皆無充分的信心。所以，必要以其他方法來分析。更要花一些時間來評估
該估計值的品質。接著，介紹營運現金流量的其他定義及說明在資本預算中
的其他相關案例。

8.5　營運現金流量的其他定義

前一節的分析是相當普遍化的,而且是可以運用到任何資本預算的問題。下一節,將介紹一些特別有用的變化情況。本節先以營運現金流量實務和財務教科書較常被引用的其他定義來討論。

下面各種求取營運現金流量的方法所衡量皆是一樣的,由於不同的定義經常會造成混淆。基於此,來介紹幾個營運現金流量的不同定義,並探討它們之間的關聯性。

當講到現金流量係指流入的現金減掉流出的現金。而各種不同的營運現金流量定義,差別在於以不同的方法處理銷貨額、成本、折舊和稅等基本資訊以求得現金流量。

$$息前稅前盈餘(EBIT) = 銷貨 - 成本 - 折舊$$

若無利息支出,故稅額是:

$$稅 = EBIT \times T \ (T \ 是公司稅率)$$

即得知專案的營運現金流量(OCF)是:

$$OCF = EBIT + 折舊 - 稅$$

此外,尚有其他方法可求得 OCF,接下來就加以介紹這些方法。

◉ 8.5.1　由下往上法

計算專案營運現金流量(OCF)時,不將所有的融資費用(例如利息)列入,故專案的淨利可寫成是:

$$專案淨利 = EBIT - 稅$$

若把等式兩邊加上折舊，即可得到一個常用的 OCF 式子：

$$OCF = 淨利 + 折舊$$

此即為由下往上法 (bottom-up approach)。從會計人員的淨利開始，逐一加回所有的非現金費用，例如折舊。在計算淨利時並無扣除利息費用，則營運現金流量才定義為淨利加上折舊。

以浤泰公司專案為例，淨利是 $227,500，折舊是 $100,000，故由下往上的計算為：

$$OCF = \$227,500 + \$100,000 = \$327,500$$

◎ 8.5.2　由上往下法

計算 OCF 最簡明的方法是：

$$OCF = 銷貨 - 成本 - 稅$$

此即為由上往下法 (top-down approach)，是 OCF 定義的第二種變化型。從損益表的最上面銷貨開始，往下扣減成本、稅及其他費用，以求得淨現金流量。計算過程中，只是排除所有的非現金項目，例如折舊。

就浤泰公司專案而言，可以計算出由上往下法的現金流量。銷貨收入為 $800,000，總成本（固定加變動成本）為 $350,000，稅額為 $122,500，故計算出 OCF 為：

$$OCF = \$800,000 - \$350,000 - \$122,500 = \$327,500$$

正是前面所求得的答案。

◎ 8.5.3　稅盾法

OCF 定義的第三種變化型是稅盾法 (tax shield approach)。此法有助於下一節所討論的問題。而稅盾法的 OCF 定義是：

$$OCF = (銷貨 - 成本) \times (1 - T) + 折舊 \times T$$

T：公司稅率

這個方法把 OCF 視為兩個部分所組成，第一部分是假設未考慮折舊時的專案現金流量。第二部分是折舊乘以稅率，稱為折舊稅盾 (depreciation tax shield)。折舊是屬於非現金費用，而折舊費用所產生對現金流量的效果即是稅額減少，對公司而言是有利的。在目前的 35% 稅率下，每 \$1 的折舊費用可節省 \$0.35 的稅。

就泓泰公司專案而言，折舊稅盾是 $\$100,000 \times 0.35 = \$35,000$。銷貨減成本的稅後價值是 $(\$800,000 - \$350,000) \times (1 - 0.35) = \$292,500$。把這些加總，就得到 OCF:

$$OCF = \$35,000 + \$292,500 = \$327,500$$

因此，稅盾法和前面所使用的方法是完全相一致的。

◎ 8.5.4 結 論

既知這些方法會獲致相同的結果，為何大家不採用同一種方法就好呢？原因會在下一節中說明，不同的方法適用於各種不同的情況。而最好的方法即是在某種情況下，最方便解決的方法。

8.6 折現現金流量分析的特殊情況

最後，將要介紹折現現金流量分析中常見的三種情況。第一種主要目的在於增進效能，因而降低成本的投資。第二種是公司公開競標時，進行投資分析。第三種則是發生在各種不同經濟使用年限的設備間做選擇時。

尚有許多其他特殊情況案例，但這三種是最為重要的，由於類似的問題情況普遍。因此也說明了現金流量分析和折現現金流量 (DCF) 評價在各方面的一些應用。

8.6.1 評估降低成本的提案

通常要面對的是可否將目前的生產設備升級，使其更具有成本效益的決策。此課題在評估所節省的成本是否足夠支應所需的資本支出。

假設正考慮要把現有的一部分生產設備自動化。購置及安裝新設備的成本是 $2,000,000，但是自動化後可降低人工及物料成本，每年可節省 $500,000（稅前），假設該設備耐用年限為 5 年，並以直線法在年限內攤提折舊至零。5 年後，該設備的實際價值只剩餘原來價值的 40%。則應該進行此項自動化專案嗎？假設稅率是 35%，折現率是 10%。

制定該決策的第一步驟是要辨認出攸關的增額現金流量。首先，可很容易地決定攸關的資本支出。但最初成本為 $2,000,000，5 年後的帳面價值是零，故稅後殘值是 ($2,000,000 × 0.4) × (1 − 0.35) = $520,000。其次，由於沒有淨營運資金效果，故不予考慮增額淨營運資金。

最後的部分是營運現金流量。買進新的設備對營運現金流量會有兩方面的影響。第一，每年在稅前可節省 $500,000。亦即是，公司的營運收入增加 $500,000，因此，這是攸關的增額專案營運收入。

第二，很容易被忽略的是，有額外的折舊扣除額。此例中，每年折舊是 $2,000,000/5 = $400,000。

由於專案的營業收入是 $500,000（每年稅前成本節省），而折舊為 $400,000，故採行該專案將使公司的 EBIT 上升，稅額也將增加 $100,000，此即所謂專案的 EBIT。

最後，因公司的 EBIT 上升，故稅額也增加了 $100,000 × 0.35 = $35,000，故計算出營運現金流量是：

息前稅前盈餘 (EBIT)	$100,000
折　舊	400,000
稅 (35%)	(35,000)
營運現金流量	$465,000

因此，稅後營運現金流量是 $465,000。

可用另一種方法來計算營運現金流量。第一，成本的節省使稅前收入增加了 $500,000，該筆金額是必須支付稅的，因此，稅額增加了 $500,000×0.35 = $175,000。亦即是，$500,000 的稅前成本節省相當於 $500,000×(1 − 0.35) = $325,000 的稅後成本節省。

第二，額外的 $400,000 折舊並非真的有現金流出，但是確實使得稅減少了 $400,000×0.35 = $140,000。將這兩部分加總就是 $325,000 + $140,000 = $465,000，如同前文所求得的。而 $140,000 就是前述的折舊稅盾，因此實際上是運用稅盾法求算出營運現金流量。

完成了整個分析，依據上面的討論，攸關的現金流量是：

	年					
	0	1	2	3	4	5
營運現金流量		$465,000	$465,000	$465,000	$465,000	$465,000
資本支出	$(2,000,000)					520,000
總現金流量	$(2,000,000)	$465,000	$465,000	$465,000	$465,000	$985,000

在 10% 情況下，就可以證明 NPV 為 $85,595，故應該著手進行部分生產設備自動化。

範例 8.6.1　買或不買的決策

假設正考慮購買一套 $1,000,000 的會計資訊作業系統。該套系統將在 5 年期限內以直線法攤提折舊至零。其可使得每年在稅前節省 $300,000 的相關成本，5 年後，該設備尚可出售 $150,000，公司攸關的稅率是 35%。由於該項新設備會提升工作的效率，因而降低 $200,000 的淨營運資金。在 15% 折現率下，NPV 該是多少呢？此項投資的 DCF 報酬率 (IRR) 又是多少呢？

可以計算出營運現金流量。稅後成本節省了 $300,000×(1 − 0.35) = $195,000，每年折舊為 $1,000,000/5 = $200,000，故折舊稅盾是 $200,000×0.35 = $70,000。所以，每年的營運現金流量是 $195,000 + $70,000 = $265,000。

購買該系統是需要 $1,000,000 的資本支出，故稅後殘值為 $150,000×(1 − 0.35) = $97,500。由於該系統降低了淨營運資金的需求，故最初投資可

回收 $200,000 的淨營運資金。所以在專案結束時，必須再投入這筆營運資金。意謂著當系統在運作時，可把 $200,000 運用在其他方面。

最後，可以計算出總現金流量，如下所列：

	年					
	0	1	2	3	4	5
營運現金流量		$265,000	$265,000	$265,000	$265,000	$ 265,000
增額 NWC	$ 200,000					(200,000)
資本支出	(1,000,000)					97,500
總現金流量	$ (800,000)	$265,000	$265,000	$265,000	$265,000	$ 162,500

在 15% 下，NPV 為 $37,360，因此該項投資值得投入。以試誤法可發現，在折現率為 17.06% 時，NPV 是零。故該項投資的 IRR 大約是 17%。◆

8.6.2　評估不同經濟年限的設備

最後一種的案例是考慮如何在不同的可能系統、機器設備及生產過程方案中作選擇。其目標是篩選出最具成本效益的方案。在下列兩種特殊情況發生時，才使用這裡所介紹的方法。第一，評估的可能方案具有不同的經濟使用年限，第二，不論使用哪種方案，必須無限期地重複購買所選定的。亦即是，當一項設備已耗用完畢不能再使用時，就需要再購買新的。

現在用一個簡例來說明這種問題。假設從事於生產鑄造的金屬半組合品的生產。若壓鑄機器因使用過久而毀損，就必須重置一個新的，維持營運正常。目前有兩種壓鑄機器可供選擇，可從其中挑選一個。

A 型機器的購買成本是 $50,000，而每年需要花費 $6,000 的營運成本，每 2 年要予以更新一次。而 B 型機器的購買成本是 $70,000，每年必要花費 $3,000 的營運成本，但可以持續使用 3 年，就必須汰舊換新。若是忽略稅負，在 10% 的折現率下，應該選擇哪一型的機器呢？

在比較這兩種型式的機器時，要注意到 A 型機器的購買成本比較低，但是要花費的營運成本較多，且也耗損的較快些。應該如何來評估這些因素及取捨呢？首先，計算出這兩種型式機器的成本：

A 型機器:

$$PV = -\$50,000 + (-\$6,000)/1.1 + (-\$6,000)/1.1^2$$
$$= -\$60,413$$

B 型機器:

$$PV = -\$70,000 + (-\$3,000)/1.1 + (-\$3,000)/1.1^2 + (-\$3000)/1.1^3$$
$$= -\$77,461$$

注意，所有數字都是成本，因此都帶有負號。依上式來看可能會以為 A 型機器比較誘人，由於其成本現值較低。但是 A 型機器是以 \$60,413 提供 2 年的保固服務，而 B 型機器則是以 \$77,461 提供 3 年的保固服務。由於兩者所提供的保固服務年限不同，故無法直接加以比較。

所以必須分別來找出這兩種方案的每年成本。試問:「在機器的存續年限內，每年要付出多少才會有相同的成本現值呢?」該平均使用金額就稱為約當年度成本 (equivalent annual cost, EAC)。

計算 EAC 即是要找出一個未知的使用金額。以 A 型機器而論，必須找到一個在 10% 折現率下，而 PV 為 -\$60,413 的 2 年期普通年金。依第 3 章曾提及的，2 年期的年金因子是:

$$年金因子 = (1 - 1/1.10^2)/0.10 = 1.7355$$

對 A 型機器而言，EAC 可得到:

$$機器成本的 PV = -\$60,413 = EAC \times 1.7355$$
$$EAC = -\$60,413/1.7355$$
$$= -\$34,810$$

而對 B 型機器而言，其使用年限為 3 年，故要有 3 年期的年金因子:

$$年金因子 = (1 - 1/1.10^3)/0.10 = 2.4869$$

以同樣方法計算出 B 型機器的 EAC 是：

$$機器成本的 PV = -\$72,953 = EAC \times 2.4869$$
$$EAC = -\$29,335$$

依據此分析，應該購買 B 型機器，由於它的每年有效成本是 $29,335，相對於 A 的 EAC $34,810 為低。亦即是，在考慮所有情況下，B 是比較便宜的。故在此例中，較長的年限及較低的營運成本之優勢足以抵銷較高的最初購買價格。

範例 8.6.2　約當年度成本

當考慮稅負後，EAC 會有怎樣的變化？假設有兩種動力產生設備。太陽能系統需要 250 萬的安裝成本，每年需要 $150,000 的稅前營運成本，且每 4 年必須更換一次。而內燃機系統則需花費 500 萬安裝，每年需要 $80,000 的稅前營運成本，其營業年限為 10 年。兩種系統都用直線法攤提折舊，均無殘值。在 12% 折現率下，應該選擇哪一種呢？假設稅率為 35%。

必須要考慮兩種方法下的 EAC，由於經濟使用年限的不同，而且在損耗後必須再重新購置的因素。攸關的資訊彙整於下：

	太陽能系統	內燃機系統
稅後營運成本	$　(97,500)	$　(52,000)
折舊稅盾	218,750	175,000
營運現金流量	$　121,250	$　123,000
經濟年限	4 年	10 年
年金因子 (15%)	2.8550	5.0188
營運現金流量現值	$　346,166	$　372,142
資本支出	(2,500,000)	(5,000,000)
總成本的 PV	$(2,153,834)	$(4,627,858)

這兩種情況下的營運現金流量都是正的，是由於高額的折舊稅盾所導致的。

只要把營運成本降得比購買價格低，這類情形就有可能發生。

為決定購買何種系統，將各以其所適用的年金現值因子計算出每一個的
EAC：

太陽能系統： $-\$2,153,834 = EAC \times 2.8550$

$EAC = -\$754,407.71$

內燃機系統： $-\$4,627,858 = EAC \times 5.0188$

$EAC = -\$922,104.49$

太陽能系統相對較便宜，因此選擇它。此例中，內燃機系統的較長使用
年限及較低的營運成本的利益並不足以抵銷其較高的最初成本的損失。　◆

與本章主題相關的網頁資訊：

台灣 e-NOP 資源交流平台——大學募款策略： http://www.e-npo.org.tw/enpo/front/
foundation/found_news.jsp?serial_num = 61 &

中華會計網校——集團公司的投資控制策略：http://www.chinaacc.com/new/2002_11%
5C21101115920.htm

科技實業總公司財稅小知識——投資管理：http://www.ustctek.com.cn/cwcx/tzgl.htm

8.7　本章習題

1. 何謂專案評估中的增額現金流量？
2. 何謂獨立原則？
3. 何謂沉沒成本？何謂機會成本？
4. 解釋什麼是侵蝕，以及為什麼它是攸關的？
5. 解釋為什麼付出的利息不是專案評估中的攸關現金流量？
6. 專案營運現金流量的定義為何？它和淨利有何不同？
7. 分別說明營運現金流量由上往下，與由下往上兩種方法的定義。
8. 何謂折舊稅盾？
9. 在任何情況下，我們必須擔心不一樣長的經濟使用年限？你如何解釋 EAC？
10. 折現現金流量分析常見使用於何種情況下？

11.假定 A 銀行的定期存款利率為 8%，每年複利一次，而 B 銀行的定期存款利率為 7.5%，每季複利一次，將錢存在哪家銀行較有利？

12.若公司的股票每股每年固定支付 3 元的現金股利，直到永遠，則在折現率等於 12% 的情況下，該公司的股票每股值多少？

13.某公司需購置堆高機一輛，電動式堆高機成本為 360,000 元，使用年限 7 年，而油壓式堆高機成本為 240,000 元，使用期間，電動式的淨現金流量每年皆為 96,000 元，油壓式則為 82,000 元，若此二互斥專案的資金成本都等於 14%，請問此二專案的淨現值為何？

14.承上題，此二專案之內部報酬率為何？

15.承題 13.，該公司應購買何種堆高機？

16.今利率為 8%，為了在 2009 年 1 月 1 日能得到 800,000 元，你在 2003 年 1 月 1 日必須存入多少錢？

17.神通公司以 3,000 萬元買進一臺機器，未來 10 年中，此機器每年可提供 5,600,000 元的收入，此機器每年投資報酬率為多少？

18.公司有 A、B 二專案，其投資額皆 4,000 萬元，且資金成本皆 16%，而 A 專案預期未來 6 年現金流量為 2,200 萬、–1,300 萬、800 萬、1,400 萬、400 萬與 300 萬，而 B 專案則為 500 萬、700 萬、900 萬、–1,100 萬、1,000 萬及 2,000 萬，試以還本期間法則決定應選擇何專案。

19.承上題，以淨現值法計算 3 年後的淨現值，以此決定公司該選擇何專案。

20.商業銀行借給 A 公司 8,000 萬元，但 A 公司在未來 20 年中，每年都需償還 9,000,000 元，試問，商業銀行每年向 A 公司收取的利率有多高？

21.還本期間法則的在理論上存有許多缺點，但實務上仍被許多公司採用，其原因為何？

22.NPV 法則的優缺點為何？

第9章
資產之管理
——外幣帳戶及應收帳款收買業務

9.1　外幣多功能組合管理帳戶　/ 190

9.2　應收帳款收買業務　/ 196

9.3　中長期應收帳款買斷業務　/ 211

9.4　本章習題　/ 215

在財務管理領域中，有關流動資產之管理，資金太多如何管理? 資金太少又如何管理? 故本章介紹資金太多時，時下流行之外幣多功能組合管理帳戶 (multi-function management account)，不失為一很好的理財管道。又資金不足時，如何出售應收帳款以增加資金，也是本章所關心之重點。

9.1　外幣多功能組合管理帳戶

◎ 9.1.1　外幣多功能組合管理帳戶簡介

隨著國際間的貿易接觸日趨頻繁以及全球金融市場之整合，外匯市場實際上已是全球最大的金融交易市場，在資金跨國性的流動程序中扮演著關鍵性的角色。因其連貫全球五大洲，24 小時不停的交易型態，公平透明的市場行為及順暢的流動性，早已成為近年來熱門的投資理財工具，以及廠商因應匯率變化，規避風險之最佳管道。

透過指定銀行開立信託帳戶，存入一筆資金作為擔保品，與銀行或交易經紀商簽訂交易合約，由銀行（或經紀商）設定信用操作額度。投資者可在額度內自由買賣同等值之外幣，操作所造成之損益，自動由銀行帳戶提撥扣存。藉以讓小額投資者也可以利用較小資金，獲得較大的交易額度，和全球資本家一樣享有運用外匯交易作為規避風險之用，並進一步的自匯率變動中創造利潤的機會。

◎ 9.1.2　外幣多功能組合管理帳戶之功能

1. 節　稅

此屬境外投資，除所得稅法另有規定，係採就源扣繳 (pay as your earnings)，故在中華民國境內不予課徵所得稅及交易稅。

2. 避　險

本帳戶可規避之風險:

⑴進出口匯差風險。

⑵地區性政治、經濟風險。

⑶目前所持資產標的貨幣之匯差風險。

⑷目前所持資產標的貨幣之利差風險。

⑸物價波動及通膨壓力之風險。

⑹買進賣出套牢之風險。

⑺資金調度之風險。

⑻金融危機之風險。

⑼利率降低之風險。

3.孳　息

依各主要國家利率浮動。

4.套利增值

賺取匯差及息差。

◉ 9.1.3　外幣多功能組合管理帳戶之優點

1.不用積壓資金

不管是規避風險或是利用匯率變化賺取價差,善用信託帳戶的信用額度,只需要 2% 以上的必須保證金就可以獲得 100% 的交易額度,其餘閒置資金可充作投資預備金或其他用途使用,最有利於需要時常周轉調度資金的廠商或不願積壓資金的投資者。

2.投資報酬率較高

匯率變動較小,年度平均波幅為 20%～30%(表 9.1),每日振幅僅 0.7%～1.5% 左右。以投資立場來看,資金交易報酬率較低(扣除通膨及利息)。而透過本帳戶的倍乘效果,就可以放大投資利潤,使得匯率變動就像放到顯微鏡下,更為容易判斷與分析。

表9.1　四種主要貨幣振盪幅度比較

年　份		日　幣	歐　元	英　鎊	瑞士法郎
1997	最　　高	131.62	1.2554	1.7145	1.5287
	最　　低	110.57	1.0414	1.5677	1.3400
	振　　幅	15.94%	17.05%	8.56%	12.91%
1998	最　　高	147.61	1.2402	1.7392	1.5466
	最　　低	112.59	1.0695	1.6085	1.2745
	振　　幅	23.72%	13.76%	7.51%	17.59%
1999	最　　高	125.01	1.1906	1.6806	1.6006
	最　　低	101.95	0.9986	1.5470	1.3400
	振　　幅	18.45%	16.13%	7.95%	16.28%
2000	最　　高	115.05	1.0414	1.6578	1.8300
	最　　低	101.31	0.8225	1.3945	1.5420
	振　　幅	11.94%	21.02%	15.88%	15.74%
2001	最　　高	132.00	0.9595	1.5103	1.8216
	最　　低	113.52	0.8344	1.3677	1.5665
	振　　幅	14%	13.04%	9.44%	14%

資料來源：參考路透社數據整理。

3.特強的靈活性，不怕套牢

外幣交易採詢價 (dealing) 方式交易，由銀行（經紀商）同時報出買價及賣價，客戶自行決定買賣方向，可以在任何時刻進入市場或退出，也可以隨時改變策略，由一種貨幣轉換其他貨幣，每天 24 小時的交易時間，投資者只需考慮價格是否滿意，而不用擔心買不到或賣不掉的煩惱。

4.雙向獲利、交易迅速

即期外匯 (spot foreign exchange) 由銀行同時報出買價及賣價，利用預購或預售方式，客戶自行決定買賣方向，以雙向賺取差價利潤（圖 9.1）。可以在營業時間內任何時刻進入或退出，也可隨時改變策略。投資者只要透過電話或傳真，即可在轉瞬間完成交易。

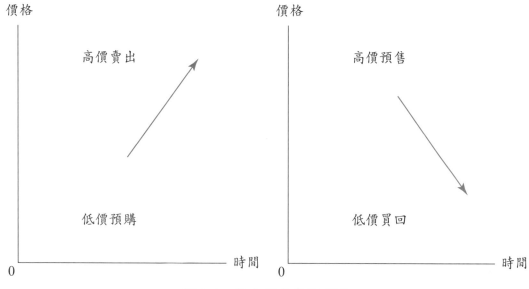

圖9.1　雙向操作賺取價差

5.低廉的交易費用，利於進出

外幣交易的成本除了詢價（dealing）之買賣價差（spread）隨成交量大小不同增減外，經紀商另收手續費，每筆總交易手續費約佔成本金額之0.06%～0.08%左右（約為股票的1/8～1/5），低廉的交易費用，有利於瞬息萬變的外匯市場短線進出，更有利於中長線的波段交易。

6.彈性最大的風險控制

帳戶的信用擴張在銀行的授信額度內，完全依據投資者的意願及風險承受程度自行掌握，適合不同風險承擔意願的人。市場對投資者有利時可加大額度，擴大利潤（表9.2）。風險大時可設定停損點、降低額度、減少損失。

表9.2　信用擴張表

投資規劃金額	交易額度（口數）	信用擴張
100,000USD	500,000USD（約5口）	5倍
	1,000,000USD（約10口）	10倍
	2,500,000USD（約25口）	25倍
	5,000,000USD（約50口）	50倍

7.易於管理，集中實力

投資者可以集中實力，分析研究七種以下主要貨幣，以易於掌握。

8.較低的人為干預

沒有任何人或機構可以控制外匯市場，就算各國中央銀行聯手也難以做到，因為現今市場每日交易量已大大超過世界主要國家外匯儲備的總和，因此公平性較高。

◉ 9.1.4　外匯市場控制風險之方法

對於未發生的事情，一切估計僅是預測而已，必然存在一定的風險，利潤愈高，風險愈大；在外匯市場，也像其他投資一樣，匯率必然有起有落，必須透過規劃精密的投資組合、資金分配及設定停損點的風險控制，方能以最小風險賺取最大利潤。

事實上，由於匯率波動牽涉的因素廣含國際經濟及政治局勢，致行情走勢詭譎多變。故需要精通金融學問的專業人士，24 小時的偵察全球每一角落的變動。

◉ 9.1.5　外幣多功能組合管理帳戶交易運作之流程

1.原　理

利用匯率變動之特性，低買高賣以預購預售方式賺取匯率差價，與股票市場不同之處在於外匯市場並無漲跌停板的人為限制，只要判斷正確，無論多頭市場或空頭市場均有相等的獲利機會。此外，多頭與空頭在外匯市場中僅是相對的觀念。例如，日幣看跌即反映美元看漲，反之亦然。所以如此，乃因外匯市場中各種幣別之買賣基本上均以美元為中心兌換貨幣，以美元為計價清算。

2.開戶程序

⑴由投資者親自透過國內任一外匯指定銀行結匯，並將美元、日幣、英鎊、歐元……等以電匯方式存入國際貨幣經紀商指定之開戶銀行。

⑵在投資顧問公司引介下與國際貨幣經紀商簽訂交易契約。

3.交易方式

投資人可於 24 小時內隨時利用電話、網際網路親自或透過授權下達交易指令至交易銀行（或經紀商），同時亦與專業投資顧問保持密切聯繫，隨時提供諮詢及建議。

9.1.6 外幣帳戶與其他投資之比較

外幣多功能組合管理帳戶與期貨及股票投資之比較，彙總於表 9.3。

表 9.3　外幣多功能組合管理帳戶與期貨及股票投資之比較

	外幣多功能帳戶	期　貨	股　票
投資金額	利用財務槓桿，只需要金額 2%～5% 之保證金，便可作 100% 之投資。不必積壓資金。	同左。	一般而言，投資在股票需要用到百分之百股票價值之金額。
買賣方法	用詢價方法，買賣隨時可以做到；買賣前，可事先知道成交價；有價差。	用掛單方式，交易方式繁雜，下達的買賣指令不一定能做到；且不能預先得知成交價格；買賣無價差。	用叫價方法，買賣不一定可以馬上做到；隨時有套牢的危險；有價差，成本最高。
獲利方式	可先買後賣，亦可先賣後買，也就是說不管價格上漲或下跌，都有賺錢的機會。	同左。	一般來說，股票只能先買入然後賣出，亦即是只有價格上漲時才有機會賺錢，融券時，交易受較多限制。
市場健全制度	屬世界市場，不易受人為因素所影響及操縱。	某些商品屬地區性商品，成交量較小，易受壟斷。	屬地方性市場，容易受人操縱。

買賣時間	在外匯銀行或經紀商運作，24 小時均可交易。	在交易所指定時間買賣，其他時間，若有突發狀況，必須在其他市場買賣，求取對沖保值。	只能在股票市場開放時間做買賣（在臺灣而言是上午 9:00 至下午 1:30），而其他時間，倘若有突發事件發生，都不能做交易，只有空焦急而已。
停板制	沒有停板，行情較能流暢掌握。	某些交易所及商品有停板制。	停板價制度，有時獲利受到限制。
佣　金	完成一個買賣方有價差成本。	完成一個買賣才付佣金。	買或賣均要付佣金。

9.2　應收帳款收買業務

◎ 9.2.1　應收帳款收買業務的意義

　　金融機構直接買出口商對進口商的應收帳款債權，而承擔進口商的信用風險、進口國的政治風險及移轉風險的出口融資業務，稱為應收帳款收買業務 (factoring)。

　　應收帳款收買業務雖因實務作業及不同種類而有差異，但一般而言，可將應收帳款收買業務作如下解釋：應收帳款收買業務係指應收帳款收買商 (factor) 與賣方（出口商）簽訂應收帳款收買業務契約，其契約內容規定賣方（出口商）在出售貨物或提供勞務之前，即轉讓其對買方（進口商）的現在或未來之應收帳款，並由應收帳款收買商支付債權之對價，其業務內容可能涵蓋提供買方信用調查、承擔買方信用風險、短期資金融通、進行應收帳款屆期時之收取與屆期後之催款，以及其他與帳款有關的帳務管理等服務。

　　應收帳款收買業務之設計是藉由商品流通過程，使賣方得以由應收帳款收買商之買方資力保證和預付貨款等功能，而獲得債權之保障並可及早取得融資，買方相對取得應收帳款收買商之長期信用供給。在國際貿易的場合，出口商若利用國際應收帳款收買業務，不但可以免除買方債信不良的風險，

及早獲得資金的周轉，且可以規避匯兌之變動風險。出口商藉由應收帳款收買商所提供的服務，不只增加交易安全性，還可以讓出口商提供進口商更為優厚的交貨後付款的記帳或 D/A、D/P 付款條件，排除以價格為競爭手段的對手，以獲取潛在或現存的市場機會，增加更多的商機。

◎ 9.2.2　應收帳款收買業務在臺灣的發展

　　10 多年前波士頓銀行為服務其客戶，率先將 international factoring 引進臺灣的市場，緊接著由中租集團下的中租迪和股份有限公司 ❶ 於 1987 年加入 F. C. I.，至今包括建華、中國國際商業銀行等皆為該組織之會員。

　　國內應收帳款管理業務之發展則於近兩年有蓬勃發展的趨勢，鑑於每年以電匯取代支票付款之交易達新臺幣 1,000 億元，以帳款受讓管理增加應收帳款變現能力與確保債權的優勢，再加上國內已有不少同業陸續加入拓展市場的行列，只要讓更多人認識該項業務，發展前景十分可期。

◎ 9.2.3　應收帳款收買業務的種類

　　應收帳款收買業務之基本參與者有三：賣方（出口商）、買方（進口商）以及應收帳款收買商。基於應收帳款收買商與賣方（出口商）間的契約關係，以及應收帳款收買商本身業務關係和處理方式的不同，應收帳款收買業務有不同的功能和名稱。以下為應收帳款收買業務主要之分類：

1.依應收帳款收買商有無追索權，可分為

(1)有追索權的應收帳款收買業務 (with recourse factoring)：如德國早期之制度即採取此類。

(2)無追索權的應收帳款收買業務 (without recourse factoring)：目前實務上承作多採無追索權的方式。

---

❶　迪和產收帳款管理股份有限公司於 2002 年第 3 季承作國際產收帳款業務量已達 5 億多美元，國內產收帳款業務也近 100 億新臺幣。

2.依貨物買賣或勞務供需的當事人是否位於同一國, 可分為

⑴國內應收帳款收買業務 (domestic factoring)：係指應收帳款收買商所收買的應收帳款, 係賣方與買方間基於國內買賣交易所產生者。

⑵國際應收帳款收買業務 (international factoring)：係指應收帳款收買商所收買的應收帳款, 係出口商與進口商間基於國際買賣所產生者。

3.依有無預付款, 可分為

⑴預先付款的應收帳款收買業務 (advance factoring)：係指賣方將應收帳款讓與給收買商時, 在應收帳款未到以前, 由應收帳款收買商預先墊付帳款。

⑵到期付款的應收帳款收買業務 (maturity factoring)：即應收帳款收買商於應收帳款到期時, 始將款項付給賣方。

4.依是否向買方發出帳款讓與通知, 可分為

⑴通知式應收帳款收買業務 (notification factoring)：係指賣方將應收帳款讓與給應收帳款收買商時, 由賣方授權應收帳款收買商向買方發出應收帳款讓與通知書, 請買方將應收帳款直接支付給應收帳款收買商; 而應收帳款的收取或催討以及相關事務的處理, 均由應收帳款收買商以自己的名義進行; 目前實務上承作多採通知式應收帳款收買業務。

⑵不通知式應收帳款收買業務 (non-notification factoring)：係指賣方在不通知買方有關應收帳款讓與的情事下, 即將應收帳款讓與應收帳款收買商。實務上極少使用。

5.依應收帳款收買商是否匿名, 可分為

⑴公開式應收帳款收買業務 (open factoring)：公開式應收帳款收買業務與前述「通知式應收帳款收買業務」的內容大致相同。

⑵匿名式應收帳款收買業務 (undisclosed factoring)：係指應收帳款收買商先向亟需資金的賣方購入貨物, 再要求賣方以匿名代理人的身分, 轉售貨物給買方, 待賣方取得帳款後再轉付給應收帳款收買商。實務

上極少使用。

6. 依應收帳款收買商提供功能多寡，可分為

⑴全服務型應收帳款收買業務 (full service factoring or full factoring)：應
　收帳款收買商能提供短期資金融通、承擔買方信用風險、收取應收帳
　款與催款，以及帳務管理等四項完整功能者。

⑵代理型應收帳款收買業務 (agency factoring or bulk factoring)：係指在
　通知式且有追索權的應收帳款收買業務下，應收帳款收買商預先墊款
　給賣方，但賣方仍需自行負責帳款的收取或催討，以及相關帳務的處
　理工作。實務上較少使用。

7. 依買方所屬通路層次，可分為

⑴批發型應收帳款收買業務 (wholesale factoring)：係指處理製造商間及
　製造商與批發商間之商品交易，通常其單筆帳款金額較大，因之，應
　收帳款收買商所蒙受之損害亦大。

⑵零售型應收帳款收買業務 (retail factoring)：係指處理製造商、批發商
　及零售商間之商品交易，通常其買方具有之特性為多數而分散、債信
　較為不明，帳款收回常出現遲延情形。

8. 依應收帳款收買商參與之家數，可分為

⑴單一應收帳款收買商應收帳款收買業務 (one factor factoring or single
　factor system)：除非遇到收款上之困難，否則應收帳款收買業務只涉
　及一個應收帳款收買商。

⑵兩應收帳款收買商應收帳款收買業務 (two factor factoring or two factor
　system)：有兩個應收帳款收買商參與應收帳款收買業務。目前實務上
　承作大多採此型態。

9. 在單一應收帳款收買商應收帳款收買業務情況下，依此應收帳款收買商所在的國家，可分為

⑴直接出口國應收帳款收買業務 (direct export factoring)：出口商向本地

之應收帳款收買商辦理國際應收帳款收買業務。

(2)直接進口國應收帳款收買業務 (direct import factoring)：出口商直接向與進口商位於同一國家之應收帳款收買商辦理國際應收帳款收買業務。

10.**在兩應收帳款收買商應收帳款收買業務情況下，依此應收帳款收買商所在的國家，可分為**

(1)出口國應收帳款收買業務 (export factoring)：位於出口地之應收帳款收買商承作出口商所申辦之國際應收帳款收買業務。

(2)進口國應收帳款收買業務 (import factoring)：位於進口地之應收帳款收買商辦理由出口國應收帳款收買商所委託之國際應收帳款收買業務。

◉ 9.2.4　應收帳款收買業務的特色及功能

應收帳款收買商應至少提供債權之管理、回收、催討、財務之融通及承擔買方債務不履行之風險等服務。根據實務上的承作方式、相關規範及作業工作，應收帳款收買業務，具有以下之特色及功能：

1. factoring 的特色

(1)全部轉讓：賣方 (seller) 一旦針對特定買受商 (debtor) 與應收帳款收買商 (factor) 簽訂應收帳款管理合約，不管超過核准額度與否，應收帳款均須全額轉讓給應收帳款收買商，意在掌握買受商還款情況及信用變化之全貌。

(2)排他性：factoring 合約與輸出保險或信用保險性質類似，彼此均排除兩種額度之共存，以避免重複擴張買受商的信用。

(3)貿易糾紛不保：貿易糾紛之原因繁多，金融機構之專業不在判斷買賣雙方之責任歸屬，故須將貿易糾紛排除在保證責任之外，惟可建議賣方與買受商正式往來之前訂買賣契約，將訂單不可撤銷、不可拒絕提貨、貨物送達一定期限內且經公證機構證明，可對貨物之瑕疵提出索

賠 (claim)，索賠的解決如扣款或補貨的方式應明訂於條文中，以保護賣方權益。

(4)到期日前轉讓：實務上賣方於出口兩週內轉讓文件，以便儘早發現瑕疵並且改正，以確保債權。若遲至到期日前兩週內才轉讓，應收帳款收買商有權不承保該應收帳款。故 seller 不應輕忽自身權益。

(5)發票標明轉讓字句：每份 invoice（包括正、副本）均應黏貼或繕打轉讓字句，明確告知 debtor 應收帳款債權已轉讓與應收帳款收買商之事實，應收帳款收買商因此取得合法的債權，可為賣方對買受商進行催收。

2. factoring 的功能

(1)承擔買方信用風險：只要出口商履行了出口合約，出口商將有關單據賣斷給收買商（承購銀行）後，如遇到進口商拒付或不按期付款等情事，收買商（承購銀行）就不能向出口商行使追索權，即發生買方給付不能，應收帳款收買商對此信用風險負全責。

也就是買方因財務困難以致倒閉或無法付款時，factor 在約定的催收期滿後，只要沒有任何貿易糾紛，保證付款給賣方。買方之信用風險由 factor 承擔。

(2)提供市場情況諮詢：目前主要之應收帳款收買商多半為各大銀行之關係企業，且相互組成專業性國際組織，以利彼此協助，因此對於有關各國家地區之貿易政策、外匯金融管制、法律、經貿商情、商業習性、以及世界市場之經濟景氣概要資料，皆有相當程度的瞭解，可提供出口商正確且及時的產業景氣商情資訊。

本地之賣方（出口商）除了可利用應收帳款收買商所提供之當地市場諮詢服務，亦可以利用其所安排之管道與各地之應收帳款收買商聯繫，以進一步瞭解各地之商情，及事先瞭解目標市場狀況，以利業務推展。

(3)帳務管理及收款服務：應收帳款收買商係購入應收帳款之債權，針對不同的買方核給不同的額度，並忠實記錄每一筆交易的狀況，賣方經

由 factor 定期提供的應收帳款管理報表，可以瞭解買方付款及信用變化的情況，藉以檢討與買方往來的策略。

屆期帳款之收回係屬應收帳款收買商的重要控管業務之一。應收帳款收買商每月並編製催帳及帳款統計分析之帳戶管理月報表 (monthly management account report)，送交賣方，俾供其瞭解買方之付款情形，並藉以評估其信用之變化情況，以利控管。再者，藉由專業的應收帳款收買商催貨款，也可以節省賣方公司之人力需求，降低收款成本，同時避免賣方直接收取貨款時的種種顧忌。

(4)短期資金融通：應收帳款購買業務的融資功能，是應收帳款收買商之主要業務及功能，若依金融業者以一般企業授信的期間來看，屬於短期的放款性質。對賣方而言，此資金融通的功用等同將賒銷轉成現金銷貨，可規避匯率變動風險，又能增加營運資金靈活度，此外，降低負債比率，提高應收帳款周轉率，亦有美化公司財務報表的效果。為避免買賣雙方之可能發生的糾紛、抵減交易或抵銷等情事，導致應收帳款收買商所購入應收帳款價值遭到稀釋，通常應收帳款收買商在墊款時，預先保留若干餘額以資因應。因此，應收帳款收買商通常均只預付某一比率之貨款（通常為百分之八十），而剩餘的部分，當買方償還後，再由應收帳款收買商支付給賣方，以降低潛在風險。

其一般之承作模式為賣方的應收帳款債權經過 factor 保證之後，可以此具自償性的債權為副擔保品，向 factor 或銀行取得資金融通的服務，如此不會佔用公司原有額度且不需另外徵提不動產或其他實質擔保品。

(5)擴大營運爭取訂單：應收帳款收買商負責對各買方進行徵信，買方可不必負擔開狀或其他費用，賣方除不必擔心買方信用風險外，由墊款亦可活絡資金，並可提供非價格競爭的優惠付款條件、培養長期客戶、降低管理成本、提升競爭力等。

◎ 9.2.5 作業流程及成本分析

1.作業流程

有關應收帳款收買業務之作業流程，以下依國內間之作業 (domestic factoring) 及國際間之作業 (international factoring)， 分別以圖示（請參照圖 9.2、圖 9.3）及作業順序敘敘如下：

⑴國內應收帳款收買作業流程：

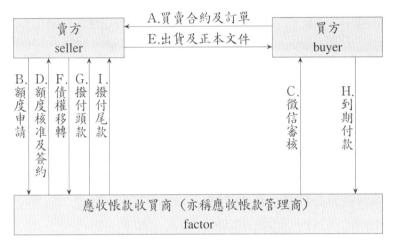

圖 9.2　國內應收帳款收買作業流程

A.買賣雙方簽訂買賣合約訂單。

B.賣方填具國內應收帳款收買業務申請書、申請額度。賣方在申請之時，可選擇有追索權或無追索權之應收帳款收買業務。

C.應收帳款收買商進行徵信調查及審核。

D.應收帳款收買商核准一定額度並與賣方簽訂應收帳款收買業務契約。

E.賣方按時出貨並提交正本文件。

F.賣方將讓與債權所需文件（包括訂單、出貨文件、發票、買方收貨單及應收帳款讓與明細表）交給應收帳款收買商。

G.文件審核無誤後，應收帳款收買商先撥付頭款給賣方。

H.應收帳款收買商向買方通知到期付款。

I.應收帳款收買商將收到的貨款扣掉頭款及相關費用後，將餘款撥付
給賣方。

(2)國際應收帳款收買作業流程：

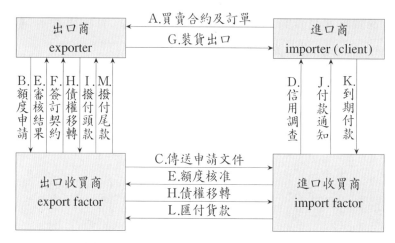

圖 9.3　國際應收帳款收買作業流程

A.買賣雙方簽訂買賣合約訂單。

B.出口商向出口收買商申請進口商信用額度。

C.出口收買商將申請文件利用 EDI/FAX 傳送。

D.進口收買商對進口商進行信用調查評估。

E.進口收買商通知出口收買商審核結果為「核准」或「拒絕」。出口收
買商再將結果通知出口商。

F.出口收買商與出口商簽訂應收帳款收買業務契約。

G.出口商裝運貨物出口。

H.出口商將相關的貨運單據影本交給出口收買商，出口收買商再交給
進口收買商，完成債權移轉。

I.出口收買商提供出口商資金融通，預先墊款。

J.進口收買商於貨款到期時通知進口商付款。

K.進口商到期付款。

L.進口收買商將扣除佣金後所收之貨款，匯予出口收買商，並提供對帳單及付款記錄。

M.出口收買商扣除佣金與墊款成本後，把餘額付給出口商，並提供對帳單。

2.收費計算

應收帳款之收費計算共有下列項目：

(1)申請費 (application fee)：依每一買主計算 (per buyer one shot)，主要係對買方徵信作業及核定額度費用，金額多寡與買方徵信難易程度有關。

(2)應收帳款承購手續費 (factoring commission)： 由於承購者須花費一定人力物力為出口商進行資信調查、風險評估及提供賒銷額度建議，有的還代為保存交易磋商記錄，代辦推銷總帳的管理，在辦理這些業務的過程中，承購者提供了催收貨款等專業知識和勞務，以及長期累積的經驗，因此出口商須給付報酬。給付方式，除按每筆發票金額一定百分比計算佣金 (commission) 外，若有銷貨退回或折讓情形時，另再按每筆退回或折讓加收手續費 (handling)。其影響費率的主要因素為：

A.買方之信用狀況。

B.平均發票金額大小。

C.預期交易額大小。

D.付款條件長短。

(3)墊款利息費用 (interest charge annual rate)： 承購者從收買帳款向出口商付出現金，到帳款到期從海外收到貨款這段時間的利息由出口商承擔。利息費用計算如下分述：

A.利率：以基本放款利率為基準加碼計算。

B.墊款期間：係帳款收買商撥款至買方付款止，若前段所述超過之約定催收期，則賣方無須再付息。

C.付息方式：可採預扣利息，將來多退少補或以實際使用天數，採事後結算方式領取。

3.財務作業

(1)應收帳款收買商無追索權 (without recourse)：　應收帳款收買商無追索
權表示，應收帳款收買商負擔呆帳風險，當應收帳款無法收回時，應
收帳款收買商不得向賣方（原出售帳款公司）求償，但銷貨退回及折
讓仍由出售應收帳款公司負擔。應收帳款收買商通常僅支付應收帳款
金額 80%～95% 予出售應收帳款公司，差額 20%～5% 為銷貨退回或
折讓之保留款，若實際銷貨退回或折讓金額小於保留款，則收買公司
將扣銷貨退回或折讓金額後退回保留款；反之，賣方則須補足差額。

⋲ 範例 9.2.1

假設 T 公司 6/11 出售應收帳款── S 公司 US$43,386.17 予承購銀行，當
日即期匯率 34.06，買方入帳日為 9/5，其當日即期匯率 34.665，手續費 1.2%，
墊付利息 5.9%，墊款成數 80%。

收取之費用計算如下：

(1)T 公司 6/11 出售應收帳款之總價款為：

US$43,386.17 × 34.06 = NT1,477,733.00

(2)T 公司應付手續費為：

US$43,386.17 × 1.2% × 34.06 = NT17,733.00

(3)T 公司出售應收帳款取得之價款為：

US$43,386.17 × 80% × 34.06 − NT17,733.00 = NT1,164,454.00

(4)6/11 承購銀行代墊之利息：

$$US\$43,386.17 \times 80\% \times 5.9\% \times \frac{86}{360} \times 34.665 = NT16,958.00$$

(5)承購銀行收買應收帳款之利得：

US$43,386.17 × 20% × 34.665 − NT169.58 = NT283,838.00

(6)承購銀行收買應收帳款之利益：

US$43,386.17 × 20% × (34.665 − 34.06) = NT5,250.00

(7)承購銀行收買應收帳款之總收益：

NT283,838.00 + NT5,250.00 = NT289,088.00

(2)應收帳款收買商有追索權 (with recourse)：亦即帳款若無法收回，買受銀行得向賣方追償，呆帳損失之風險由賣方負擔。此種出售應收帳款附有追索權之交易，與以應收帳款質押借款的不同之處，在於應收帳款之所有權是否移轉，但是否僅是型式上的移轉，實質確定融資借款行為？依美國財務會計準則委員會 1983 年 12 月發佈的第七十七號財務會計準則公報，對此種應收款項之移轉的會計處理加以規定，凡附有追索權之應收帳款的移轉 (出售)，若同時符合下列三條件，則當作應收帳款出售處理，若有一項不符者，即應當作負債處理，應收帳款仍應列於帳上，並認列借款之負債。

A.賣方放棄該帳款未來經濟效益的控制，以後無權再買回該帳款：因資產必須具有未來經濟效益，且企業必須能有效控制此效益，排除他人使用受益。因應收帳款出售時，賣方已收到現金，雖應收帳款收買商有追索權，但賣方已實質享有經濟效益，相對對應收帳款未來的經濟效益失去控制。

B.追索權的義務能合理的估計 (如呆帳及收帳費用等)：出售資產效益之收益，保留其風險，若能於出售資產時，將相關的風險成本 (即呆帳及收帳費用) 一併估列，符合收益與成本配合原則。

C.除行使追索權外，買受銀行不能要求出售帳款之公司再買回帳款：追索權僅為保證 (擔保) 行為，其非主要債務，若出售帳款時亦認列負債，將使負債虛增。若應收帳款收買商有權要求賣方回應收帳款，則帳款是否被要求買回具不確定性。

⟲ 範例 9.2.2

　　假設 T 公司 6/11 出售應收帳款── S 公司 US$43,386.17 予承購銀行附有追索權，估列呆帳 10%，當日即期匯率 34.06，並假設 9/5 結清帳款時，15% 之帳款發生呆帳，9/5 即期匯率 34.665，其餘之條件同上例。

收取之費用如下：

(1) 9/5 發生 15% 的呆帳，承購銀行收買應收帳款可獲利益為：

US$43,386.17 × (20% − 15%) × 34.665 − NT16,958.00

= NT58,241.00

(2) 承購銀行收買應收帳款之匯兌利得：

US$43,386.17 × (20% − 15%) × (34.665 − 34.06) = NT1,312.50

(3) 承購銀行收買應收帳款之總收益：

NT58,236.00 + NT1,312.50 = NT59,548.50　　　

(3) 有追索權並按舉債處理：若附追索權之讓售不符合上述三條件，則應按舉債處理，原「應收帳款損失」應改為「應收帳款移轉負債折價」，並按利息法攤銷為利息費用。

4. 作業文件

將國內應收帳款收買業務 (domestic factoring) 及國際應收帳款收買業務 (international factoring) 之買賣作業所需之相關作業文件分列如下（請參照表9.4）：

表 9.4　國內及國際之買賣作業所需相關文件之對照表

種類 項目	國內應收帳款收買業務	國際應收帳款收買業務
(一) 申請時文件	1. 公司執照影本（加蓋大小章）* 2. 營利事業登記證影本（仝上） 3. 工廠登記證影本（仝上） 4. 變更事項登記卡影本（仝上） 5. 申請書（買方資料） 6. 申請書（賣方資料） 7. 公司財務報表（近3年報稅報表）	1. 公司執照影本（加蓋大小章） 2. 營利事業登記證影本（仝上） 3. 工廠登記證影本（仝上） 4. 變更事項登記卡影本（仝上） 5. 廠商進出口卡影本（仝上） 6. 國際應收帳款收買業務申請書 7. 公司財務報表（近3年報稅報表）
(二) 授信文件	1. 印鑑卡 (seller) 2. 本票 3. 國內應收帳款受讓承購合約書 4. 新臺幣、外幣存款開戶文件	1. 印鑑卡 (seller) 2. 本票 3. 國際應收帳款收買額度核准 4. 新臺幣、外幣存款開戶文件

| (三)
讓與及
支付價
金作業
文件 | 1. 發票（載明讓與字義戳記）
2. 應收帳款讓與明細表
3. 訂單
4. 交貨文件（買方簽收單）
5. 債權移轉通知書存證信函（首次讓與作業取得）
6. 支付價金申請書
7. 應收帳款受讓承購同意書 | 1. Invoice (with assignment clause)
2. Bill of Lading
3. Purchase Order/Pro forma Invoice
4. NTR (notification and transfer of receivable)
5. 支付價金申請書（欲墊款時）
6. Introductory Letter (seller 第一次使用 factoring 額度出貨時，須以公司信頭發給 debtor，並 cc 給 export factor 及 import factor，3 份均為正本) |

* 1991 年 12 月公司法修改，不再核發公司執照。

　　應收帳款管理商所購入應收帳款價值遭到稀釋，通常應收帳款管理商墊款時，預先保留若干餘額以資回應。因此，應收帳款管理商通常均只預付某一比率之貨款（通常為百分之八十），而剩餘的部分，當進口商償還後，再由應收帳款收買商支付給出口商，以降低潛在風險。

9.2.6　應收帳款收買業務對出口商的利弊

1.對出口商的益處

(1)強化風險管理：透過應收帳款管理商對國外買主（即進口商）的信用控管，出口商可減少交易的信用風險。尤其是在「無追索權的應收帳款管理」業務中，買主倒閉或無力支付的信用風險轉由應收帳款管理商承擔，保障出口商銷售貨款的安全性。此外，交易若是以買方幣別訂價者，可依應收帳款讓與成立時的匯率為基準，將匯率風險轉由應收帳款管理人承擔，出口商可排除匯率風險。

(2)節省帳款成本：既然應收帳款管理商可提供買方信用調查、銷貨之記帳、收帳、催帳等帳務管理服務，出口商可省下此類工作的人力與費用，簡化組織，節省開支。

(3)快速回收資金：在「預付的應收帳款管理」業務中，出口商交貨後可憑貨運單據向應收帳款管理商請求資金融通，提早收回貨款，資金周轉較靈活。

(4)提升經營效率: 出口商在不須操心資金、帳務問題之情況下, 更能專注於生產及行銷業務, 提升其營運效率, 增強競爭能力。

(5)擴大營業收入: 有了國際應收帳款管理之保障後, 出口商就可放心提供記帳 (O/A)、承兌 (D/A) 等較具競爭力的付款方式給國外買主。如此可爭取到更多訂單, 擴大營收並有效拓展國際市場, 不會再為考慮風險問題而錯過商機。

(6)接受諮詢服務: 出口商除可透過應收帳款管理商所建立的商情蒐集情報掌握市場動態外, 並可利用應收帳款管理商所提供有關產、銷各方面的經營管理諮詢服務, 有效解決經營管理上的問題。

2. 對出口商的弊處

(1)付款期限: 國際應收帳款管理業務主要適用 D/A、O/A 場合, 這些付款期限較長, 對出口商是大負擔, 即使可獲得應收帳款管理商的融資, 利息費用也不能忽視。

(2)費用負擔: 國際應收帳款管理業務的手續費通常為 1%～1.5%, 對出口商而言, 不能說不昂貴。通常企業的年銷售額至少要達到 50 萬美元到 100 萬美元以上的水準, 才比較適合利用應收帳款管理業務, 不過對於一些深具潛力的公司, 若預估年成長率可達到 25%, 則也適合承作。

(3)徵信費時: 應收帳款管理商承作國際應收帳款管理業務之前, 必須先對進口商徵信, 俟信用核准後, 買賣雙方才能進行交易, 若徵信費時, 則貽誤商機。

◉ 9.2.7 使用國際應收帳款管理業務的正確觀念

國際應收帳款管理業務可提供多項誘人的服務, 但在運用上仍有一些適用性的考慮和限制。應先建立幾個正確觀念, 才能使其發揮其最大功用, 成為在非信用狀付款趨勢下的最佳競爭利器!

(1)國際應收帳款管理業務適用於簡單、具自償性、且無售後服務消費品交易, 並非所有產品類別的交易都適合使用國際應收帳款管理業務,

目前利用國際應收帳款管理業務成功的商品，主要是像紡織品成衣、鞋類、運動用品、玩具、塑膠用品、五金小工具及簡單的電子、家電用品消費性產品。這些產品共同特性是交易條件單純、有廣泛的市場，應收帳款期限不長（如 90 天內），買方提貨後迅速轉賣即可付清帳款，而且不須售後服務。

(2)國際應收帳款管理業務較適合營業額增長、管理良好的中小企業使用，因為如果企業採用應收帳款管理業務只是為了利用所提供的資金，而不是為了擴大營業提高營運效率，則在經營不善的情況下，其所省下的帳款費用將比不上支付給應收帳款管理商的費用。長期下來，應收帳款管理業務終將難逃淪為「最後的融資手段」。

(3)即使是在無追索權的國際應收帳款管理業務中，應收帳款管理商並不替出口商承擔因貿易糾紛所引起的買方拒付風險。

(4)目前國際應收帳管理業務尚非對付信譽不佳國外買方的良策，因為通常應收帳款管理商會拒絕承作信譽不佳國外買主的業務。

(5)值不值得支付國際應收帳款管理業務昂貴的費用？在各種不同貿易避險、融資工具中，國際應收帳款管理業務下出口商所負擔的手續費是較昂貴的。

9.3　中長期應收帳款買斷業務

◉ 9.3.1　應收帳款買斷業務的意義

forfaiting 這個名稱源自法文 (Á Forfait)，含有讓渡權利之意，中文譯名為「福費廷」，一般貿易商和銀行稱 forfaiting 為「買斷」或「包買單據」，其內涵的意義是：「中長期票據之保證」。

其中「權利的移轉」，意指出口商因交付貨物或提供勞務所產生之應收帳款（遠期 L/C 或 D/A 交易型態），由買斷銀行以無追索權方式予以貼現，並承擔開狀行、進口商或其往來銀行 (D/A) 之信用風險及國家風險之交易。票

據持有者將其未應收之債權轉讓與第二者（即買斷銀行 forfaiter）以換取現金。在轉讓完成後，若日後此票據到期不獲兌現，買斷銀行則無權向出口商追索，因此，forfaiting 是一種無追索權票據應收帳款之貼現，買斷銀行係以固定利率貼現且無追索權方式買入出口商所開且經開狀銀行承兌之票據。

forfaiting 就出口商立場而言則稱賣斷，即將信用狀項下之匯票或單據直接賣斷之交易行為，它是因應出口商需要而產生的一種獨特的融資方式，使出口商不須提供繁雜法律文件，便可立即取得融資，並且排除一切風險，使出口商不致坐失貿易的良機；在國外已行之多年，我國則於 1993 年才有少數外商銀行開始承辦。

其實務上作法，係透過無追索權條款之約定，把一切風險及收款的困難全部讓渡給買斷銀行 (forfaiter)，由 forfaiter 預扣貼現息後，將餘額付現金予出口商。forfaiter 日後若遇到這些債權不能兌現，無權對出口商追索，必須承擔商業風險、國家風險、以及通貨風險等風險，即出口商將其買方的國家政治、經濟及商業風險轉嫁到 forfaiter。惟若買賣雙方之任何商業糾紛（含進口國法院下達禁止支付命令者）以致未獲兌現，買斷銀行則仍有權向出口商追索。

9.3.2 特色與功能

1. forfaiting 的特色

forfaiting 係結合融資（票據貼現）、應收帳款管理、負擔買方信用風險、收買債權、提供商情及進口商用資料等業務，並經由該項債權之貼現以獲取利潤。

forfaiting 亦可說是現今各類金融機構業務的綜合，因其具備銀行、信託公司、輸出信用保險及徵信公司之部分功能，故其亦有時被視為介於歐洲通貨授信與歐洲債券之間的業務，或介於傳統貿易融資（短期匯票貼現）與國際應收帳款融資間之業務。其特色可歸納如下：

(1)融資對象：為輸出資本財或勞務之出口商及辦理輸入之進口商提供中

　　長期之信用融資。

(2)融資期限：其所處理者多屬資本財或技術勞務輸出之中期融資，期限
　　由 6 個月以上至 7 年不等。

(3)融資幣別：通常為歐洲通貨市場上主要流通之貨幣，如美元、歐元、
　　英鎊及瑞士法郎等，亦可視債權購買者在市場融通的能力，而以其他
　　較少流通之幣別融資。

(4)融資利率：forfaiting 對整個融資期間均採用固定利率計算（目前不少
　　銀行買斷利率已低於貸款利率，僅有 5.5%），且該利率通常在出口商
　　與債權購買者簽約時即能確定，出口商亦可隨即將此利率折算於成本
　　中並轉嫁進口商負擔，故此特色對出口商頗具吸引力。

(5)融資工具：以出口所產生之匯票及本票為最常使用，其他尚有應收帳
　　款及延期付款信用狀等。

(6)債權確保方式：除進口商為國際上著名企業外，通常須尋覓進口商所
　　在國之國際著名金融機構或政府機構在匯票上記載承諾付款或出具保
　　證函保證到期依約兌付。

(7)還款方式：通常為自交貨日起，每半年還款一次，直至債務全部清償
　　為止，有時亦容許有 1 年之寬限期。

(8)融資金額：通常在美金 10 萬元至 5,000 萬元之間。

(9)有競爭性：forfaiting 交易頗能引起銀行、機構和個人的投資興趣，故
　　與其他高收益性的市場工具之間，存有競爭性。

(10)本項業務之「無追索權」應用，如遇有下列情形，將不適用：出口商
　　對有關進出口交易之陳述有誤，或有嚴重缺陷，致買賣雙方產生貿易
　　糾紛，　而押匯銀行已審單後墊款，則買方向法院聲請發出禁制令
　　(injunction)。意即買賣雙方有任何除信用風險、國家風險以外原因所
　　致之任何商業糾紛（含進口國法院下達禁止支付命令者），所產生之損
　　失風險由出口商負擔。

2. forfaiting 的功能

每一個 forfaiter 都必須根據轉融資和銷售債權予潛在投資人之市場狀況，以及其本身對某一特定交易的風險評估情形，來設定一融資限額。當他一旦決定購買債權，那麼手續就非常簡便和迅速，出口商就可馬上獲得現金，其數額相當於匯票或本票面額經預扣全部融通期間利息（貼現息）後之餘額。

面對日益競爭之國際貿易市場，出口商如因銀行授信額度限制，或遇買方要求長天期付款方式（短至 6 個月，長達 7 年），或遠期信用狀之開狀銀行係未開發或落後地區，或國家債信欠佳，或外匯管制（如拉丁美洲、東歐等）等情形時，運用 forfaiting 將可有效規避進口商所在國家之政治、經濟風險及開狀行之信用風險，提高出口商資金運用效率及提升出口競爭力。

簡言之，forfaiting 提供出口後融資的便利，其益處如下所示：

(1)避免開狀銀行、進口商或其往來銀行 (D/A) 之信用風險及進口地之國家風險。亦即轉嫁了買方開狀行信用、商業風險及國家、政治風險。

(2)減低公司對國內銀行之或有負債，以改善公司財務報表。

(3)增加應收帳款周轉率，提高資金流動性，改善財務結構，美化財務報表。即增加公司資金操作之靈活度。遠期信用狀貼現案件，非經銷帳，仍佔用出口押匯額度，如經 forfaiting 之買斷立即撥付，出口額度可迅速回復使用。

(4)規避利率及匯率變動風險（爭取選擇較佳之匯率及利率時機）。

(5)貼現提供出口後融資，便利財務調度及規劃，節省公司行政管理成本。

(6)押匯額度不足或季節性、偶發性押匯額度不足之另類選擇。

(7)多樣化的貿易條件接受度，強化出口競爭力。

(8)兼具銀行和保險功能。

與本章主題相關的網頁資訊：

迪和應收帳款管理股份有限公司：http://www.factoring.com.tw/index.htm

《彰銀報導》月刊第 56 期：http://www.chb.com.tw/news/html/what_s_new_chb_inside056.html#t1

經濟部國貿局商情處——運用應收帳款承購 (factoring) 以降低貿易金融風險： http://www.trade.gov.tw/spl_topic/other/other_001.htm

彰化銀行外匯實務問答——廠商如何利用出口輸出保險與 Factoring 取得融資： http://www.chb.com.tw/html/chb_f015.html

中國輸出入銀行——國際應收帳款承購：http://www.eximbank.com.tw/home/Ei_2O.htm

9.4 本章習題

1. 何謂 factoring？

2. 應收帳款業務對出口商的好處為何？

3. 應收帳款業務對出口商的缺點為何？

4. 應收帳款業務對進口商的缺點為何？

5. factoring（應收帳款管理服務）跟銀行的應收帳款融資有什麼不同？

6. 應收帳款承購與一般銀行周轉金額度有何不同？

7. factoring（應收帳款收買業務）跟 credit insurance（信用保險）是一樣的產品嗎？

8. 國際應收帳款承購服務與輸出入保險有何不同？

9. 與進口商已經以信用狀交易了，為何還需要 factoring？

10. 國際應收帳款收買業務在臺灣交易量增加之原因為何？

第10章
負債之管理
——債券

10.1　公司債之種類　/ 219

10.2　公司債之評價（現金流量）　/ 223

10.3　公司債之風險　/ 224

10.4　公司債之實例　/ 229

10.5　公司債之稅務問題　/ 229

10.6　公司債之其他議題　/ 230

10.7　本章習題　/ 236

附錄：財政部發行公債之報紙公告內容　/ 237

　　在財務管理中，資金的取得除了向金融機構取得融資外，一般也常利用發行債券的方式以獲取資金。所謂債券係一種債權證券 (debt security)，約定按期 (半年或 1 年) 支付一定之利息給債權人，到期時清償本金之書面承諾。因此債券包含了三大要素：票面利率、到期日及面額。一般由私人機構所發行之債券，簡稱為公司債；由政府所發行之債券，簡稱為公債。

　　臺灣自 1990 年以來，國內利率持續下降；1991 年以後，政府為支應國家建設，開始大量發行公債，債市越加蓬勃，致使 1992 年起，債券成交值已超越股票成交值。

　　債券市場之交易商品依發行主體不同分為政府公債、公司債、金融債券及外國債券。1980 年代後期，國際經濟低迷，民間投資意願低落，政府為提振國內需求以振興經濟成長，採行擴張性財政政策，以發行公債方式籌措建設經費，致使債市規模大幅成長。

　　據行政院主計處 2002 年 11 月 19 日的統計數據看來，1997 年底政府公債發行餘額突破 1 兆元，至 2001 年底大幅成長至 1 兆 8,583 億元，較 1996 年底擴增 0.9 倍，其中中央政府公債 1 兆 7,726 億元，佔 95.4%，省及直轄市僅 857 億元；近年來政府公債佔全體債券發行餘額比重大致維持在六成五左右。2000 年起，因股市表現不佳及利率走低，投信公司為吸引自股市移出的大量資金，推出積極型之債券型基金，投入公債買賣斷交易，致使其他法人機構及自然人持有比重迅速攀升。

　　我國公司債及金融債市場方面，由於發行公司券源缺乏，以及股市下跌、公債殖利率下跌等因素，次級市場公司債流通券也出現券源缺乏的情況。在景氣成長趨緩，股市不振，資金充裕的情形下，以至於債券型基金規模持續成長，因此仍有補券需求，公司債利率仍有下跌空間。

　　故在財務管理的探討上，「債券」的觀念也因其投資地位愈來愈隨著景氣的不佳而佔有一定的重要性，就讓我們來好好地討論債券這個投資工具吧！

10.1　公司債之種類

一般常見之公司債說明如下:

🔘 10.1.1　有擔保公司債與無擔保公司債

有擔保公司債 (guaranteed bonds) 或稱抵押公司債 (mortgage bonds) 係指發行公司債時，有提供十足擔保品者或經由金融機構保證付款者；無擔保公司債 (unsecured bonds) 或信用公司債 (debenture bonds) 係僅以發行公司之信用條件發行者。一般無擔保公司債通常會按期提撥償債基金者，則稱為償債基金公司債 (sinking fund bonds)。

公司債發行量之限額，依公司法第二百四十七條規定，公司債之總額，不得逾公司現有全部資產減去全部負債及無形資產後之餘額。無擔保公司債之總額，不得逾上項餘額二分之一。並且規定下列情況下，不得發行無擔保公司債 (公司法第二四九條):(1)對於前已發行之公司債或其他債務，曾有違約或遲延支付本息之事實已了結者。(2)最近 3 年或開業不及 3 年之開業年度課稅後之平均淨利，未達原定發行之公司債，應負擔年息總額之百分之一百五十者❶。

🔘 10.1.2　可轉換公司債

可轉換公司債 (convertible bonds)，係指公司債在一定期間之後，可按一定比率轉換成發行公司之股票。為保障債權人，故公司法第二百四十八條第一項第十八款明文規定，發行公司債時，可轉換股份者，其轉換辦法應載明向證券管理機關辦理之。

可轉換公司債若在海外發行,則稱為海外可轉換公司債 (Euro convertible bonds, ECB)。依財政部證券暨期貨管理委員會 (簡稱證期會) 所頒佈之「發行人募集與發行海外有價證券處理要點」第二條明文規定，目前僅上市、上

---

❶　公司法第二百四十八條規定，第(2)項私募之公司債不受此限。

櫃公司得申請募集與發行海外公司債、海外股票、參與發行海外存託憑證及申請其已發行之股票於國外證券市場交易。

　　近年來，由於國內股市不振，上市、櫃公司辦理現金增資集資不易，現金增資案，有逐漸下降之趨勢，讓企業籌資管道受阻，但由於市場利率持續走低(利率影響公司債之價格,詳後節說明)，國內外可轉換公司債乃成上市、櫃公司理財（集資）之管道。根據證期會統計，上市、櫃公司 2002 年度，國內可轉換公司債之發行件數為 158 件，發行金額為 1,046 億 1,000 萬元。2003 年第一季（1～3 月）發行件數為 163 件，發行金額為 1,042 億 6,000 萬元；至於上市、櫃公司 2002 年度，國外可轉換公司債之發行件數為 48 件，核准金額為 75 億 300 萬美元。2003 年度第一季（1～3 月）發行件數為 34 件，核准金額為 16 億 3,200 萬美元（約 500 多億新臺幣）。

◎ 10.1.3　附認股權證公司債

　　附認股權證公司債 (bonds with warrants) 係指發行之公司債附有認購該公司股票之權利。所謂認股權證係指債券發行人賦予持有人在某一特定期間之後，以約定價格購買該公司一定數量之股票；而持有人的認股權證在履約後，債券仍繼續存在著，故與上述可轉換之情形不同。

　　依公司法第二百四十八條第一項第十九款明文規定，發行公司債時，附認股權者，其認購辦法應載明向證券管理機關辦理之。

◎ 10.1.4　次級公司債

　　次級公司債 (subordinated bonds) 係指發行之公司債，於破產清算時，其求償順位次於其他債權者，故公司法第二百四十六條之一規定：公司於發行公司債時，得約定其受償順序次於公司其他債權。

◎ 10.1.5　可收回公司債

　　可收回公司債 (callable bonds) 係指發行之公司債於某期間後，發行公司有權依約定價格提早收回公司債者,故通常收回之價格需高於公司債之面額。

當市場利率持續走低，發行公司為節省利息支出，通常會行使公司債收回權，然後發行低利率之新公司債。

10.1.6　可贖回公司債（或附買回公司債）

可贖回公司債 (putable bonds) 係指發行之公司債於某期間後，持有人有權依約定價格要求發行公司買回其公司債者。可贖回公司債其請求權係持有人之權利；而上述之可收回公司債其請求權係發行公司之權利。雖兩者不同，但容易混淆。因可贖回公司債之權利在於持有人，故發行公司通常會約定在某一期限內不得行使此權利，稱為遞延贖回條款（請參考第 10.4 節實例）。

10.1.7　記名公司債與無記名公司債

記名公司債 (registered bonds) 係指應將公司債債權人之姓名或名稱及住所或居所載明於公司債存根簿上（公司法第二五八條），始能領取利息。其轉讓由持有人以背書方式為之（公司法第二六〇條），並應向發行公司辦理過戶登記。無記名公司債 (bearer bonds) 通常附有息票 (coupon)，持有人只須將到期之息票剪下，交付發行公司即可領取利息，轉讓時亦無須向發行公司辦理登記。另依公司法第二百六十一條規定：債券為無記名式者，債權人得隨時請求改為記名式。

10.1.8　無息公司債

無息公司債 (zero coupon bonds) 係指公司債從發行至到期還本之間均不發放利息，而是以折價方式發行出售。

10.1.9　浮動利率公司債

浮動利率公司債 (floating rate bonds) 係指公司債發行時之票面利率非固定的，而係跟隨市場利率或是某些指數（例如：物價指數、股價指數等）之變動而調整。發行公司唯恐利率風險太大，通常都訂有利率之上下限。例如：茂矽公司（上市電子股）於 1999 年 1 月 20 日，發行 20 億元，5 年期之浮動

利率公司債,票面利率設定為 6.8%,每 3 個月按當季股價加權指數調整,指數每漲 10 點,利率便增加 0.1%;但指數下跌,利率則不調降。並訂利率上限為 9.0% ❷。

10.1.10 反浮動利率公司債

反浮動利率公司債 (inverse floating bonds) 係指公司債以發行時之票面利率,為固定利率減去一指標利率。例如:歐洲投資銀行計畫來臺發行 5 年期,新臺幣 40 億元之國際組織金融債券,票面利率採 4.55% 減去 6 個月期倫敦美元隔夜拆款利率 (6 month USD LIBOR)(假設 6 個月 LIBOR 為 1.4%),亦即票面利率為 3.15%。

麥寮汽電公司債亦已於 2002 年 11 月 13 日完成定價,發行額度為 60 億元,5 年期,票面利率為 5.35% 減去 6 個月 LIBOR。據承銷商指出,此公司債一推出即銷售一空。

10.1.11 私下募集與公開募集之公司債

私下募集公司債係指洽特定人直接將債券售予個別投資人或機構投資者(依公司法第二百四十八條第三項之規定:私募人數不得超過三十五人。但金融機構應募者,不在此限)。另依同條文第二項規定,私募之發行公司不以上市、上櫃、公開發行股票之公司為限,亦即一般股份有限公司均可發行公司債,只要依公司法第二百四十六條規定經該公司董事會特別決議通過後,即可發行公司債。因此私下募集可以省去向證券主管機關申辦之手續及繁瑣之承銷作業與費用。但其缺點就是募集對象受限、募集人數受限、以及其債券市場流動性低。

公開募集公司債係向非特定人公開招募公司債之行為。其優缺點正與私下募集者相反。故公開募集公司債需載明公司法第二百四十八條所規定之事項,依證券交易法第二十二條之規定,經主管機關核准或向主管機關申報生效後,始得為之。

❷ 票面利率之上限稱為 capped,下限稱為 collar。

10.2　公司債之評價（現金流量）

如前言所述，債券包含了三大要素：票面利率、到期日及面額，故一般評估公司債之現金流量包含了兩部分：一是票面金額之現金流量——普通現值；一是每期固定支付利息之現金流量——年金現值。因票面利率與市場利率之不同❸，故公司債之發行有三種情形——平價發行、溢價發行與折價發行。

範例 10.2.1　平價公司債

發行面額 100 萬元之公司債，票面利率 6%，20 年到期，每半年付息一次，假設市場利率為 6%，請問該公司債之公平市價為多少？

公平市價 = $1,000,000×普通現值利率因子（3%；40 期）+$30,000

　　　　×年金現值利率因子（3%；40 期）

　　　　= $1,000,000×0.306557 + $30,000×23.114772

　　　　= $1,000,000

何以市價等於票面金額？係因票面利率等於市場利率之故，故此種情形稱為平價公司債（請參考第 3.7 節）。　　　　　　　　　　　　　◆

範例 10.2.2　折價公司債

上述之債券到了第 2 年市場利率為 8%，請問此時該公司債之市價為何？

公司市價 = $1,000,000×普通現值利率因子（4%；38 期）+$30,000

　　　　×年金現值利率因子（4%；38 期）

　　　　= $1,000,000×0.225285 + $30,000×19.367864

　　　　= $806,321

---

❸　市場利率：係市場上對於該債券所要求的利率，又稱為該債券之到期收益率 (yield to maturity, YTM) 或收益率 (yield)。

何以市價低於面額？係因票面利率小於市場利率之故，為吸引投資人購買本公司債，唯有折價，故此種情形稱為折價公司債 (discount bonds)（請參考第 3.7 節）。 ◆

◒ 範例 10.2.3　溢價公司債

上述之債券到了第 3 年市場利率為 4%，請問此時該公司債之市價為何？

公平市價 = $1,000,000 × 現值利率因子（2%；36 期）+ $30,000

　　　　　 × 年金現值利率因子（2%；36 期）

　　　　= $1,000,000 × 0.490223 + $30,000 × 25.488842

　　　　= $1,254,888

何以市價高於面額？係因票面利率大於市場利率之故，故此種情形稱為溢價公司債 (premium bonds)（請參考第 3.7 節）。 ◆

10.3　公司債之風險

一般持有公司債之風險如下：

◉ 10.3.1　利率之風險

如上文所述，公司債於不同時點，因不同之利率將影響其價格，故公司債持有人由於利率的波動而引起的風險，謂之利率風險 (interest rate risk)。債券的利率風險大小，視該債券的價格對利率的敏感度而定。而敏感度受制於兩個因素：到期期限及票面利率。債券利率風險之兩要點如下：

1.在其他情況不變下，到期期限愈長，則利率風險遞增

圖 10.1 分別計算並畫出在不同利率情況下，10% 票面利率，到期期限分別為 1 年、20 年的債券的價格。由圖可知 20 年期債券價格的線比連接 1 年期債券價格的線斜率陡。表示相當小的利率變動可能導致債券價值較大變動。相較之下，1 年期債券的價格對利率的變動較不敏感。

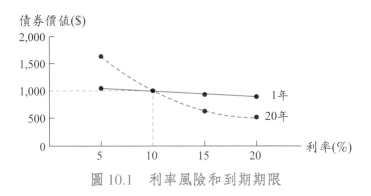

圖 10.1 　利率風險和到期期限

不同利率和到期期限下，10% 票面利率的債券價值是：

利率	到期期限（年）	
	1	20
5%	$1,047.62	$1,623.11
10%	1,000.00	1,000.00
15%	956.52	687.03
20%	916.67	513.04

一般而言，長期債券的利率敏感度較高，由於債券的價值中有一大部分是來自於 $1,000 的面值。若是 $1,000 將在 1 年後收到，則現值受到利率變動的幅度不大，若是 $1,000 要在 20 年後才回收，即使是利率變動幅度小，經過複利 20 年，影響頗大。故較長期債券，面值的現值波動幅度較大。

利率風險也如同大部分的財務或經濟數字般，其邊際成長呈遞減的現象，若比較一個 10 年期債券和一個 1 年期債券，10 年期債券的利率風險較高，20 年期和 10 年期債券相比，亦是 20 年期債券的利率風險較高，到期期限比較長，但風險的差異相當小。

2.在其他情況不變下，票面利率愈低，則利率風險遞增

票面利率愈低的債券，利率風險就愈大，債券的價值依票面息的現值和面值的現值而定，若兩張債券到期日相同，而票面利率不同，則債券的票面利率越低，其價值將在到期日收回面值（故其他情況不變，利率變動時，其價值變動的幅度較大）。現在我們就舉個例子，有兩張 10 年期債券，其面值

皆為 $100,000，1 年付息二次，票面利率分別為 7% 和 13%，若目前 10 年期的到期殖利率以 10% 為準，當到期殖利率發生變動時，則不同的到期殖利率與其對應變動後的新債券價格及其變動幅度如表 10.1 所示：

表 10.1　債券價格與殖利率之關係

到期殖利率	YTM 變動額	票面利率為7%		票面利率為13%	
		債券價格	債券價格變動	債券價格	債券價格變動
6%	−4%	$107,438.74	32.14%	$152,071.16	28.12%
8%	−2%	93,204.84	14.63%	133,975.82	10.88%
10%	0%	81,306.68	0.00%	118,693.32	0.00%
12%	+2%	71,325.20	−10.28%	105,734.96	−10.92%
14%	+4%	62,920.95	−22.61%	94,702.99	−20.21%
價格變動率之標準差			21.68%		19.14%

當到期殖利率為 10% 時，而 YTM 同幅度變動時，兩張不同票面利率之債券其價格的反應卻不同。當 YTM 下跌 4% 時（即到期殖利率為 6%），票面利率為 7% 之債券的價格上升 32.14% 了，而票面利率為 13% 之債券的價格卻只上升了 28.12%；反之，當 YTM 上升 4% 時（即到期殖利率為 14%），前者跌了 22.61%，而後者卻只跌了 20.21%。另外由標準差來觀察，票面利率較小的債券，其價格變動程度也較大 (21.68% > 19.14%)，此皆說明了「票面利率愈低，利率風險愈高」之事實。

◎ 10.3.2　本息是否如期償還之風險（違約之風險）

公司債之本息是否如期償還，除由該公司過去財務報表數字可看出其端倪外（請參考第 2 章），端視發行公司之債信如何，而債券評等是專門評估債券發行公司之信譽。目前我國僅有一家 —— 中華信用評等股份有限公司❹從事此項評等工作。至於 2003 年 3 月初國際信用評等機構惠譽 (Fitch) 已來臺

---

❹　中華信評公司係由標準普爾公司 (Standard & Poor's) 投資50%，與我國證交所等
　　中方股東投資50%。

成立分公司，加入從事信用評等之行列。

　　目前主管機構對於國內上市公司發行公司債，或是金融機構發行次順位金融債券尚沒有要求須接受信用評等，不過，就長期發展而言，臺灣若要全面與國際金融運作接軌，未來上市公司接受主管機構要求，進行信評的機會將愈來愈多。

　　債券評等是由公司所提供的資料而確立的，表 10.2 是全世界主要兩家信評機構之評等 (rating classes) 相關的資料。

表 10.2　信用機構評等分類

投資級債券評等				低品質、投機性、「垃圾」債券評等				
高等級		中等級		低等級		非常低等級		
S & P　AAA	AA	A	BBB	BB	B	CCC	CC　C	D
Moody's　Aaa	Aa	A	Baa	Ba	B	Caa	Ca　C	D

其評等分類說明如下：

AAA	Aaa	AAA 和 Aaa 是債券評等的最高級，支付利息和本金的能力非常強。
AA	Aa	等級為 AA 和 Aa 的債券有非常強的能力支付利息和本金，和最高評等的債券可組成一群高級債券。
A	A	評等為 A 的債券遇到環境或經濟情況改變時，比高評等的債券更會受到不利的影響。
BBB	Baa	評等為 BBB 和 Baa 的債券被認為有足夠能力支付利息，並償還本金，在遇到不利經濟條件或環境變化時，比高等級的債券更能減弱支付利息和償還本金的能力，此債券是中等級的負債。
BB, B	Ba, B	這些等級的債券被認為對利息的支付和本金的償還具投機性。
CCC	Caa	BB 和 Ba 表示最低程度的投機，而 CC 和 Ca 則代表最高程度的投機。
CC	Ca	債券有些具保護性的特徵，但不能彌補高度不確定性，及暴露於不利條件下的主要風險，此債券可能會違約。
C	C	此等級是專屬於不支付利息的收益債券。
D	D	D 等級是違約的債券，利息的支付和 (或) 本金的償還在拖欠狀態。

一家公司的最高等級是 AAA 或 Aaa。負債被斷定為品質佳、風險低。此等級較不常給予。AA 和 Aa 代表負債品質優良，較常見。最低等級是違約的負債 D。

1980 年代以來，許多公司以低等級債券，即垃圾債券舉債，這些低等級債券被評等為投資等級以下的公司債券。投資等級債券在 S & P 評等中至少是 BBB，在 Moody's 評等中至少是 Baa。

國際信評機構將特別針對臺灣市場，推出加具 tw 標記之評等系統，主要是因為國際上的信用準則，規定各國國內的評等結果，不得超過其主權評等。例如：中華信評公司對臺灣主權之評等為 AA，臺灣就不會有任何一家公司的評等超過 AA，而且普遍會低個一至三級，因此無法與國際同業相比較，故中華信評公司特別發展了 tw 的評等系統，最高可以達到 twAAA 級。表 10.3 是 2002 年 11 月份中華信評公司公佈之交銀金控公司旗下子公司之信用評等表。

表 10.3　交銀金控暨旗下子公司信用評等表

	新評等	原評等
交銀金控	twA＋/穩定/twA－2	未評等
中興票券	twA＋/穩定/twA－2	twA/正向/twA－2
倍利證券	twBBB－/穩定/twA－3	twBB/正向/twB
國際證券	twBBB－/穩定/twA－3	twBB－/正向/twB
中國產險	twAA－/穩定/－	twAA－/穩定/－

資料來源：中華信用評等公司。

中華信評授予交銀金控的長短期信用評等級分別為 "twA＋" 與 "twA－2"，評等展望「穩定」。同時，中華信評亦對交銀金控即將發行，且分別將於 2005 及 2007 年到期之總額新臺幣 150 億元的優先順位債券進行評等，並基於該公司債券進行評等，並基於該公司債與交銀金控所有無擔保及非次順位債務均享有同等權益，授予該公司債暫定為 "twA＋" 的評等等級。

10.4 公司債之實例

底下以遠東紡織公司於 2001 年 3 月 31 日所發行之公司債說明如表 10.4：

表 10.4 遠東紡織公司債券的特性

	條 款	說 明
發行量	15,000 萬	公司發行了 15,000 萬的債券
發行日	2001/3/31	在 2001/3/31 開始銷售此債券
到期日	2021/4/1	該債券為期 20 年，於到期日償還本金（2021/4/1）
面值	$1,000	債券的面額是 $1,000
票面利率（年）	10%	債券持有人每持有一張債券每年可收到 $100（面值的 10.00%）
售價	$1,000	面值 $1,000 的 100% 為其債券售價
付息日	3/1，9/1	於每年 3/1，9/1 分發債息 $100/2 = $50
擔保	無	屬於無擔保債券（信用債券）
償債基金	2002/4/1 開始每年提撥	公司將逐年提撥償債基金
贖回條款	在 2004/2/28 以前不可贖回	具有遞延贖回的特色
贖回價格	$1,100 開始，逐年遞減至 $1,000	2006/3/31 之後，公司可以每張 $1,100 將債券買回，贖回價格逐年遞減 2011/2/28 的 $1,000
債券評等	S & P "A"	在 S & P 中屬較高評等 A，遇到環境或經濟變遷時，違約的可能性降低

10.5 公司債之稅務問題

公司債相關之稅負規定如下：

◉ 10.5.1　利息所得應課稅

依所得稅法規定：凡公債、公司債、金融債券、各種短期票券、存款及其他貸出款項利息之所得均應課稅（第十四條），但其中：⑴個人持有公債公司債，金融債券之利息，合計全年未超過 27 萬元者，得全數扣除——免稅（第十七條）；⑵短期票券之利息所得，不論個人（第十四條）、或營利事業（第二十四條）均採單一稅率（目前為 20%）分離課稅，不需併入其餘所得累進稅率課稅。

所謂短期票券依第十四條之規定，係指 1 年以內到期之國庫券 (treasury bill, TB)、可轉讓之銀行定存單 (negotiable certificate of deposit, NCD)、銀行承兌匯票 (bank acceptance, BA)、商業本票 (commercial paper, CP) 及其他經財政部核准之短期債務憑證。

◉ 10.5.2　證券交易所得（又稱資本利得）免稅

依所得稅法第四條之一規定：自 1990 年 1 月 1 日起，證券交易所得停止課徵所得稅，證券交易損失亦不得自所得額中減除。

◉ 10.5.3　出售時課證券交易稅

依證券交易稅條例規定：凡買賣有價證券徵收證券交易稅（第一條）。由代徵人向出賣人課徵（第三條）。稅率為千分之一（第二條）。

綜上所述，持有公司債時，其利息收入要課稅。出售時，再課證交稅，但免課所得稅。

10.6　公司債之其他議題

基於上述投資公司債，係存有利率風險及違約風險，如何降低此兩風險，則有以下之數種投資理財方式：

◎ 10.6.1　公　債

如前言所述，政府發行之債券稱為公債，在目前經濟環境三低（利率低、景氣低、通膨低）之情況下，投資公債係沒有違約風險之債券。以 2002 年 11 月 14 日中央銀行受財政部委託標售 2 年期公債 450 億元（名稱為：九十一年度甲類第十期中央政府建設公債），得標加權平均利率只有 1.786%，創下有史以來新低紀錄。更受矚目的是，其中非競標額度只有 126 億元，竟湧入 2,800 餘億元申購，充分顯示公債得標利率雖低，但因有國庫保證不會倒帳，故成為極受歡迎之投資對象。表 10.5 係近 10 年來 2 年期公債得標利率之情形：

表 10.5　近 10 年來 2 年期公債得標利率

發行日期	期別名稱	額度（億元）	得標加權平均利率(%)	央行重貼現率(%)
1992/06/26	81 甲 6	200	8.34	6.125
2002/01/18	91 甲 1	300	2.277	2.125
2002/05/28	91 甲 5	600	2.753	2.125
2002/11/14	91 甲 10	450	1.786	1.625

註：九十一年度甲類第十一期中央政府建設公債，刊登於報紙上之發行公告，列於本章附錄。

◎ 10.6.2　附買回公司債（債券利息之租稅規劃）

上節公司債之稅務問題中，提到利息所得應課稅，此部分之節稅空間，因所得稅法規定，個人係採現金基礎制（第八條）——係以取得現金方認列為所得，而公司係採權責基礎制（第二十二條）——係以應收認列為所得，故一般的債券持有人均以個人名義持有，至付息日前一天再售回予法人（公司），則個人雖實際持有 364 天，但因未收取任何現金利息，故不用申報利息所得；至於法人則雖實際持有 1 天，且領取 365 天之利息，並扣繳 10%，但因稅法規定採權責制，故僅需認列 1 天之利息所得，並退抵 10% 之扣繳稅，但國稅局認為 364 天之 10% 扣繳稅款，不得退抵，並要求補稅。

此部分涉及債券前手利息案，補稅金額約 100 餘億元，法人與國稅局訟

爭約 10 年，結果均為國稅局勝訴，一直到 2002 年 8 月間萬通票券公司案，業者方首次獲最高行政法院判決勝訴。至於輸方之國稅局將提起再審之訴，故最終結果尚待來日揭曉。相同的案例，最高行政法院於 2003 年 1 月對聯邦票券金融公司案判決，全案發回臺北高等行政法院重審（並未判誰勝訴）。

所述之租稅漏洞如何填補，尚待朝野具有高智慧之人士制法以防範之。一般最常聽到的意見係恢復資本利得課稅，或債券利息採分離課稅。若堅持恢復資本利得課稅，則當年前財政部長郭婉容女士，堅決基於租稅公平，恢復課徵證所稅，卻因此造成股市 19 天無量下跌，立刻再宣佈停徵證所稅之案例，係前車之鑑，不可不慎。

◉ 10.6.3　債券型基金

一般投資人沒有太多時間、心力去研究投資標的，而直接交給專業經理人之基金處理。一般債券型基金投資標的，有定存、公債、公司債（含一般型、附買回型 RP、可轉換型）等。其投資之公司債信評需達一定之水準（例如：twA 級）以上，才會被選入投資標的，故其相對投資風險較低，收益較高。截至 2002 年 9 月底，債券型基金規模約 1 兆 8,000 多億元，平均收益率約為 2.5%，相較 1 年期定存利率 1.9% 為高。近年來基金規模成長迅速，如表 10.6 所示。

表 10.6　國內債券型基金規模變化表

日期	基金規模（單位：億元）	基金規模市場佔有率	基金數量	受益人數
2000 年 7 月底	8,379	63.25%	55	64,446
2000 年 9 月底	8,320	65.82%	58	61,716
2000 年 12 月底	7,774	70.89%	60	62,880
2001 年 3 月底	9,285	71.31%	62	71,297
2001 年 6 月底	10,000	74.60%	66	84,862
2001 年 9 月底	12,802	83.69%	72	98,200
2001 年 12 月底	14,246	80.15%	76	107,508
2002 年 3 月底	15,878	80.26%	79	121,832

| 2002 年　6 月底 | 17,333 | 83.61% | 83 | 128,771 |
| 2002 年　9 月底 | 18,271 | 84.84% | 83 | 136,168 |

資料來源：中華民國投信投顧公會。

　　一般人誤認為購買債券型基金免稅，其實如上所述，係存有租稅漏洞，課不到稅；因為債券型基金通常不配息（故課不到利息所得），而是反映在價格上，透過買賣的方式，變成免稅之證券交易所得（資本利得）。故財政部已於 2003 年 1 月 1 日起，實施債券型基金課稅方式：定存為 10%，公司債、公債、附買回交易、短期票券等商品分離課稅稅率訂為 20%（但舊有投資者可享緩衝期 1 年內只課 10% 稅率優惠）。

　　如上所述，債券型基金平均收益率 2.5%，扣除 20% 稅金，則稅後收益率降為 2%，尚優於定存利率，並且其係採 20% 分離課稅，故對高所得稅率者更具有很大之投資誘因。

　　如上表目前市場債券型基金計有 83 檔，經中華信評公司公佈達成 twA-級以上者計有景順中信債券基金等 12 檔，詳如下表供參考。

表 10.7　目前取得中華信評之債券型基金

基金名稱	信評等級	基金名稱	信評等級
景順中信債券基金	twAA－f	倍立寶元基金	twA＋f
荷銀精選債券基金	twAA－f	元大萬泰基金	twA＋f
荷銀債券基金	twAA－f	荷銀鴻揚債券基金	twA＋f
德盛債券大壩基金	twAA－f	寶來得利基金	twA＋f
怡富第一債券基金	twAA－f	保誠威寶債券基金	twA＋f
怡富臺灣債券基金	twAA－f	保誠獨特基金	twA－f
		保誠威鋒二號基金	twA－f

資料來源：2002 年 10 月 22 日，中華信用評等公司。

10.6.4　海外債券型基金

　　上述之國內債券市場其實只佔全球的 2%，故尚有 98% 的機會可投資於國外債券市場。根據 S & P's Micropal 統計，經過證期會核備通過的，近 80

檔海外債券基金過去 1 年來（迄 2002 年 10 月 11 日止換算新臺幣計價）平均報酬率達 9.91%（其表現最佳之前 18 名如下表供參考）。另一方面，基於大多數海外債券基金均註冊在盧森堡等免稅天堂，而有完全免稅之優惠，不僅利息收益，連資本利得均免稅。

表 10.8　國外債券基金 1 年來表現最佳前 18 名

	基金名稱	過去 1 年 (%) 原幣計價	過去1年 (%) 新臺幣	波動風險 (%)
1	寶源環球基金系列——亞洲債券 A 股	18.87	21.14	1.30
2	寶源環球基金系列——新興市場債券 A 股	17.09	19.33	2.19
3	MIS 全盛新興市場債券基金 B2	15.56	17.77	3.25
4	富蘭克林坦伯頓月入息基金	14.06	16.24	1.88
5	天達環球策略——環球債券基金 A	13.85	16.03	2.44
6	Abenteen Gl Sov HiYldBd A acc	10.29	14.44	NA
7	天達環球策略——美元債券基金 A	10.24	14.39	1.69
8	天達環球策略——環球高收入債券基金 A	10.07	14.21	2.83
9	富蘭克林坦伯頓新興國家固定收益	11.07	13.84	3.02
10	景順債券基金	10.75	10.87	2.02
11	富蘭克林坦伯頓全球債券基金	10.60	10.71	1.99
12	怡富國際債券暨貨幣基金	10.22	10.33	1.68
13	興業世界債券基金	8.78	10.86	2.33
14	百利達國際債券基金	8.18	10.25	2.04
15	友邦國際債券基金	8.07	10.14	2.10
16	百利達美元債券基金	7.79	9.85	1.41
17	瑞士銀行（盧森堡）美元債券基金 B 股	7.70	9.76	1.03
18	德盛德利系列——歐洲債券基金	7.69	18.80	0.81

資料來源：S & P's Micropal，波動風險為過去 3 年原幣計價，統計至 2002 年 10 月 11 日。

投資海外債券型基金，因其固定收益高，故其投資風險相對高，所以必須注意其淨值（資本利得）之變化。如下表所示，有些基金其配息率雖高，但淨值跌幅更大，產生實際報酬率為負。

表 10.9　近年來按月配息的海外債券基金表現

計價幣別：美元

基金名稱	淨值漲跌幅 (%)	配息率 (%)	實際報酬率 (%)
MFS 全盛新興市場債券基金 B2	6.557	11.96	18.52
富蘭克林坦伯頓新興國家固定收益	5.389	7.721	13.11
大聯美球高收益債券基金 A 股	−10.96	17.96	7.09
大聯美國收益基金 A 股	−3.61	9.02	5.41
富蘭克林坦伯頓美國政府基金	0.308	5.042	5.35
MFS 全盛美國政府債券基金 B2	1.06	3.77	4.83
美林美國政府房貸債券基金	0.761	3.949	4.71
富蘭克林浮動利率政府債券基金	−0.85	4.296	3.45
MFS 全盛有限償還期基金 B2	−2.74	3.598	0.86
MFS 全盛美國高收益基金 B2	−11	8.404	−2.59
大聯美國高收益債券基金 A 股	−16.2	7.804	−8.37
富蘭克林坦伯頓公司債基金	−13.8	7.648	−6.14

資料來源：Bloomberg/S & P，計算至 2002 年 10 月 31 日止。

10.6.5　金融資產證券化受益憑證

臺灣工銀證券公司已於 2003 年元月份推出全國首件之金融資產證券化商品——金融資產證券化受益憑證，信評等級為 twA，利率固定為 2.8%，利息所得適用 6% 之分離課稅。總規模 35.44 億元，採私募方式發行，本息分 3 年半攤還，故雖名為受益憑證，實質上屬債券之一種。

與本章主題相關的網頁資訊：

中華民國證券櫃檯買賣中心——可轉換公司債資訊：http://otcstk.otc.org.tw/otccb.html

元富理財網——債券投資：http://www.masterlink.com.tw/fid/content.htm

中華民國證券櫃檯買賣中心——國內普通公司債…投資人問與答：http://www.gretai.org.tw/cobond/CobondQA.htm

中華信用評等公司——評等報告：http://www.taiwanratings.com/tw/right.asp

財政部國庫署——中央公債發行資訊：http://www.dnt.gov.tw/business/business202.asp

10.7　本章習題

1. 若臺泥發行之公司債票息 15%，半年複息一次，在市場利率為 10%，其價值為何？

2. 投資 3 年期債券，票面利率為 10%，殖利率為 9%，每年付息一次，則此張債券（面額 $1,000）市價多少？

3. 某國政府在 1994 年 4 月 30 日發行一面額為 $1,000， 2094 年 4 月 29 日到期，每年 4 月 29 日付息，息票利率為 8%，到期不還本的公債。若某甲在 1994 年 4 月 30 日買進（當天的 100 年期利率為 10%），並在 1996 年 4 月 30 日賣出（當天的 98 年期利率為 5%）一單位的公債。試問其每年年息為何？

4. 承上題，在 1994 年 4 月 30 日之債券價格為何？

5. 承題 3.，在 1996 年 4 月 30 日之債券價格為何？

6. 承題 3.，則其投資報酬率（以年率計算）為多少？

7. 亞太公司正和一銀洽談一筆 3 年後到期的定期貸款，以下為公司在未來 3 年每年所需支付的本金與利息：第 1 年本金：$296,349，利息：$120,000；第 2 年本金：$331,910.9，利息：$84,438.1；第 3 年本金：$371,740.2，利息：$4,460.8，試問亞太公司打算向一銀貸款多少？

8. 承上題，其在未來 3 年中，每年可賺得多少稅前報酬率？

9. 承題 7.，若亞太公司邊際稅率為 25%，而一銀向該公司收取 5,000 元的手續費，試問該公司的稅後貸款成本為何？

10. 若一筆金額為 2,000 萬元，利率為 9%，7 年後到期的定期貸款，試問年償還額為何？

11. 某公司發行一筆公司債，其面值為美金 1000 元，到期日為 2 年，票面利率為年息 10%，每半年付息一次。假設該債券發行時的市場利率為年息 8%。則此債券的合理發行價格為多少？

12. 承上題，此債券為溢價或折價發行？

13.某企業於 1998 年 4 月 1 日以 10,000 元購得面額為 10,000 元的新發行債券，票面利率為12%，2 年後還本，每年支付一次利息，該公司若持有該債券至到期日，其到期收益率為多少？

14.何謂「垃圾債券」、「零息債券」及「永久債券」? 買這些債券各有何好處？

附錄：財政部發行公債之報紙公告內容

發文日期：中華民國九十一年十一月二十九日

發文字號：臺財庫字第〇九一〇三五二二九五號

主旨：發行「九十一年度甲類第十一期中央政府建設公債」新臺幣參佰億元。

公告事項：

一、發行日期：中華民國九十一年十二月十七日（星期二）。

二、發行數額：新臺幣參佰億元。

三、發行條件：本公債償還期限訂為十年，自發行之日起，每一年付息一次，十年期滿本金一次還清。

四、小額投資人注意事項：

　(一)小額投資人申購價格以本公債標售之非競標發售價格為準。

　(二)小額投資人得同時於郵政儲金匯業局及臺灣證券交易所作業系統辦理預約申購，其數額合計以新臺幣壹佰萬元為限。如逾壹佰萬元時，將取消臺灣證券交易所作業系統逾限部分。

　(三)郵政儲金匯業局代售手續：

　　1.於九十一年十二月七日至十二月十一日，憑郵政存簿或郵政劃撥儲金帳號、公債存摺簿及身分證明文件，向經辦局登記，並繳交履約保證金。

　　2.每人申購數額以新臺幣壹拾萬元以上、壹佰萬元以下為限。交割日期為九十一年十二月十七日至十二月二十三日。

　(四)臺灣證券交易所代售手續：

　　1.請於九十一年十二月六日至十二月十日，以電話委託或至證券經紀商營業處所或傳真填送申購委託書辦理申購，申購處理費每筆新臺幣參拾元。

　　2.每人限申購一個銷售單位。銷售單位分為新臺幣壹拾萬、貳拾萬、伍拾萬、壹佰萬元四種。申購人應於公債發行日之前一營業日繳存，同日並由證券商扣繳認購價款。

五、其他詳細發行事項，請上本部國庫署網站（http://www.dnt.gov.tw/）「最新消息」欄查閱。

第 *11* 章
負債之管理
——銀行融資

11.1　銀行融資業務之種類　/ 240

11.2　銀行融資審查之原則　/ 241

11.3　銀行融資業務之分類　/ 241

11.4　辦理融資應注意事項　/ 244

11.5　融資成本之考量　/ 247

11.6　金融業者之新發展　/ 247

11.7　本章習題　/ 249

　　2000 年來，我國交通部方面因為高鐵的興建而大量的釋出工程商機。其中長生機場捷運案即是一樁由長生國際公司所承接的業務。此案工程動工前要一次籌足 250 億元自有資金來推動機場捷運案。但是公司若是在區段徵收完成後，如果有部分土地無法順利賣出，勢必造成資金積壓。籌措如此大量的資金又附帶著很大的資金被積壓的風險，而且長生公司的股東中最大的股東長億集團因財務問題而無法給予其奧援，因此長生公司希望這部分可獲得銀行融資。不過，可惜的是長生機場捷運工程案銀行團並不看好，以致計畫推動不易，故有足夠資金支持的計畫，無疑可增加計畫案的效率和效益。

　　財務管理領域中，公司募集資金之來源，不外乎從內或從外兩方面來取得。從內部股東取得資金者，將在第 13 章中討論。從外部人士中取得資金者，若採發行債券之方式，已於第 10 章中說明。本章討論另一種從外部人士取得資金之方法——銀行融資。

　　銀行業者主要之業務為存款及放款。存款中之整存整付、零存整付及存本取息等不同存款之現金流量，前已於第 3 章中說明。外幣綜合帳戶亦已於第 9 章中說明。本章僅針對銀行之融資業務做一探討。

11.1　銀行融資業務之種類

依據銀行法第五條之二規定，銀行融資業務有下列數種：

(1)放款 (loan)：以自有資金或他人存款，貸與資金需求者之授信行為。

(2)貼現 (discount for cash)：對遠期匯票或本票，以折扣方式預扣利息之購入行為。

(3)透支 (overdraft)：存款戶可於超過存款餘額之部分，動用一定資金之授信行為。常見者有：支票存款透支、活期存款現金卡透支等。

(4)保證 (commitment)：銀行接受客戶於不履行某一債務時，由銀行代為履行者。常見者有：工程履約保證、加油站向油商進貨之購油保證等。

(5)承兌 (acceptance)：銀行接受客戶之委託，就匯票票面金額承諾到期兌償之行為，常見者有：國外遠期信用狀匯票之承兌、國內遠期信用狀

匯票之承兌等。

⑹其他：如投資、簽發信用狀等。

11.2　銀行融資審查之原則

一般申請銀行融資，必先經銀行徵信審查之程序。銀行徵信審查原則，常見有下列五項（亦即所謂之徵信 5P）：

⑴借款戶 (people)：指徵信人員應瞭解借款人之品德、學歷、經歷、信用程度、責任感，以及經營能力，以判斷其償還貸款之決心與意願。

⑵貸款用途 (purpose)：應注意貸款用途是否可行、是否確實。

⑶償還能力 (payment)：應注意還款來源之可行性。

⑷債權保障 (protection)：應注意是否有擔保品，以及擔保品之鑑價、處分是否容易等。

⑸客戶展望 (prospective)：應注意借款戶行業之前景如何，借款戶與銀行往來之及發展程度。

11.3　銀行融資業務之分類

銀行融資業務名稱，因應市場消費者之所好，各家銀行針對各項貸款名目推陳出新，不勝枚舉。今以較常見之方法，分類如下：

1.依有無擔保品，分成擔保貸款與信用貸款

所謂擔保貸款，係借款人提供十足之擔保品；如：不動產、汽車、機器設備、定存單等給予銀行質押設定第一順位抵押權者。如上述之抵押品，因鑑價不足、或設定第二順位、或不提供設定等之情形，則稱為信用貸款。

一般承作信用貸款之銀行，均會將其風險，轉嫁一部分至財團法人中小企業信用保證基金請求保證（一般保證八成）、或要求借款人投保個人信用險等，此等轉嫁行為所附加之費用均由借款人負擔。至於由第三單位所承保之

八成部分則為擔保貸款，其餘二成則為信用貸款。

　　至於上述無法提供十足擔保之擔保品，銀行界稱之為副擔保品，亦屬於信用貸款之列。根據作者經驗，在銀行員觀念中，貸款只分成擔保貸款及信用貸款兩種。而且在保守型銀行員理念中，只願承作擔保貸款，亦即徵信過程中，僅強調5P中之擔保品，擔保品不足，其他免談。此類型之銀行，常被戲稱為當舖，時逢全球經濟不景氣，三低之經濟環境下，不動產市價大跌，此類型之銀行也吃了不少呆帳。財務管理人員學習本章之目的，就是學習如何能向銀行取得信用貸款。畢竟，金融業之融資管道，產品項目多，利率也比較低。基於股東利益極大化之財管目標，應該與銀行密切配合。

2.依貸款期限，分為短期貸款、中期貸款及長期貸款

　　短期貸款係指貸款期限在1年以內者。貸款期限超過1年，但在7年以內者，稱為中期貸款。貸款期限超過7年者，稱為長期貸款（銀行法第五條）。

3.依貸款還本情形，分成到期還本型貸款、本金平均攤還型貸款、本息平均攤還型貸款及定期還本型貸款

　　一般短期貸款因期限短，故大部分均係到期一次還本型貸款，例如：信用貸款50萬元，半年到期時，只要半年來，繳息正常，信用良好，一般均可直接再轉期半年，轉期半年到，一共借了1年，一定需還本金。至於中長期貸款，如房屋貸款，因期限長，一般均採分期還本型貸款。若採本金平均攤還，則每期攤還之本金固定，利息隨本金越來越少，故每期所繳之本利和不固定，呈遞減狀（第3章範例3.4.10）。若採本息平均攤還，則係年金現值流量之觀念（第3章範例3.4.6及範例3.4.7），故每期所繳之本利和係固定的。定期還本型貸款，例如每3個月還本一次者，常見於專案性貸款及計畫性貸款（第3章範例3.4.10）。

4.依還本時有無寬限期，分成有寬限期貸款及無寬限期貸款

　　有寬限期貸款，寬限期間不用還本，只繳利息，在計算現金流量時，屬於一種遞延年金（第3章範例3.4.8）。無寬限期貸款係指貸款之下個月起，

即開始要償還本金。若貸款當日，立即要先還第 1 期本金者，稱為期初年金（說明於第 3.5 節）。

5.依貸款之屬性，分成直接貸款及間接貸款

直接貸款係指銀行直接撥貸資金予借款人者，例如：周轉金貸款、設備資金貸款、計畫型貸款及消費者貸款等。

間接貸款係指銀行以受託擔任借款人之債務保證人、匯票承兌人、開發國內外信用狀或其他方式，授予信用，承擔風險，而不直接撥貸資金之貸款行為。

6.依能否重複動用貸款，分成額度制貸款及非額度制貸款

上述之貸款屬額度制者，有透支額度、客票周轉金貸款、貼現貸款、信用狀貸款等。屬額度型貸款者，於契約有效期內（通常為 1 年），隨時可借，亦隨時可還，隨時於額度內均可再動用貸款。非額度制者，有購屋貸款、汽車貸款及機器貸款等。一般銀行不喜歡承作額度制貸款，因為對銀行來講，所承擔之風險一樣。若承作非額度制貸款，則每月有固定利息可收；若承作額度制貸款，有借款時才有利息可收。不借時，則無利息可收。居於銀行股東利益極大化之考量，應儘量承作非額度制案件。若居於借款人之立場考量，財務經理應儘量承作額度制之貸款。額度先申請放著，以備不時之需，隨時可以動用額度融資。

7.依支付利息情形，分成按月繳息貸款及到期一併繳息貸款

目前大部分之貸款均係按月要繳利息，但只有一種貸款——遠期信用狀貸款（九二一震災戶貸款延緩繳息，係例外之政策性措施），不論原幣貸款，或轉換成新臺幣貸款（避免匯率風險）均係到期時，一次清償本金及利息。貸款期限（一般均為 180 天）內不用支付利息。

8.其他各類型貸款

例如：

⑴購買不動產時，有購地貸款、購屋貸款、購廠貸款等。此時銀行會要

求其貸款用途之標的物 —— 土地、房屋、或工廠等，提供作為擔保品、或副擔保品。

⑵購買原料時，有國內、外遠期信用狀貸款。

⑶購買動產時，有汽車貸款、機器設備貸款。此時銀行會要求提供汽車或機器為擔保品、或副擔保品。

⑷做生意需周轉金時，有客票周轉金貸款(最高貸 80%，詳第 9 章說明)、票據貼現❶（貸 100%，利息預扣，詳第 9 章說明）及墊付國內、外應收帳款之貸款等。若為從事外銷業務者，尚有訂單貸款、信用狀貸款。此時銀行會要求提供客票、訂單或信用狀為副擔保品。

⑸享受政府獎勵之低利率貸款時，有防制污染貸款、振興產業貸款、計畫性貸款、專案性貸款、自用住宅貸款及首次購屋貸款等。

⑹個人消費性貸款，有購屋貸款、消費貸款、助學貸款、結婚貸款及繳稅貸款等。

11.4 辦理融資應注意事項

所謂知己知彼，百戰百勝。金融業者審查授信之原則，已如第 11.2 節所述，故辦理融資時，即應注意 5P，若刻意以人為不實之手段去配合 5P，將於第 20 章討論，違背了財務管理之倫理。所以，作者提醒大家腳踏實地，遵守 5P。即符合如下應注意之事項：

1.借款人及保證人不可以有不良之信用記錄

目前全國個人信用電腦建檔系統已很完善，借款人或保證人若有票據退補記錄、貸款繳息不正常之記錄、信用卡有不良記錄等，均無法隱瞞。若信用有不良記錄，銀行將會拒絕承貸。

---

❶ 實務上，銀行及民間所謂之客票貼現，均係指客票周轉金貸款，僅能貸 80%，且銀行有追索權。銀行只有針對信用評等優良之上市、上櫃公司所開立之票據，願意承作 100% 之貼現。惟又因其利率高於票券公司，服務及手續又較票券公司為高，故貼現市場大部分屬票券公司所擁有。

2.需有正當之用途

　　只要貸款用途明確，一般銀行均會要求提供用途之標的物，來當擔保品或副擔保品。例如：經營內銷者，因帳上應收帳款、應收票據及存貨多，致缺少營運資金時，銀行會要求提供帳款、票據或存貨等，以作為副擔保品。經營外銷業務者，手上有很多訂單或信用狀，然欠缺周轉金，此時向銀行承貸，銀行會要求提供訂單或信用狀為擔保品。亦即銀行要求提供貸款用途之標的物，不僅能作為副擔保品，同時交易完成時，亦能自動清償債務，此即銀行業所鍾愛之「自償性貸款」。例如：本例中所提之帳款、客票、訂單或信用狀，當帳款及票據到期收現時，訂單或信用狀，出貨於銀行押匯時，因帳款、票據、訂單、信用狀均押給銀行，所以收現之錢，必留於銀行之備償專戶，優先清償所貸之款。此種自償性貸款，同時符合授信原則中之⑴貸款用途正常與⑵償還能力強等兩原則。

3.需健全財務報表

　　一般銀行重視財務報表有下列諸項：

⑴負債比率：目前我中小企業中，一般負債平均約佔七成，自有資本僅佔三成。負債中，由於對外舉債不易，大部分均是「股東墊款」比較多。故銀行會要求增資以改善財務結構（將於第 14 章說明）或請股東出具「放棄優先求償」切結書予銀行。在銀行員理念中，1 元之財產，股東自己最少要出一半，另外一半才能向外借款，故銀行員一般要求負債對資產比率不得高於 50%。假設資產總額 100，負債佔 70，請問要向銀行融資，以改善財務結構，至少應增資多少？

$$50\% = (30 + X) \div (100 + X)$$
$$X = 40$$

⑵流動比率：一般銀行員均會要求流動比率及速動比率大於 1（第 2 章已說明）。

⑶本期損益為正數：除了提供十足擔保品以外之貸款，不管什麼名目，

銀行員心目中均認為是信用貸款，信用貸款即會移轉予信保。依信保基金規定，公司連續 3 年虧損者，拒保，故一般銀行員均會要求本期損益為正數。

(4)報表上需注意相關之數據：如前文所述，本公司從事內銷生意，帳款、客票多，但想向銀行貸款時，資產負債表上，卻沒有應收帳款數字，或應收票據數字，請問如何貸款？假設帳上應收帳款及票據共 400 萬元，請問申請 1,000 萬元額度會核准嗎？又假設帳上周轉天數（請參考第 2 章）算起來 40 天，要向銀行申請貸款期限 90 天好辦嗎？上述諸項，只要公司報表制度健全，銀行員也很好審核。否則，公司不檢討自己報表的缺失，卻抱怨向銀行借錢是很困難，這是不負責任的說法。

4.貸款成數

　　一般銀行員根據其授信手冊規定，或依據其實務經驗決定貸款成數。作者認為各銀行間均有一不成文之默契限額存在。例如：新建之不動產，可貸上限為八成。買賣舊屋其貸款成數約五成。客票、帳款、訂單及信用狀貸款，其貸款成數約八成。如第 11.3 節所說明，除了十足擔保貸款以外，其他貸款在銀行員觀念中，均屬於信用貸款，或周轉金貸款，一般周轉金貸款總額度（含所有其他金融單位之額度）不超過營業收支之 40%。若貴公司超過 40%，則表示貴公司財務經理是貸款高手，但更需要檢視槓桿度是否正常，長期下高融資政策是否有利。

5.平時應與銀行保持良好互動，以培養實績

　　假設有個陌生人開口向你借 30 萬元，你會答應嗎？同樣道理，銀行員不喜歡承作信用貸款業務，因風險高。假設平常與銀行不相往來，臨時缺資金，立刻要來申請信用融資，行得通嗎？故作者建議，平時即應與銀行保持密切互動關係，雖然雞蛋不能放在同一個籃子裡的風險分散理論是很正確的，不過如果自己的存款實力不是很雄厚，作者是不鼓勵跟太多家銀行往來，應該集中一家,以培養銀行與公司間之互相認識(亦即加強 5P 中之借款戶品性)，

累積一段時間後，銀行對貴公司將更有信心。其二，集中單一銀行才能培養良好的存款實績。存款實績的好壞，是銀行員最現實的評價。

11.5　融資成本之考量

向銀行融資之成本，一般僅有每月固定支付之利息，且其利息均較公司債、或民間貸款利息為低，故其現金流量比較好計算（第 3 章已說明）。至於融資決策之選擇，是否增加、或是損及股東之利益，則留待第 12 章再討論。

11.6　金融業者之新發展

二十世紀末期，適逢全球經濟不景氣，各國相繼發生金融風暴，外國媒體更競相報導我國將發生金融風暴，有賴於我政府採行多項措施，不僅穩定了金融市場，也漸漸復甦景氣，竟連執世界經濟牛耳之美國，亦密切注意我國所採之各種方案，且暗中加以學習，並隨後實施。2002 年間配合政府措拖，我金融業之最新發展情形如下：

1.金融機構合併法提升經營績效

政府積極輔導金融機構合併，透過金融機構合併法之獎勵，增強金融機構之體質，並為進軍國際金融市場做準備。

2.金融控股法輔導監理金控公司

依據金融控股公司法之規定，政府積極輔導設立 14 家金融控股公司。金融控股公司旗下擁有銀行、壽險、產險、證券、投信等行業，以此整合各行業間之成本及效益，以達規模經濟，發揮金融綜合經營效益。

3.鼓勵設置資產管理公司有效處理不良債權

政府積極輔導設置資產管理公司（AMC）以收購金融機構之不良債權（NPL）。目前有已由銀行公會會員銀行共同投資組成之「臺灣金聯資產管理公

司」，及另由中華開發工業銀行投資成立之「中華開發資產管理公司」等資產管理公司。

另外為期加速不動產拍賣程序之進行，提高金融機構處理不良債權之效率，已由銀行公會會員行員共同成立「臺灣金融資產服務公司」(FASC)，從2002年9月起，開始從事拍賣不動產業務。此即通稱之金拍屋業務❷。

4.金融資產證券化活絡金融市場

金融資產證券化條例於2002年6月21日在立法委員凌晨挑燈夜戰下，三讀通過，確定金融機構可將本身持有之住宅貸款、汽車貸款、信用卡應收帳款等多項貸款債權中，挑選出可產生未來現金流量者，重新包裝成單位化、小額化的證券型式，向投資人銷售，以提高金融機構金融資產之流動性，並增加金融業籌措資金的方式，以因應國際金融資產證券化之趨勢。首件金融資產證券化之產品，由臺灣工銀證券公司推出之「金融資產證券化受益憑證」（詳第10章說明）已於2003年1月中發行。

5.開辦無形資產融資業務

政府目前正在積極規劃開辦無形資產貸款，並以智慧財產權、品牌及技術服務取得為核心，最高每人可貸款6,000萬元。預計在2004年正式推動。

與本章主題相關的網頁資訊：

各式融資貸款簡介：http://home.kimo.com.tw/ephonech/b11/
富隆證券企業經營公司——不同上市上櫃公司籌資方式：http://www.fullong.com.tw/full_future_02.htm
台北市進出口商業同業公會——企業融資系列：http://test.ieatpe.org.tw/magazine/111d.htm
蘇州市臺灣同胞投資企業協會——貿易商如何掌握銀行融資：http://www.sz-tw.com.cn/csztx/news/detailnews.asp?ida=308

❷ 法拍屋、金法拍屋係依強制執行法所賦予之法定拍賣行為，其拍賣標的物未拍定前，所有權屬債務人所有。至於銀拍屋係指經法拍後之不動產，無人承購，則由債權銀行承受，債權銀行自己拍賣標的物之私人拍賣行為，故其拍賣標的物未拍定前，所有權屬債權銀行所有。

巴菲特的宿敵－Matty Moroun：http://www.algerco.net/P920128-Matty.htm

11.7　本章習題

1. 高上公司發行 1 年期之可轉換公司債，面額 100 元，付息率 2%，每年付息一次，該公司債可依每股 25 元的價格轉換成普通股，期滿未轉換時，高上公司應以每張 110 元的價格買回，若與高上公司同風險等級之債券，其目前 5 年期之收益率為 8%，而高上普通股股價為 23 元，試問，該可轉換公司債之債券價值為何？

2. 承上題，該可轉換公司債之轉換價值為何？

3. 承題 1.，轉換價值貼水為何？（假設該可轉換公司債之市價為 105 元）

4. 1996 年時國賓公司有面值 1,000 萬元的可轉換債券流通在外，其轉換價格為 25 元，目前售價相當為面值的 130%，到期日為 1998 年，目前股價為每股 30 元，票面利率為 10%，試問國賓公司之轉換比率為？

5. 承上題，其轉換價值為多少？

6. 若中原科技公司已有票面利率為 10%，面值等於 2,000 萬元的可轉換債券流通在外，其稅後的淨利為 $150,000,000，而流通在外的股數為 500 萬股，轉換比率為 50，試問中原公司簡單的每股盈餘為多少？

7. 承上題，假定每張可轉換債券的面值為 10 萬元，每張可轉換債券可被轉換為 1,000 股普通股，則完全稀釋每股盈餘為多少？

8. 承題 6.，若今年年底前預期有 50% 的債券持有人會行使轉換權利，則公司的主要每股盈餘為多少？

9. 何謂廣義普通股融資？

10. 股票融資的優點為何？

11. 運用普通股籌措資本的缺點為何？

第12章
負債之管理
——財務槓桿與資本結構

12.1 資本結構問題 / 253

12.2 財務槓桿效果 / 255

12.3 資本結構和權益資金成本 / 261

12.4 有稅 M & M 第一理論和第二理論 / 265

12.5 資本結構的現況 / 273

12.6 本章習題 / 275

企業不同的融資決策將會對企業的資本結構造成不同的影響。一般來說舉債因為利息費用有節稅的作用，舉債的資金成本將會比權益資金的成本為低，但過多的舉債往往會帶來無法按期償還本金及利息的財務危機。

茂矽在 2003 年 4 月 25、27 日到期公司債違約，其去年 12 月募集的新臺幣 40 億元現金增資部分動向，更曾被強烈質疑。茂矽對此提出聲明表示，40 億元的現金增資主要運用於買回 Index Bond 及償還銀行短期借款，使用流向清楚，記錄明確，符合當初申請現增的目的規範。

其實茂矽這些年來大量的舉債，令人好奇借來的錢跑哪去了？茂矽表示，受到去年（2002 年）DRAM 市場低迷影響，陸續流失銀行貸款，因此將現增資金用於償還短期貸款，另外一部分資金則用於兩次買回 Index Bond。這樣的「過度擴張碰上景氣谷底」情況，讓茂矽苦不堪言。茂矽曾經是國內第三大半導體公司，有茂德、南茂兩家轉投資「金雞母」，又可以坐收低價 DRAM 晶圓銷售，實在沒有理由冒險大事擴張。

熟悉茂矽的人士指出，茂矽喜好高槓桿財務操作，主要是源自太電集團相似手法（胡洪九曾是太電集團財務長）。他說，茂矽子公司有數十家，從敦茂、新茂、茂榮等 IC 設計與通路公司，到昇豐證券及投資公司都有，轉投資項目疊床架屋。其實茂矽靈活的證券操作在業界口碑不錯，包括承銷套利、轉投資收益及投資公司護盤等，高比率的股票質押可見一斑。這種高槓桿操作碰上景氣好時，可以翻上一番；景氣差時，就考驗經營者的心臟了。

凌嘉科技總經理黃培源在《理財聖經》一書中所提到：「沒有舉債不可能破產，沒有舉債也很難在短期間成為巨富。」

而茂矽善用自己企業之財務槓桿，避免過度擴張或過度保守，就有待經營管理者來評估，取得公司資本結構的平衡，才能讓企業的資本最佳化。

先前的討論，均將公司的財務結構列為已知，而負債／權益比並非憑空得來，故有關公司／權益比的決策稱為資本結構決策 (capital structure decisions)。

通常，公司會選擇性的要求資本結構方式，如搭配管理階層發行債券，藉此取得資金買回股票，便可提高負債／權益比；同樣地，公司也可公開發

行股票募集資金，來償還積欠的負債，從而降低負債/權益比，若公司採用此種方式來變化既存的資本結構，則稱為資本重構 (capital restructurings)，而資本重構亦即是公司用一個資本結構來替代另一個資本結構的方式，此舉對於公司的總資產並無改變。

由於公司的總資產不會受到資本重構的影響，因此可將資本結構決策與投資決策各自獨立評估，然而，本章討論的重點是在於負債與資本結構，其資本結構決策對公司的價值和資金成本，將具有重要的涵義。

12.1　資本結構問題

公司對於負債/權益比要如何選擇呢？假設依循的是股票價值極大化，則資本結構決策本質傾向於公司價值極大化決策，因此，將以整個公司的價值為架構來加以討論。

下例說明，公司價值極大化的資本結構，亦為股東權益極大化選擇的資本結構。假定高礦公司目前並無負債，其市場價值是 $1,600，而公司想以舉債 $800 的方式發放現金股利給股東，並進行資本重構。

一般而言，資本重構會變化公司的資本結構方式，但不會對公司的資產造成影響。對高礦公司而言，故成效是負債增加，權益減少，而資本重構的終極影響為何呢？表 12.1 說明原先無負債及下列三種可能產生的情況：

表 12.1　公司的可能價值：無負債和負債加上股利

	無負債	負債加上股利		
		I	II	III
負　債	$　　0	$　800	$　800	$　800
權　益	1,600	1,000	800	600
公司價值	$1,600	$1,800	$1,600	$1,400

情況 I：公司的價值上升至 $1,800。

情況 II：公司的負債與權益相沖銷，故價值仍維持在 $1,600。

情況 III：因負債超過權益增加額，故使得公司的價值減少。

　　由於標的是要使股東獲益，在表 12.2 中，來探討每一種情況下對股東淨效果的影響，若在第 II 種情況下，公司的價值並無改變，因為是負債與權益相沖銷，而在第 I 種情況下，公司的價值增加為 \$1,800，股東淨賺 \$200，在此情況下，資本重構的 NPV 是 \$200，在第 III 種情況下的淨現值是 −\$200。

表 12.2　股東的可能報酬: 負債加上股利

	負債加上股利		
	I	II	III
權益價值減少	\$(600)	\$(800)	\$(1,000)
股　　利	800	800	800
淨效果	\$ 200	\$ 0	\$ (200)

　　由以上得知，公司價值的變化和股東淨效果的變化是一致的，故財務經理應找出公司價值極大化的資本結構。亦即，NPV 法則也適用於資本結構的決策上，而整個公司價值的變化是資本重構的 NPV。故若高磯公司預期的是情況 I，則就該借款 \$800，因此哪一種情況最有可能發生，就是公司資本結構之關鍵因子。

　　在前面曾討論過，公司的加權平均資金成本 (WACC) 的觀念。WACC 指出公司的整體資金成本是由資本結構內各個不同組成因素成本的加權平均。以 WACC 討論時，是假設公司的資本結構為已知，故本章要探討的重點是，當負債融資的數量發生變化，即負債／權益比發生變化時，資金成本會做如何的變化。

　　當 WACC 為最小時，公司價值呈現極大化，為研究 WACC 的主因，由於 WACC 是公司整體現金流量的適當折現率之表示，且價值和折現率呈現相反方向的變化，故當 WACC 為極小時，公司的現金流量價值就會呈現極大化。

　　若是要為公司選擇一個 WACC 極小化的資本結構，則基於此理，加權平均資金成本較低的資本結構，表示為一個較好的資本結構，所以，WACC 最小的負債／權益比，即是最適資本結構 (optimal capital structure)。實際上，最適資本結構亦稱為公司的目標資本結構 (target capital structure)。

12.2　財務槓桿效果

前面說明如何使公司價值達到最高(或是資金成本為最低)的資本結構，即是最有利於股東的資本結構。本節要以財務槓桿對股東的影響來探討，所謂的財務槓桿係指公司運用負債的狀況，而在公司的資本結構中負債融資使用得愈多，代表的是運用愈多的財務槓桿。

因此財務槓桿可大幅改變公司股東的收益，然而，財務槓桿卻可能不會影響公司整體的資金成本，若屬實的話，則表示公司的資本結構是非攸關的，因而改變資本結構並不會對公司的價值造成任何的影響，稍後再予以討論。

◉ 12.2.1　財務槓桿的影響

先來說明財務槓桿是如何運作的，暫時不將稅負的影響列入，而以財務槓桿對每股盈餘 (EPS) 和權益報酬 (ROE) 的影響來探討，代表財務槓桿的效果。當然，會計數字並非所關注的焦點，若以現金流量取代會計數字，則所得到的結論會是一致性的，而整個過程較複雜些，將在下節中再予以討論財務槓桿對市場價值的影響。

財務槓桿、EPS、以及 ROE：岳躍公司考慮以舉債方式買回流通在外的股票來進行資本重構，在公司目前並無任何負債的情況下。表 12.3 將列出目前以及舉債後的資本結構（忽略稅負），其中公司資產的市值約 1,000 萬，有 50 萬股的普通股在外流通，該公司資產全由核發股票募得，故每股價值是 1,000 萬／50 萬股＝$20／股。

表 12.3　岳躍公司目前的資本結構及舉債後的資本結構

	目　前	舉債後
資　產	$10,000,000	$10,000,000
負　債	$　　　　0	$ 5,000,000
權　益	10,000,000	5,000,000
負債／權益比	0	1

股　價	$20	$20
流通股數	500,000	250,000
利　率	10%	10%

在市場利率 10% 下，岳躍公司欲募集 500 萬，並以此購回 25 萬股，故得知舉債後岳躍公司的負債／權益比為 1。

接著舉例說明三種預期情況下，對發行資本結構變動所引發的影響（表12.4），預期的息前稅前盈餘 (EBIT) 為 120 萬，而景氣低迷時降為 60 萬，另外在景氣活絡時為 180 萬，若無負債情況下，景氣活絡時之會計權益報酬 (ROE) 為淨利／權益 = 180 萬／1,000 萬 = 18%，每股盈餘 (EPS) 為淨利／在外流通的股數 = 180 萬／50 萬股 = $3.6／股。

表 12.4　岳躍公司的資本結構情況

目前的資本結構：無負債的情況下			
	景氣低迷	預　期	景氣活絡
EBIT	$600,000	$1,200,000	$1,800,000
利　息	0	0	0
淨　利	$600,000	$1,200,000	$1,800,000
ROE	6%	12%	18%
EPS	$1.20	$2.40	$3.60

舉債後的資本結構：負債 = 500 萬			
	景氣低迷	預　期	景氣活絡
EBIT	$600,000	$1,200,000	$1,800,000
利　息	500,000	500,000	500,000
淨　利	$100,000	$ 700,000	$1,300,000
ROE	2%	14%	26%
EPS	$0.40	$2.80	$5.20

在利率 10% 時，500 萬舉債的利息為 50 萬的情況下，則景氣活絡時的會計權益報酬 (ROE) = 130 萬／500 萬 = 26% 比無負債時高，且每股盈餘 (EPS) = 130 萬／25 萬股 = $5.2／股，亦比無負債的 $3.6 高。

● 12.2.2　EPS 和 EBIT

討論過資本重構對 EPS 和 ROE 的影響後，財務槓桿就愈趨明顯了，在舉債後的資本結構下，EPS 和 ROE 的變動幅度大很多，說明了財務槓桿擴張對股東損益影響的程度。

圖 12.1 中，進一步看到舉債後資本結構的影響，在圖中分別畫出目前的和舉債後的資本結構下，每股盈餘 (EPS) 和息前稅前盈餘 (EBIT) 的關連，第一條線標示「無負債」的情況，代表無財務槓桿的情形。此線從原點出發，若 EBIT 是零的情況，則 EPS 是零。由原點起始，EPS 是每增加 $1，EBIT 即隨之增加 $500,000（因有 500,000 股在外流通）。

而第二條線代表的是舉債後的資本結構，若 EBIT 是零，則 EPS 為負的。原因為不論公司利潤如何變化，都須支付 $500,000 的利息，此情況下有 250,000 股，故 EPS 是每股 −$2，如圖所示。同理，若 EBIT 是 $500,000，則 EPS 正好是等於零。

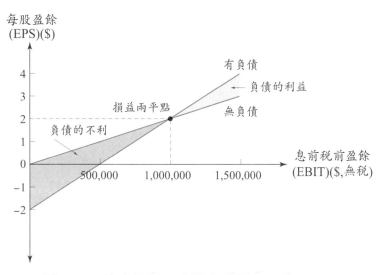

圖 12.1　財務槓桿：岳躍公司的 EPS 和 EBIT

在圖 12.1 中，第二條線的斜率呈現較陡的狀態。實際上，EBIT 每增加 $500,000，EPS 即上升 $2，故第二條線的斜率是第一條線的 2 倍，運用財務

槓桿使得 EPS 對 EBIT 的變動加倍的敏感化。

圖 12.1 的另一重點是，此兩條線相交，在相交點上，兩個資本結構下的 EPS 正好相等。在無負債情況下，相交點的 EPS 是等於 EBIT/500,000，而在有負債的情況下，EPS 是 (EBIT – $500,000)/250,000 股。因此，若令兩式相等，則 EBIT 是：

$$\text{EBIT}/500,000 \text{ 股} = (\text{EBIT} - \$500,000)/250,000 \text{ 股}$$
$$\text{EBIT} = 2 \times (\text{EBIT} - \$500,000)$$
$$\text{EBIT} = \$1,000,000$$

當 EBIT 是 $1,000,000 時，在兩個資本結構下的 EPS 都是每股 $2。此相交點為在圖 12.1 中的損益兩平點，亦稱此點為無差異點。若 EBIT 在此水準之上，則財務槓桿即為有利的，若在此點之下，則財務槓桿就是不利的。

另一個更直接可看出為何損益兩平點是 $1,000,000，其淨利是 $1,000,000，此情況下，ROE 是 10%，與負債的利率相等，因此，公司賺得的報酬足夠支付利息。

⟵ 範例 12.2.1　損益兩平 EBIT

義騰公司日前決定重構資本，雖然其公司目前並無負債，但資本重構專案下負債將為 200 萬，利率為 10%，若該公司目前流通在外股數為 50 萬股，每股 $20，在忽略稅負的情況下，若預期重購後可提高 EPS，試求 EBIT 最少需要怎樣的水準？

首先，必須計算損益兩平 EBIT，在點之上的任何 EBIT，增加財務槓桿則會提高每股盈餘 (EPS)，故損益兩平的 EBIT 是預期的 EBIT。在原先的資本結構之下，EPS = EBIT/50 萬股。而在新的資本結構下，利息費用為 200 萬 ×10% = 20 萬，以 200 萬負債買回 10 萬股的股票，另有 40 萬股的股票流通在外，可將式子列為：

$$\text{EBIT}/500{,}000 \text{ 股} = (\text{EBIT} - \$200{,}000)/400{,}000 \text{ 股}$$
$$\text{EBIT} = (5/4) \times (\text{EBIT} - \$200{,}000)$$
$$\text{EBIT} = \$1{,}000{,}000$$

在任何一種情況下，當 EBIT 是 $1,000,000 時，EPS 皆是 $2，則 EBIT 最少需達到 EPS 為 $2 的水準。　　　　　　　　　　　　　　　　　◆

12.2.3　公司借款和股東自製財務槓桿

依表 12.3、表 12.4 及圖 12.1，可作出下列的結論：

(1)財務槓桿的影響效果以公司的 EBIT 而定，當 EBIT 較高時，財務槓桿是在有利的狀態。

(2)在預期情況下，由於 ROE 和 EPS 與 EBIT 提高，故財務槓桿的作用使得股東的報酬提高。

(3)在舉債後的資本結構下，由於 EPS 和 ROE 對 EBIT 的變動較為敏感，故股東面臨較高的風險。

(4)由於財務槓桿對股東預期報酬和風險皆有影響，故資本結構是重要的考慮因素。

前三個結論都很正確，然而，最後一個結論的答案是否定的。誠如下述，股東可藉由本身的借貸來調整財務槓桿的金額，以個人借款來調整財務槓桿程度，稱為自製財務槓桿 (homemade leverage)。

現在不論岳躍公司是否接受舉債後的資本結構，與實際並無差異。由於任何偏好舉債後資本結構的股東，皆可用自製財務槓桿來創造舉債後的資本結構，表 12.5 的第一部分是在舉債後的資本結構下，投資者購買 1,000 股的股票，擁有 $20,000 岳躍公司股票的股東，所可能面臨的處境，由表 12.4 中看出，EPS 不是 $0.40，$2.80，就是 $5.20，因此，在舉債後的資本結構下，1,000 股的總盈餘不是 $400，$2,800，就是 $5,200。

表 12.5　舉債後的資本結構和原先資本結構下自製財務槓桿

	舉債後的資本結構		
	景氣低迷	預　期	景氣活絡
EPS	$0.40	$2.80	$5.20
1,000 股的盈餘	$400	$2,800	$5,200
淨成本 = 1,000 股，每股 $20 = $20,000			

	原先資本結構和自製財務槓桿		
	景氣低迷	預　期	景氣活絡
EPS	$1.20	$2.40	$3.60
2,000 股的盈餘	$2,400	$4,800	$7,200
減：10% 的 $20,000 利息	2,000	2,000	2,000
淨盈餘	$　400	$2,800	$5,200
淨成本 = 2,000 股，每股 $20 − 借款金額 = $40,000 − $20,000 = $20,000			

　　假設岳躍公司不接受舉債後的資本結構，在此情況下，EPS 將是 $1.20，$2.40，或 $3.60。表 12.5 的第二部分說明股東如何用個人借款來創造舉債後的資本結構，股東可用自己的 10% 利率借款 $20,000，之後，再把 $20,000 和原有的 $20,000，共購 2,000 股的股票，如表 12.5 所顯示的，淨收入和舉債後的資本結構是一樣的。

　　如何得知借了 $20,000 即可創造出一樣的收入呢？舉債後的資本結構導致負債／權益比等於 1。在個人層面的立足點複製舉債後的資本結構，股東須借款以創造相同的負債／權益比，由於股東已在權益上投資 $20,000，另外再借 $20,000 即創造出個人負債／權益比等於 1。

　　此例證明，股東可用自身增加的財務槓桿來創造出不同型態的收益。所以，不論岳躍公司是否採納舉債後的資本結構，結果是呈一致性的。

⊜ 範例 12.2.2　反槓桿

　　在岳躍公司的例子裡，假設管理階層接受舉債後的資本結構，假設一個擁有 1,000 股的投資者偏好原先的資本結構，證明此投資者何以用股票「反槓桿」，來回復原先的報酬。

　　要創造出財務槓桿，投資者必先借入款項，而要解開財務槓桿，投資者

就要借出款項。對於岳躍公司來說，公司借款金額為其價值的一半，而投資者要用相同的比率將錢借出，即可對股票做反槓桿，此情況下，投資者賣出了 500 股，總共得到 $10,000，以 10% 借出。下表所計算的是此情況下的收益。

	景氣低迷	預　期	景氣活絡
EPS	$0.40	$2.80	$5.20
500 股的盈餘	$　200	$1,400	$2,600
加：$10,000 的利息	1,000	1,000	1,000
總收入	$1,200	$2,400	$3,600

投資者的收入和原始資本結構下的完全一致。

12.3　資本結構和權益資金成本

上述的岳躍公司無論如何篩選資本結構，股票價格皆同。所以，在上述的簡化架構下，岳躍公司的資本結構是屬於非攸關的。

岳躍公司的例子是以兩位諾貝爾得主，Franco Modigliani 和 Merton Miller（以下簡稱 M & M）所提出的著名論證為依據。在岳躍公司的例子所說明的即是 M & M 第一理論 (M & M proposition I) 的一個特殊情況。M & M 第一理論認為，公司選擇融資方式是完全不相關的。

12.3.1　M & M 第一理論：圓形派模型

M & M 第一理論中，假設兩家公司的資產負債表左半部（即總資產）完全相同的公司，其資產和營運都一樣。但是右半部並不同，因為這兩家公司是以不同的方式融資營運。在此假設，利用「圓形派模型」來探討財務結構的問題。從圖 12.2 中可看出，採用「圓形派」名稱的原由，圖 12.2 列出將圓形派分成權益 E 及負債 D 的兩種切法：40%:60% 及 60%:40%。但是圖 12.2 中兩家公司的圓形派是一樣的大小，主因是資產價值都相同。此即 M & M 第一理論所述的：圓形派的大小並不因切法的差異而有所改變。

圖 12.2　資本結構的兩個派模型

◎ 12.3.2　M & M 第二理論：權益成本和財務槓桿

變化公司的資本結構並不會改變公司的總價值，但卻會使得公司負債和權益發生改變。下面所要探討的是，當負債／權益比發生變化時，一家以負債和權益融資的公司，此時會有怎樣的變化？為簡化分析，故將不考慮稅負的影響。

依前面所討論的，若不考慮稅負的影響，則加權平均資金成本 (WACC)，是：

$$WACC = (E/V) \times R_E + (D/V) \times R_D$$

其中，$V = E + D$，WACC 可解釋為公司整體資產的必要報酬。因此，將以符號 R_A 來代表 WACC，寫成：

$$R_A = (E/V) \times R_E + (D/V) \times R_D$$

若把上式移項，可求得權益資金成本是：

$$R_E = R_A + (R_A - R_D) \times (D/E)$$

此即著名的 M & M 第二理論 (M & M proposition II)，權益資金成本是由下列三項因素而定：公司資產的必要報酬率 (R_A)、公司的負債成本 (R_D)，以及公司的負債／權益比 (D/E)。

根據 M & M 第二理論，$R_E = R_A + (R_A - R_D) \times (D/E)$

$$R_A = WACC = (E/V) \times R_E + (D/V) \times R_D$$

其中，$V = D + E$

圖 12.3 簡要說明權益資金成本 (R_E) 及負債／權益比的關係，綜合目前的討論，如圖所示，M & M 第二理論指出權益成本，R_E，是一條斜率為 (R_A－R_D) 的直線。y 截距對應公司的負債／權益比是零，故 $R_A = R_E$。圖 12.3 顯示，當公司提高其負債／權益比時，財務槓桿的增加將相對提高權益風險，因而促使必要報酬提高，即是權益成本 (R_E) 的提高。

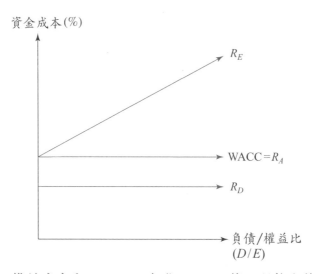

圖 12.3　權益成本和 WACC：無稅 M & M 第一理論和第二理論

在圖 12.3 中 WACC 並不隨著負債／權益比的變化而變動，故不論負債／權益比是多少，WACC 皆相同。M & M 第一理論的另一闡述方法是：公司的整體資金成本不會受其資本結構的影響。如圖所顯示的，負債成本低於權益成本的部分，正好與舉債增加的權益成本相抵銷。亦即是資本結構權數（E/V 和 D/V）的變化正好被權益成本 (R_E) 的變化所抵銷，故 WACC 仍是維持不變的。

⟳ 範例 12.3.1　權益資金成本

假定合貿公司的加權平均的資金成本（不考慮稅負）是 16%。可用 10% 借

款，求其權益成本於目標資本結構：權益 80% 和負債 20% 的情況下，其權益成本是多少？此外，若是目標資本結構為 50% 時，其權益成本又是多少？

根據 M & M 第二理論，權益成本，R_E，為：

$$R_E = R_A + (R_A - R_D) \times (D/E)$$

在第一個情況下，負債／權益比 = 0.2/0.8 = 0.25，故權益成本，R_E，是：

$$R_E = 16\% + (16\% - 10\%) \times 0.25$$
$$= 16\% + 1.5\%$$
$$= 17.5\%$$

於第二個情況的負債／權益比 = 0.5/0.5 = 1.0，故權益成本 R_E = 16% + (16% − 10%) × 1.0 = 22%。

此外可計算出第二個情況下的 WACC 是：

$$WACC = (E/V) \times R_E + (D/V) \times R_D$$
$$= 0.50 \times 22\% + 0.50 \times 10\%$$
$$= 11\% + 5\%$$
$$= 16\%$$

而在第一個情況下的 WACC = 0.80 × 17.5% + 0.20 × 10% = 16%。

可得知，兩個情況下的 WACC 均為 16%，此印證了不論負債／權益比是多少，WACC 均相同。◆

◎ 12.3.3 營運風險和財務風險

由 M & M 第二理論得知，公司的權益成本可以分為兩部分。第一部分是 R_A，為公司整體資產的必要報酬，大小依公司的營運活動之性質而訂定，而公司營運所內含的風險稱為公司權益的營運風險 (business risk)。依前面的討論得知，營運風險是依公司資產的系統風險而定。故公司的營運風險愈高，

R_A 就會愈大，在其他情況不變下，公司的權益成本將會變得愈大。

權益成本中的第二部分是，$(R_A - R_D) \times (D/E)$，是由公司的財務結構所擬定，對權益型的公司來說，此部分即是零。而當公司開始以負債融資，則權益的必要報酬就跟著上升，原因是負債融資增加了股東所承擔的風險。而來自負債融資所產生的額外風險，即稱為公司權益的財務風險 (financial risk)。

大體而言，公司權益的總系統風險包含了兩個部分：營運風險和財務風險。第一部分（營運風險）是由公司的資產和營運狀況而訂定，不受財務結構所影響。於已知公司的營運風險（及負債成本）下，則第二部分（財務風險）完全是由財務政策所決定，如前所述，故權益的財務風險會增加，而營運風險則維持不變，因此公司權益成本會隨著財務槓桿的運用而增加。

12.4　有稅 M & M 第一理論和第二理論

負債具有兩個特色，尚未將其納入討論。第一是，支付負債的利息可抵稅並可增加負債融資的權益，對公司將是有益的。第二是，若因此而無法履行負債義務時，將會導致破產發生，可能會增加負債融資成本，對於公司是個弊端。對於負債的兩個特色，若將其考慮進來，則資本結構的答案可能會有所變化。因此本節將以考慮稅負的影響來探討。

若先考慮公司稅負的效果，則 M & M 第一理論和第二理論會做如何的變化呢? 假定有 X、Y 兩家公司，若是這兩家公司的資本和營運績效均相同，其預期的 EBIT 恆等於 $10,000，但是 Y 公司卻發行年息 12%，價值是 $10,000 的永續證券（公司稅率為 35%）。而 X 公司無舉債，故不產生利息。

對於 X 及 Y 兩家公司，可計算如下：

	X 公司	Y 公司
EBIT	$10,000	$10,000
利 息	0	1,200
應稅所得	$10,000	$ 8,800
稅 (35%)	3,500	3,080
淨 利	$ 6,500	$ 5,720

◎ 12.4.1 利息稅盾

將折舊及資本支出假設為零，而淨營運資金 (NWC) 並無增加，此情況下，來自於資產的現金流量就等於 (EBIT − 稅額)，故對於 X、Y 兩公司可得知：

來自於資產的現金流入	X 公司	Y 公司
EBIT	$10,000	$10,000
稅 (35%)	3,500	3,080
合 計	$ 6,500	$ 5,720

已經看出了資本結構的影響，即使 X、Y 兩家公司擁有相同的資產，但其現金流量並不同。

再來計算股東和債權人的現金流量，以找出可能的原因。

現金流量	X 公司	Y 公司
流向股東	$6,500	$5,720
流向債權人	0	1,200
合 計	$6,500	$6,920

可看出流向 Y 公司的現金流量多 $420。原因是 Y 公司的稅額（屬於現金流出）少 $420，由於利息是可抵稅的，故稅額抵減就等於利息支出 ($1,200) 乘以公司稅稅率 (35%)：$1,200 × 35% = $420。因此，稱稅額的節省為利息稅盾 (interest tax shield)。

🎯 12.4.2　稅和 M & M 第一理論

由於負債 (D) 是永續的，所以相同的 \$420 稅盾 (T_C) 每年都會發生，而 Y 公司的稅後現金流量即是 X 公司所賺的 \$6,500 加上 \$420 的稅盾。因 Y 公司的現金流量總是多了 \$420，故 Y 公司的價值就比 X 公司多了 \$420 的永續年金。

稅盾是因支付利息而發生的，因此風險和負債一般，12%（負債成本，R_D）代表的是適當的折現率。故稅盾價值為：

$$PV = \frac{\$420}{0.12} = \frac{0.35 \times \$10,000 \times 0.12}{0.12} = 0.35 \times \$10,000 = \$3,500$$

誠如此例所示，利息稅盾可寫成：

$$利息稅盾現值 = (T_C \times D \times R_D)/R_D$$
$$= T_C \times D$$

T_C：公司稅

D：公司的負債

R_D：公司的負債成本

由此得到另一個著名的定理：公司稅下的 M & M 第一理論。Y 公司的價值 (V_Y) 比 X 公司的價值 (V_X) 多的部分即是利息稅盾的現值，$T_C \times D$。故有稅 M & M 第一理論說明：

$$V_Y = V_X + T_C \times D$$

藉由圖 12.4 說明此情況下舉債的效果，畫出舉債公司的價值，V_Y 及相對應的負債金額 (D)，而公司稅下的 M & M 第一理論對此關係的說明是一條斜率為 T_C，截距為 V_X 的直線。

在圖 12.4 中，亦畫了一條水平線，代表 V_X。如圖所示，兩條線間的距離為 $T_C \times D$，即是稅盾的現值。

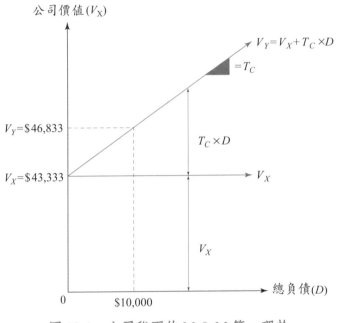

圖 12.4　公司稅下的 M & M 第一理論

由於是利息稅盾，因此公司總價值隨著總負債的提高而增加。此即有稅的 M & M 第一理論。

假設 X 公司的資金成本是 15%，則稱為未舉債資金成本 (unlevered cost of capital)，且以符號 R_X 來表示。故可把 R_X 當成是公司無負債時的資金成本。而公司的現金流量恆等於 $6,500，且因 X 公司無負債，則適當折現率是 R_X = 15%。未舉債的公司債價值是：

$$V_X = \frac{\text{EBIT} \times (1 - T_C)}{R_X}$$

$$= \frac{\$6,500}{0.15}$$

$$= \$43,333$$

舉債公司的價值，V_Y，即是：

$$V_Y = V_X + T_C \times D$$

$$= \$43,333 + 0.35 \times \$10,000$$

$$= \$46,833$$

如圖 12.4 所顯示的，負債每增加 $1，則公司價值就會上升 $0.35，亦即是每 $1 負債的 NPV 是 $0.35。

上述的分析結果是，若考慮稅負，則確實會對資本結構造成影響。然而，不合邏輯的結論是：最適資本結構為 100% 的負債。

◉ 12.4.3　稅、WACC 和第二理論

最佳資本結構是 100% 負債的結論也可由加權平均資金成本看出端倪。從前面可知，一旦考慮稅負的效果，則 WACC 是：

$$WACC = (E/V) \times R_E + (D/V) \times R_D \times (1 - T_C)$$

為方便計算 WACC，必先知道權益成本。而由 X 與 Y 公司所得到公司稅下的 M & M 第二理論說明權益成本為（其中 R_X 為未舉債資金成本）：

$$R_E = R_X + (R_X - R_D) \times (D/E) \times (1 - T_C)$$

以總價值為 $46,833 的 Y 公司來說明。因負債價值是 $10,000，故權益的價值是 $46,833 − $10,000 = $36,833。所以，Y 公司的權益成本為：

$$R_E = 0.15 + (0.15 - 0.12) \times (\$10,000/\$36,833) \times (1 - 0.35)$$
$$= 15.53\%$$

加權平均資金成本為：

$$WACC = (\$36,833/\$46,833) \times 15.53\% + (\$10,000/\$46,833) \times 12\%$$
$$\times (1 - 0.35)$$
$$= 13.88\%$$

若無負債，則 WACC 會高於 15%，若有負債，則 WACC 為 13.88%，故有負債對於公司較有利。

◉ 12.4.4 結 論

在圖 12.5 彙整對權益成本、稅後負債成本及加權平均資金成本間的關係
來探討。為供參考，也把未舉債的資金成本 (R_X) 列入，圖 12.5 中，橫軸是表
示負債/權益比，WACC 如何隨著負債/權益比的上升而下降的情況，再一
次說明了公司使用越多負債，WACC 就會越低，表 12.6 彙整 M & M 理論的
總結，以提供參考。

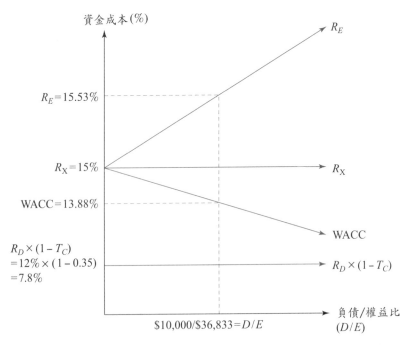

圖 12.5　權益成本和 WACC：公司稅下的 M & M 第二理論

在上圖的說明下，有公司稅下的 M & M 第一理論，認為公司的 WACC
會跟隨公司負債融資的增加而降低：

$$WACC = (E/V) \times R_E + (D/V) \times R_D \times (1 - T_C)$$

有稅的 M & M 第二理論，認為公司的權益成本 (R_E) 會跟隨公司對負債
融資的增加而上升：

$$R_E = R_X + (R_X - R_D) \times (D/E) \times (1 - T_C)$$

範例 12.4.1　權益成本和公司價值

此例整合了上述所討論的重點，以下是有關於齊坦公司的資料：

$$EBIT = \$200$$
$$T_C = 0.30$$
$$D = \$600$$
$$R_X = 0.20$$

負債資金成本是 10%，而齊坦公司的權益價值及資金成本是多少？且 WACC 又是多少？

⑴在無稅情況下：

A.第一理論：

舉債公司的價值 (V_Y) 等於未舉債公司的價值 (V_X)。

$$V_Y = V_X$$

第一理論的涵義為：

(A)公司的資本結構是屬於非攸關性的。

(B)不論公司在融資時所用的負債和權益的組合是如何的變化，對於公司的加權平均資金成本 (WACC) 皆相同。

B.第二理論：

權益成本，R_E，為：

$$R_E = R_A + (R_A - R_D) \times D/E$$

其中，R_A 是 WACC，R_D 是負債成本，D/E 是負債／權益比。

第二理論的涵義為：

(A)權益成本隨著公司負債融資的增加而上升。

(B)權益的風險：是依公司營運的風險（營業風險）和財務槓桿的程

度（財務風險）而定，營業風險決定 R_A，而財務風險則由 D/E 所決定。

⑵在有稅情況下：

A.有稅情況下的第一理論：

舉債公司的價值 (V_Y) 就等於未舉債公司的價值 (V_X) 加上利息稅盾的現值：

$$V_Y = V_X + T_C \times D$$

其中，T_C 是公司稅的稅率，D 是負債金額。

第一理論的涵義為：

⑷負債融資是非常有利的，而公司的最適資本結構是 100% 的負債。

⑻公司的加權平均資金成本 (WACC) 會跟隨著公司負債融資程度的增加而降低。

B.有稅情況下的第二理論：

權益成本，R_E，為：

$$R_E = R_X + (R_X - R_D) \times (D/E) \times (1 - T_C)$$

R_X 是表示未舉債的資金成本，即公司在無負債情況下的資金成本。不同於第一理論，第二理論的涵義在有稅和無稅下皆相同。

因為所有的現金流量皆是永續年金，若無負債的情況下，則公司的價值，V_X，即是：

$$V_X = \frac{\text{EBIT} - 稅}{R_X} = \frac{\text{EBIT} \times (1 - T_C)}{R_X}$$
$$= \frac{\$200 \times (1 - 0.30)}{0.20}$$
$$= \$700$$

依有稅的 M & M 第一理論，舉債公司的價值：

$$V_Y = V_X + T_C \times D$$
$$= \$700 + 0.30 \times \$600$$
$$= \$880$$

公司的總價值為 $880，且負債的價值為 $600，因此權益價值是$280：

$$E = V_X - D$$
$$= \$880 - \$600$$
$$= \$280$$

依公司稅下的 M & M 第二理論得知，權益成本該是：

$$R_E = R_X + (R_X - R_D) \times (D/E) \times (1 - T_C)$$
$$= 0.20 + (0.20 - 0.10) \times (\$600/\$280) \times (1 - 0.30)$$
$$= 35\%$$

最後的 WACC 為：

$$\text{WACC} = (\$280/\$880) \times 35\% + (\$600/\$880) \times 10\% \times (1 - 0.30)$$
$$= 15.91\%$$

這遠比公司無負債下的資金成本 ($R_X = 20\%$) 為低，故負債融資有很大的益處。 ◆

12.5　資本結構的現況

每家公司的資本結構各異，但開始觀察實際上的資本結構時，會獲取一些共通的規則性因素。

多數公司的總負債比率都相當低，少數例外，本書特別根據臺灣證券基金會所提供的資料，彙整計算出臺灣主要產業的負債程度表，以表 12.6 來加以討論。

表 12.6　臺灣主要產業的負債程度表（2002 年 12 月）

產　業	負債比率	權益比率	公司個數	代表性公司
水　泥	46.91%	53.09%	8	臺泥、亞泥、嘉泥
食　品	49.10%	50.90%	21	味全、統一、黑松
塑　膠	39.77%	60.23%	20	臺塑、南亞
紡　織	48.20%	51.80%	52	遠紡、華隆、嘉裕
電　機	45.10%	54.90%	30	士電、東元、永大
電器電纜	46.77%	53.23%	16	太電、聲寶、三洋電
化　學	34.78%	65.22%	27	南僑化工、臺肥
玻璃陶瓷	42.53%	57.47%	6	台玻、凱聚、和成
造　紙	44.61%	55.39%	6	臺紙、士紙、永豐餘
鋼　鐵	47.53%	52.47%	22	中鋼、東和、燁隆
橡　膠	38.17%	61.83%	9	南港、泰豐、臺橡
汽　車	38.46%	61.54%	4	裕隆、中華、三陽、和泰
電　子	37.62%	62.38%	171	台積電、聯電、廣達、威盛、鴻海
營　建	57.30%	42.70%	29	太子、長谷、潤泰
運　輸	44.45%	55.55%	14	長榮、陽明、華航
觀　光	30.36%	69.64%	6	國賓、六福、晶華
金融保險	63.88%	36.12%	41	臺灣企銀、富邦金控、友聯產險、寶來證券
百　貨	47.46%	52.54%	10	遠百、三商行、統一超
其　他	41.26%	58.74%	32	中國力霸、康那香、好樂迪

資料來源：臺灣證券基金會，2002 年 12 月，本書彙整統計。

　　上述的統計資料是以上市公司為主，以 2001 年度而言，大部分公司的負債融資都少於權益融資，但在營建和金融保險業的負債程度佔產業資產的 50% 以上，相當高的比例，因此對這兩種產業的高負債比率要相當的留意，以一般產業的情況來說，除此兩種產業外，其他產業對於權益融資的倚賴程度遠遠地超過負債融資，沒有一家公司會輕易的舉債來融資，因為要付出定期的債息，對公司不一定有利，但可利用債息來節稅，此種狀況考量下，以股票來達到融資效果的公司，使用的負債必然受到一定的限制。

　　在金融保險業和營建業方面，因其產業在社會不景氣狀況的循環驅使下，可用兩者間權益證券來進行融資的方式，一般市場上募集資金誠屬不易，故而轉向以負債來融資，其優勢在於，兼籌並顧，一方面可用債息節稅，亦可

募集到運用的資金。

由於不同產業具有不同的營業特性，例如 EBIT 波動性和資產類型，此特徵和資本結構間確有某些的關聯性，但有關稅負節省和財務危機成本，是有提供些許的理由，但目前並無一套令人滿意的理論可對資本結構的共通性做出具體的說明❶。

與本章主題相關的網頁資訊：

俞海琴博士財管講題：資金成本決定與資本結構政策：http://courseweb.cc.cycu.edu.tw/haichin/f12.htm

股市名詞解釋——財務槓桿度：http://tw.money.yahoo.com/030303/8/4s4.html

債券價格與殖利率：http://www.hymar.com/study/beyco/bank/b110.htm

America Member Service ——財經辭典：http://www.americamember.org/guide/word2.htm

證券基金會——資訊王：http://www.sfi.org.tw/newsfi/

12.6　本章習題

1. 為什麼財務經理應該選擇一個使公司價值極大化的資本結構？

2. WACC 和公司價值有何關係？

3. 何謂最適資本結構？

4. 財務槓桿對股東有何影響？

5. 何謂自製財務槓桿？

6. 為什麼岳躍公司的資本結構是非攸關的？

7. M & M 第一理論說明了什麼？

8. 公司權益的總系統風險包括哪兩部分？

9. 一旦考慮公司稅的影響，未舉債公司的價值和舉債公司的價值之間有何關係？

10. 如果只考慮公司稅的影響，什麼是最適資本結構？

11. 請描述資本結構靜態理論所隱含的取捨。

---

❶ 在上表列的公司負債比率不一定等同於其「整體產業」概算出的負債比率。

12.制定資本結構決策的重要因素有哪些?

13.我國上市公司主要是不是倚賴負債融資呢?

14.我們在資本結構上看到什麼規則?

15.息前稅前盈餘 (EBIT) 的波動將導致每股盈餘 (EPS) 有什麼樣的變化?

16.所謂的營運槓桿程度是指什麼?

17.公司每股盈餘 (EPS) 隨著息前稅前盈餘 (EBIT) 變動而變動的幅度稱為?
   周氏公司的財務槓桿比率為 1.2,如果其息前稅前盈餘下降 20%,則其淨利
   應為多少?

18.槓桿與企業舉債及使用固定成本的程度有關,因而影響企業的資本及成本
   結構,若銷售額維持不變時,營運槓桿程度將因固定成本的增加而有什麼
   樣的反應?

19.甲股份有限公司去年實現息前稅前利潤 500 萬元。本年度資本結構與去年
   相同,資本總額 1,000 萬元,其中,債務 300 萬元(年利率 10%);普通股
   70 萬元(每股價格 10 元)。息前稅前利潤比去年增長 30%,預計按稅後利
   潤的 20% 發放現金股利,年末股東權益總額預計為 490 萬元。甲公司市盈
   率為 12%,所得稅率 33%。

   ⑴計算甲公司財務槓桿係數為何?

   ⑵該公司預期每股收益是多少?

   ⑶每股市價是多少?

   ⑷甲公司股票獲利率為何?

   ⑸股利保障倍數是多少?

   ⑹本年度留存收益為何?

   ⑺該公司每股淨資產為多少?

   ⑻市淨率為多少?

第13章
股東權益之管理
——股票評價

13.1 普通股的評價 / 278

13.2 股票與債券 / 289

13.3 普通股和特別股的特性 / 290

13.4 股票流通市場 / 293

13.5 本章習題 / 295

透過新聞資訊的傳達，得知遠在美國華爾街的投資人對於網路線上零售商的要求日趨嚴格的走勢，而對亞馬遜及 e Toys 等不急於追求獲利的網路股已漸感到不耐煩，而致使亞馬遜的股價重挫。美國線上零售商自 1998 年底興起，在 1999 年 4 月達到了高峰。然而，臺灣在現階段並無貨真價實的網路股，充其量也只是網路概念股罷了。一般概念性的股票本來就容易在遭受質疑下大跌，其實股票背後隱喻的還是代表一家公司的獲利率和營運狀況。

財務管理中，有關股東權益之管理，在本章先以股利、股票價值及這兩者間的關連來做探討。第 14 章再來討論股利及股利政策。

股票是公司籌措長期資金的工具，亦是投資人對公司表彰所有權的金融工具。本章中，將以企業的其他主要融資來源──普通股和特別股為重點，來敘述每股普通股的現金流量及股利成長模型，以股東權益為基準，加以探討普通股和特別股的重要特性。然後再用股票交易、股價決定，及其他重要資訊如何在財經報章中的報導來討論。

13.1 普通股的評價

普通股的評價要比債券更不易，理由是：⑴普通股，無法預知相關的現金流量，亦即未來股利難推測，不像公司債付息固定；⑵普通股並無到期日，故投資期間是無限的，不像公司債到期需還本；⑶不易決定市場上的必要報酬率。底下先來介紹股票之現金流量以計算其現值，並在三種特殊情況下，仍可以決定普通股的未來現金流量的現值，以評估其價值所在。

◎ 13.1.1 現金流量

某投資公司對 A 公司股票要求 15% 的報酬，而預測在年底時，這支股票將發放每股 $10 的股利，且得知股票屆時將價值 $105。若是要求 15% 的投資報酬率才做出投資決策，則願意花多少錢來買這支股票呢？

在要求投資報酬率 15% 下，來計算現金股利及股票期末價值的現值。若是 1 年後賣掉，則將擁有總共 $115 的現金，而在 15% 折現率下：

$$現值 = (\$10 + \$105)/1.15 = \$100$$

最多願意花費 $100 來購買這支股票。

令 P_0 為股票現在價格，P_1 為 1 年後的價格，若 D_1 為期末發放的現金股利，則：

$$P_0 = (D_1 + P_1)/(1 + i)$$

其中，i 是市場上對投資要求的必要報酬率。要計算出今天的股價 (P_0)，必先知道該股票 1 年後的股價 (P_1)，另外，1 期後的價格 (P_1)，又是多少呢？假設已知 2 期後的價格 (P_2)，若能預測 2 期後股利 (D_2)，則 1 期後的股票價格即是：

$$P_1 = (D_2 + P_2)/(1 + i)$$

再把此式代入 P_0 中，就得知：

$$
\begin{aligned}
P_0 &= \frac{D_1 + P_1}{1 + i} = \frac{D_1 + \dfrac{D_2 + P_2}{1 + i}}{1 + i} \\
&= \frac{D_1}{(1+i)^1} + \frac{D_2}{(1+i)^2} + \frac{P_2}{(1+i)^2}
\end{aligned}
$$

現在，要有第 2 期的價格 (P_2)。但又不知 P_2 是多少，可把 P_2 用下列式子來表示：

$$
\begin{aligned}
P_0 &= \frac{D_1}{(1+i)^1} + \frac{D_2}{(1+i)^2} + \frac{P_2}{(1+i)^2} \\
&= \frac{D_1}{(1+i)^1} + \frac{D_2}{(1+i)^2} + \frac{\dfrac{D_3 + P_3}{(1+i)}}{(1+i)^2} \\
&= \frac{D_1}{(1+i)^1} + \frac{D_2}{(1+i)^2} + \frac{D_3}{(1+i)^3} + \frac{P_3}{(1+i)^3}
\end{aligned}
$$

計算出的股價以此類推，若是折現率大於零，則股價折現後的現值接近於零。結論是，現行的股價是可用無限的股利現值加總：

$$P_0 = \frac{D_1}{(1+i)^1} + \frac{D_2}{(1+i)^2} + \frac{D_3}{(1+i)^3} + \frac{D_4}{(1+i)^4} + \frac{D_5}{(1+i)^5} + \cdots$$

上式是表示股票今天的價格就等於未來股利現值之加總，而未來又有多少股利呢？答案是無限多個，故仍無法計算出股價，必須預測出無限多個股利，再折算回現值。下面，將以考慮三種特殊情況的問題來介紹。

◉ 13.1.2　特殊情況

普通股的評價確實有上述的困難，但有些少數的特殊情況，可估計出股價。但必須對未來股利型態做一些簡單化的假設，接著就以下列三種情況來考量：(1)股利呈現零成長；(2)股利呈現固定成長；(3)一段時間後股利呈現固定成長。

1. 零成長 (zero growth)

之前已在第 3 章討論過零成長的情況，而固定股利的普通股與特別股相類似。從第 13.2 節獲悉特別股的股利是固定的，即股利呈現零成長。而對於零成長的普通股來說，股利亦是固定不變的：

$$D_1 = D_2 = D_3 = D = 常數$$

因此，股價是：

$$P_0 = \frac{D}{(1+i)^1} + \frac{D}{(1+i)^2} + \frac{D}{(1+i)^3} + \frac{D}{(1+i)^4} + \frac{D}{(1+i)^5} + \cdots$$

由於股利每一期均相同，故股票可視為是每一期現金流量等於 D 的普通永續年金。故每股價值是（請參考第 3.5 節）：

$$P_0 = D/i$$

其中，i 是必要報酬率。

舉例來說，假設四維公司擬定每年發放 \$12 的現金股利，而政策將無限期地持續下去，因此，若是必要報酬率是 30%，則每股價值又是多少呢？此情況下，該股票可視為普通永續年金，故每股股價是 $P_0 = D/i = \$12/0.3 = \$40$。

2. 固定成長 (fixed growth)

假定某公司之股利成長率是固定的，令此成長率為 g，若本期的股利是 D_0，則下一期的股利是：

$$D_1 = D_0 \times (1+g)$$

2 期後的股利是：

$$D_2 = D_1 \times (1+g)$$
$$= [D_0 \times (1+g)] \times (1+g)$$
$$= D_0 \times (1+g)^2$$

重複上述步驟，得知未來任何一期的股利金額。一般而言，由複利成長的探討得知，未來第 t 期後的股利，D_t 是：

$$D_t = D_0 \times (1+g)^t$$

若一項資產的現金流量是以某種固定速率成長，則稱此現金流量為成長型永續年金 (growing perpetuity)。

為何股利會以固定速度比率成長呢？理由是，大部分公司均以股利穩定成長為核心標的。有關股利的發放將於第 14 章的股利及其政策中再予以討論。

範例 13.1.1　股利成長

勤益公司最近決議發放每股 \$2 的現金股利。此公司的股利若持續以每年 10% 穩定的成長，則 5 年後股利會是多少呢？

目前的股利是 \$2，而未來每年以 10% 成長，則 5 年後的股利是：

$$D_t = D_0 \times (1 + g)^t = \$2 \times (1.10)^5 = \$2 \times 1.6105 = \$3.22$$

所以股利成長了 $3.22 − $2 = $1.22。 ◆

若股利成長率是固定的，則可把預測無限期未來股利的問題，簡化為單一成長率的問題，此例中，若 D_0 是剛發放的股利，則 g 為固定成長率，則股價是：

$$P_0 = \frac{D_1}{(1+i)^1} + \frac{D_2}{(1+i)^2} + \frac{D_3}{(1+i)^3} + \cdots$$

$$= \frac{D_0(1+g)^1}{(1+i)^1} + \frac{D_0(1+g)^2}{(1+i)^2} + \frac{D_0(1+g)^3}{(1+i)^3} + \cdots$$

要是成長率小於折現率，上式序列之現金流量的現值即可簡化為：

$$P_0 = \frac{D_0 \times (1+g)}{i-g} = \frac{D_1}{i-g}$$

上式簡化模型，通稱為股利成長模型 (dividend growth model)。假定剛發放股利 D_0 是 $1.92，折現率 i 是 12%，而固定成長率 g 是 4%，則每股價格是：

$$P_0 = D_0 \times (1+g)/(i-g)$$
$$= \$1.92 \times 1.04/(0.12 - 0.04)$$
$$= \$1.9968/0.08$$
$$= \$24.96$$

實際應用股利成長模型可求得任何時點下的股價，而非僅侷限於今日。因此，時點 t 的股票價格是：

$$P_t = \frac{D_t \times (1+g)}{i-g} = \frac{D_{t+1}}{i-g}$$

在此例中，假定想要計算 5 年後的股價 (P_5)。必先知道 5 年後的股利，D_5 是以長期永續年金計算之，因為剛發放的股利為 $1.92，故每年成長率是

4%, 得知:

$$D_5 = \$1.92 \times (1.04)^5 = \$1.92 \times 1.2167 = \$2.3360$$

依據股利成長模型, 5 年後的股價是:

$$P_5 = \frac{D_5 \times (1+g)}{i-g} = \frac{\$2.3360 \times 1.04}{0.12-0.04} = \frac{\$2.4294}{0.08} = \$30.37$$

↩ 範例 13.1.2 明德公司

假定明德電子公司下一期的股利為每股 $5.00, 未來將發放每股 $5.00 的股利, 投資者對明德電子公司報酬的要求是 15%, 該公司的股利每年成長 5%。利用股利成長模型, 試算出此公司股票的目前價值是多少? 5 年後的價值又是多少呢?

特別注意的是, 下一期的股利 (D_1) 是 $5.00, 所以不用再乘以 $(1+g)$。因此, 每股的價格是:

$$\begin{aligned}
P_0 &= D_1/(i-g) \\
&= \$5.00/(0.15-0.05) \\
&= \$5.00/0.10 \\
&= \$50.00
\end{aligned}$$

已知 1 年後的股利 (D_1) 是 $5.00, 故 5 年後的股利是 $D_5 = D_1 \times (1+g)^4 =$ $\$5.00 \times (1.05)^4 = \$6.0775$, 則 5 年後的價格是:

$$\begin{aligned}
P_5 &= [D_5 \times (1+g)]/(i-g) \\
&= (\$6.0775 \times 1.05)/(0.15-0.05) \\
&= \$6.38/0.10 \\
&= \$63.80
\end{aligned}$$

此例中, 換個角度來看, P_5 就等於 $P_0 \times (1+g)^5$:

$$P_5 = \$63.80 = \$50.00 \times (1.05)^5 = P_0 \times (1 + g)^5$$

為何會是如此呢？原因是：

$$P_5 = D_6 / (i - g)$$

由於 D_6 即是 $D_1 \times (1 + g)^5$，故 P_5 可寫成：

$$P_5 = D_1 \times (1 + g)^5 / (i - g)$$
$$= [D_1 / (i - g)] \times (1 + g)^5$$
$$= P_0 \times (1 + g)^5$$

此例說明股利成長模型的隱含假設：股價和股利會以同樣的固定成長率成長。意謂著，若是一項投資的現金流量是以固定成長率成長，則該項投資的價值亦同。即是以相同的成長率成長。

若是股利成長率 g 大於折現率 i，則股利成長模型又會怎樣呢？由於 $i - g$ 小於零，因此，似乎是股票價格會成為負的，但實際上並不然。

因為固定的股利成長率大於折現率時，股價會趨向於無限大，理由是股利成長率大於折現率，則股利的現值會越大，但若是股利的成長率等於折現率，情況亦是無窮大，此兩種情況下，用股利成長模型估計股利價值並不恰當。因此，除非股利成長率小於折現率，否則股利成長模型所得到的答案將會毫無意義。

然而，股利固定成長模型亦可同時適用於普通股股利及成長型永續年金。假設 C_1 是成長永續年金的下一期現金流量，則現金流量的現值是：

$$現值 = C_1 / (i - g) = C_0 (1 + g) / (i - g)$$

此式與普通永續年金相類似，但差異在分母是 $i - g$，而非 i。

3.非固定成長 (unfixed growth)

最後是以非固定成長的股利來探討，在此情況下，股利都在部分期間內

呈超常成長 (supernormal growth)，如前所述，股利成長率並非永久地大於必要報酬率，但在某一段期間內是絕對可能的。為了要解決估計和折現無限多期的股利之難處，因此要求股利在未來某個時點起始，以固定的成長率成長。

假設某公司，現在暫不發放股利，而預計 5 年後此公司會發放第一次股利，每股 $1.50，且預期往後股利將以 10% 無限期地持續成長，若這家公司的必要報酬率是 25%，則目前的股價又該是多少呢？

欲知目前股票的價值，要先找出公司發放股利時的股票價格，將未來值折算成現值，即是目前的價值。而第一次股利是在第 6 年才會發放，之後股利是以固定成長率成長，則利用股利成長模型，求得 5 年後之股價是：

$$P_5 = D_5 \times (1 + g)/(i - g)$$
$$= D_6/(i - g)$$
$$= \$1.50/(0.25 - 0.10)$$
$$= \$10.00$$

若 5 年後的股價是 $10.00，於 25% 的折現率下，今日之股價是：

$$P_0 = \$10.00/(1.25)^5 = \$10.00/3.0518 = \$3.2768$$

所以目前股票的價值是 $3.2768。

在非固定成長率的模型中，若前幾年的股利不是零，則問題將稍微複雜些，舉例來說，假設對於往後 3 年股利預測如下：

年	預期股利
1	$1.00
2	$1.50
3	$2.00

則 3 年後，股利將以每年 5% 的固定成長率成長。若是必要報酬率為 10%，試問，目前股價又該是多少呢？

利用時間線來處理非固定成長的相關問題，是有益的。圖 13.1 顯示，要

特別注意固定成長開始的時點。由圖得知，股利是從第 3 年開始呈現固定成長率成長。亦即可用固定成長模型公式來計算出時點 3 的股價，P_3。但最常犯的錯誤在於不正確定義固定成長的起始點，而導致錯誤的計算未來的股價。

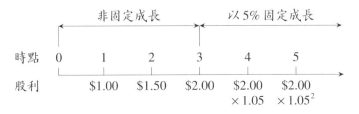

圖 13.1　非固定的成長

股價是表示未來股利之現值，要計算出此例的股價，須先算出 3 年後的股價，再加上未來 3 年期間的股利現值。則 3 年後的股價是：

$$P_3 = D_3 \times (1+g)/(i-g)$$
$$= \$2.00 \times 1.05/(0.10 - 0.05)$$
$$= \$42$$

把前 3 年的股利現值加上未來 3 年後的股價現值，就可得到該股票今日的總價值：

$$P_0 = \frac{D_1}{(1+i)^1} + \frac{D_2}{(1+i)^2} + \frac{D_3}{(1+i)^3} + \frac{P_3}{(1+i)^3}$$
$$= \frac{\$1.00}{1.10} + \frac{\$1.50}{1.10^2} + \frac{\$2.00}{1.10^3} + \frac{\$42.00}{1.10^3}$$
$$= \$0.91 + \$1.24 + \$1.50 + \$31.56$$
$$= \$35.21$$

因此，求得目前的股價是 $35.21。

範例 13.1.3　超常成長

協和公司近年來營運狀況良好，每年以 30% 成長率持續成長。此狀況可維持 3 年，之後成長率將調降到每年 10% 且永續不變，則股票的總價值又該

是多少呢? 剛發放的股利為 100 萬及必要報酬率是 20%。

依上述得知, 協和公司是屬超常成長的案例。而 30% 的高成長率是不可能維持太久的。因此要評估此公司的權益價值, 要先計算出超常成長期間的股利總額:

年	股利總額（單位: 百萬）
1	$\$1.00 \times 1.3 = \$1.3$
2	$\$1.30 \times 1.3 = \$1.69$
3	$\$1.69 \times 1.3 = \$2.197$

在第 3 年的價格計算公式是:

$$P_3 = D_3 \times (1+g)/(i-g)$$

以 g 表示長期的成長率, 故 P_3 是:

$$P_3 = \$2.197 \times 1.10/(0.20 - 0.10) = \$24.167$$

今日的價值是以上式金額 (P_3) 的現值加上前 3 年股利總額的現值求得的:

$$P_0 = \frac{D_1}{(1+i)^1} + \frac{D_2}{(1+i)^2} + \frac{D_3}{(1+i)^3} + \frac{P_3}{(1+i)^3}$$

$$= \frac{\$1.3}{1.20} + \frac{\$1.69}{1.20^2} + \frac{\$2.197}{1.20^3} + \frac{\$24.167}{1.20^3}$$

$$= \$1.08 + \$1.17 + \$1.27 + \$13.98$$

$$= \$17.50$$

得知目前股票的總價值是 1,750 萬。假若總共有 40 萬股的股票, 則每股的價值即是 1,750 萬 /40 萬股 = $\$43.75$。

◎ 13.1.3　必要報酬率的組成要素

要把必要報酬率即折現率 (i) 視為已知，前面章節中已針對此項主題說明之。現在要討論的是，以股利成長模型中必要報酬率所隱含的意義來敘述，由上式得知：

$$P_0 = D_1 / (i - g)$$

若將此式整理並解 i，即可知：

$$(i - g) = D_1 / P_0$$
$$i = D_1 / P_0 + g$$

必要報酬率 i 包含兩要素。第一是 D_1 / P_0，即是股利收益率 (dividend yield)。是由預期現金股利除以現行股價得知的，因此觀念上與債券的現行收益率相類似。第二是成長率，g。已知股利成長率即是股價成長率（參考第 13.1.2 節），因此，成長率可說是資本利得收益率 (capital gains yield)，亦即投資價值的成長率。

進一步說明必要報酬率的組成要素，假定現有一支股價是 $50 的股票，而下一期的股利是每股 $2.5，預估股利將以大約 25% 的速度持續地成長。若預測屬實，則此股票可得到多少的報酬率呢？

股利成長模型中的總報酬計算如下：

$$i = 股利收益率 + 資本利得收益率$$
$$i = D_1 / P_0 + g$$

此例中，總報酬是：

$$i = \$2.5 / \$50 + 25\%$$
$$= 5\% + 25\%$$
$$= 30\%$$

求得股票的報酬率是 30%。

所以可用 30% 的必要報酬率，來計算 1 年後的股價，驗證此解。依據股利成長模型，1 年後的股價是：

$$P_1 = D_1 \times (1 + g)/(i - g)$$
$$= \$2.5 \times 1.25/(0.30 - 0.25)$$
$$= \$3.125/0.05$$
$$= \$62.50$$

依上式 \$62.50 是 \$50×1.25 得來的，故股票價格正如預期的成長 25%。假定現在每股支付 \$50，若年底時收到 \$1 的股利，及 \$62.50 − \$50 = \$12.50 之資本利得，因此，股利收益率是 \$1/\$50 = 2%，而資本利得收益率為 \$12.50/\$50 = 25%，所以總報酬率是 2% + 25% = 27%。

精英公司是臺灣主機板的電子股，揮別了 1994 年以來的股價慘澹期，而進入轉虧為盈。在 2000 年和 2001 年股價的表現更是可圈可點，分別是 \$147 和 \$155。若是以精英在 2000 年和 2001 年股利發放政策得知在 2000 年的股利有 \$4.3，則 2001 年的股利有 \$5.5，若是要知道股利收益率和總報酬率，則可利用已知資料，計算出其投資者要求多少的報酬率。可自行算出，其股利收益率是 3.54%，資本利得收益率是 5.44%，故精英的股票的總報酬率是 8.98%。

13.2 股票與債券

公司募集資金對外舉債，或是對內發行股票有何差異，以及兩者最佳配置之決策考量，均已在第 12 章提及過。

13.3　普通股和特別股的特性

◎ 13.3.1　普通股特性

股份有限公司，普通股股東一般具有下列之權利：

1.參與經營權

股東可藉由股東會表決權之行使，直接（被選舉為董監事）或間接（選舉他人為董監事）參與公司之經營。

根據公司法之規定，股東常會每年至少召集一次（第一七○條）。除特別股外，每股有一表決權（第一七九條）❶。年度報表並應於股東常會請求承認（第二三○條）。經營虧損達實收資本二分之一時，董事會並應召集股東會報告 （第二一一條）。 本人不克出席股東會者， 可出具公司印發之委託書(proxy) 委託代理人，代理出席行使權利（第一七七條）。

至於股東會之表決方式，依公司法規定有三種：

(1)普通決議：股東會之決議，除本法另有規定外，應有代表已發行股份總數過半數股東之出席，以出席股東表決權過半數之同意行之（第一七四條）。

(2)特別決議：需三分之二出席，出席表決權過半數同意。例如：解任董、監事（第一七四條、第二二七條準用）、決定租售之重大經營決策（第一八五條）、以發行新股方式分派股息及紅利（第二四○條）、變更章程（第二七七條）、公司解散、合併或分割之決議（第三一六條）。

(3)改選董、監事之決議：選任董、監事時，每一股份有與應選出董、監事人數相同之選舉權，得集中選舉一人，或分配選舉數人（第一九八條）。此即學理上所稱之累計投票制。

累計投票法 (cumulative voting) 的終極目標是讓小股東有參與董事選舉

---

❶ 　故股份有限公司又稱為資合公司——看錢不看人；若是不論出資額大小，每一股東均有一票，則係有限公司之組織，又稱人合公司——看人不看錢。

的機會，若以累計投票的方式產生，則要先計算出一個股東所能得到的總票數，然而總票數是由股票數目（擁有的或控制的）乘以欲參與選舉之股東數目而得知。

使用累計投票法下，全部董事須在一次投票中選出。假設一家只有 2 位股東的公司：小張握有 20 股，老李握有 80 股；而兩人都想參與董事選舉，但老李並不希望小張當選董事，因此，假設總共要選出 4 位董事。意謂著得票數最多的 4 個人將是新任的董事，且任何一位股東均可用配票的方式來行使投票權。

小張是否可在董事會中佔有一個席位呢？若忽略 5 人同票的可能，則答案是肯定的，小張有 $20 \times 4 = 80$ 票，且老李將有 $80 \times 4 = 320$ 票，若是小張把所有的票都投給自己，絕對可獲得一席董事的位置。因為，老李無法以其 320 票均分給其他的 4 位候選人，而讓每位得票數均超過 80 票，故小張最起碼也可獲得第四高票。

若要選出 N 個董事，則將 $1/(N+1)\%$ 比例的股票再加上一股，即可取得一個席次。上例中，即是 $1/(4+1)\% = 20\%$。因此若要選出的席數越多，要取得一席尚稱容易（因為是所需的持股較少）❷。

🔄 範例 13.3.1　勝算知多少

奔騰公司的股票是以每股 $10 銷售，其具有累計投票之特性。目前有 10,000 股流通在外，若要選出 3 位董事，則必須花費多少，才能確保取得董事會的一個席次呢？

問題的關鍵在於，需要持股多少才能取得一個董事席次？結果是 [10,000 股 $\div (3+1)$] + 1 股 = 2,501 股。成本是 2,501 股 $\times \$10 = \$25,010$。為何是 2,501 股呢？因剩餘的 7,499 股無法均分給 3 人，且 3 人得票超過 2,501 票，假設前兩位股東各得 2,502 票，而第三人最多只能得到 $10,000 - 2,502 - 2,502 =$

---

❷　請比較另一種直接選舉法 (straight voting)，亦即普通決議方式，每次只能選出一位董事。每次的投票，小張均可拿到 20 票，而老李亦可取得 80 票。因此，老李將選出所有的候選人。其捷徑是保證席次是擁有百分之五十再加一股。同時亦保證可贏得每一席次。結論是，有可能取得所有席次，抑或是輸掉所有的席次。

2,495票，因此，可取得第三個的董事席次。

2.盈虧分配權

盈虧分派係由股東按其持有股份之比例為準（第二三五條）。

3.新股優先認購權

公司發行新股時,應通知原有股東按照持股比例優先認購(第二六七條)。

4.剩餘財產分配權

清償債務後，剩餘之財產應按各股東持股比例分派（第三三○條）。

◉ 13.3.2　特別股特性

公司除普通股之外，另外發行其他種股票，其股東在某些權利方面，較普通股股東享有優先權，或受有限制者，稱為特別股或優先股。故公司法第一百五十七條規定，公司發行特別股時，應於章程中訂定下列各項：

(1)特別股分派股息及紅利之順序、定額或定率。

(2)特別股分派公司剩餘財產之順序、定額或定率。

(3)特別股之股東行使表決權之順序、限制或無表決權。

(4)其他之權利義務事項。

特別股依發行公司章程之規定，可能具有下列之特性：

1.股利分配優先權

因其分配股利之定額或定率需載明於章程，若普通股股東所分配之股利超過特別股之股利時,是否可繼續參加分配,而分成參加特別股 (participating preferred stock) 與非參加特別股 (nonparticipating preferred stock)。 若因股東會決議本年度不分配股利,至於特別股股利是否需於未來年度補足者,而分成累積特別股 (cumulative preferred stock) 與非累積特別股 (noncumulative preferred stock)。

2.剩餘財產分配優先權

例如章程訂定,公司於清算償付負債之後,特別股股東可按每股 120% 分配剩餘財產,仍有剩餘時,才能分給普通股股東。

3.可轉換成普通股

例如章程訂定特別股於某條件下,得轉換成普通股。

4.可由發行公司贖回

公司法第一百五十八條規定,特別股得以盈餘或發行新股所得之股款收回之。

5.限制表決權

例如章程規定特別股無表決權,或每二股有一表決權,即是限制其表決權。

如上所述,若章程所訂之特別股條件為定率股利、累積、不參加,且無表決權,則與負債很相似;但假設當年度不分配股利,則與負債均需支付利息不同,所以特別股是屬於權益證券,而非負債。

13.4　股票流通市場

通常,股票市場可分為初級市場 (primary market)、次級市場 (secondary market)、第三市場 (third market) 及第四市場 (fourth market)。在初級市場或是新發行市場,係指公司初次發行股票給予投資人的市場。次級市場則是股票交易流通於集中交易（含集中交易之店頭市場）之市場,一般係指上市、上櫃、興櫃之股票。第三市場是指股票交易流通於證券自營商櫃檯買賣之市場,亦即非集中交易之店頭市場,一般係指已公開發行但未上市、上櫃或興櫃之股票。第四市場係指在沒有自營商或經紀商協助下,投資者之間的直接交易（可能係透過登報,或中間人等方式,找尋買主）,一般係指未公開發行之股票。

　　不同交易市場影響股票之流通性，股票不良之發行公司亦會影響眾多之投資大眾，故修正前之公司法規定，資本額 2 億元以上者，其股票必須強制公開發行。修正後僅規定，公司得依董事會之決議，向證券管理機關申請辦理公開發行程序（第一五六條）。亦即 2001 年 11 月修正之公司法，其精神已由強制公開發行改成自願公開發行。

　　所謂的公開發行公司 (publicly held corporations) 係指其股票可以對不特定之投資者公開銷售之行為；相對的，如果其股票只能對少數原有股東或特定人來發行，則稱為未公開發行公司。

　　公開發行公司若具備某些條件後，則可申請其股票上市、上櫃或興櫃。所謂上市，是指股票在集中交易市場 (organized exchange) 掛牌交易。而上櫃或興櫃，則是股票在店頭市場 (over-the-counter market, OTC) 集中交易。目前國內合法的股票集中市場和店頭市場都分別只有一家，即臺灣證券交易所和中華民國證券櫃檯買賣中心。

　　所謂興櫃股票交易制度，係指「已申請」上市、上櫃之公開發行公司，經二家以上綜合證券商書面推薦，經核准後，其股票即可在店頭交易市場集中買賣。此即政府為防止投資大眾在第四市場買到假股票、或地雷股票所做的改善措施。同時，政府自 2003 年 1 月 1 日起，申請上市、上櫃之股票，均必須先在興櫃股票市場交易滿 3 個月後，才可以上市、上櫃。

　　大部分的交易均涉及到證券自營商和經紀商，因此，自營商 (dealer) 和經紀商 (broker) 的定位確實顯得重要。自營商本身持有證券即可隨時進場買賣。反之，經紀商只是撮合買賣雙方間的交易，並無真正持有證券。

　　證券市場中，自營商可隨時將手中的證券與投資者交易，當投資者想要賣證券時，就予以買入，而當投資者想要買證券時，就予以賣出。自營商願意買入的價格稱為買價 (bid price)，而自營商願意賣出證券的價格稱為賣價 (ask price)，買價和賣價之間的差額就稱為價差 (spread)，此即自營商利潤的所在。

　　自營商存在於整個經濟體系內，而非只在股票市場中。另外，證券經紀商是在促進投資者之間的交易，即撮合投資者買賣雙方證券的流通，故證券

經紀商的主要特性在於不以本身的帳戶買入或賣出證券，其功效在保障投資者間的證券交易順利完成。

與本章主題相關的網頁資訊：

i9168 投資網——股票評價：http://www.i9168.com/ap/investment/valueate.html

Quote123 股市辭典：http://www.quote123.com/usmkt/edu/glossary/glossary.asp?SortBy=H

聯合新聞網——評價股票需科學知識及專業：http://udn.com/SPECIAL_ISSUE/DAILY/9009/03a/5-2.htm

淡江大學財務金融系全球資訊網——股利評價模式：http://www.bf.tku.edu.tw/winsider/financial_model/stock.htm

13.5　本章習題

1. 已知甲公司股利成長率為 5%，市價折現率是 10%，甲公司歷年只發放現金股利，1 年後現金股利將發放 1 股 1.05 元，已知該股票明日即將除息，那麼今天值多少元？

2. 甲公司去年的股利為每股 2 元，投資者預期甲公司今年與明年的股利成長率分別為 15% 與 20%；而從後年開始，股利成長率維持在 10%；假設投資者投資於甲公司應有的報酬率為 15%，則投資於甲公司的股票，今年的資本利得報酬率為多少？

3. 乙公司股票的市場資本化率 (market capitalization rate) 為 16%，而其股利年增率為 8%（每年），下年度之股利預計為 3 元。若乙公司的股東權益報酬率為 20%，則下年度每股盈餘為多少？

4. 承上題，則乙公司目前股票價值為多少？

5. 丙公司的普通股去年每股支付 3 元的股利，假定你預期在未來 2 年中，該公司股利成長率每年都等於 9%，並且你打算在買進該公司的股票後，持有 2 年就將它賣出，試問第 1 年的預期股利為何？

6. 承上題，假定適當的折現率為 15%，試算出未來 2 年中預期股利的現值為

何?

7. 承題 5.，若該公司普通股預期成長率每年固定為 9%，且普通股必要報酬率為 15%，則目前每股股價為多少？

8. 丁公司擅長承銷中小企業的新證券，最近其為某企業包銷一批新證券，承銷條件如下，包銷每股 30 元，發售 600 萬股，籌到 1 億 7,200 萬元的資金淨額，若丁公司在包銷這批證券時，其支付 600 萬元的費用，若證券以每股 28 元賣給投資大眾，則公司利潤為何？

9. 承上題，若以每股 30 元賣出，則公司利潤為何？

10. 戊公司每股股價目前為 20 元，剛發完每股 2 元的股利，而權益報酬率為 15%，若該公司的股利支付率為 60%，則盈餘成長率有多高？

11. A 公司股票的 β 係數為 2.5，無風險利率為 6%，市場上所有股票的平均報酬率為 10%。

試求算：

⑴計算該公司股票的預期收益率。

⑵同上題，若該股票為固定成長股，成長率為 6%，預計 1 年後的股利為 1.5 元，則該股票的價值為多少？

⑶同上題，又若該股票未來 3 年股利為零成長，每期股利為 1.5 元，預計從第 4 年起轉為正常成長，成長率為 6%，則該股票的價值為多少？

第 *14* 章

股東權益之管理
——股利及其政策

14.1　現金股利和股利發放　/ 299

14.2　股票股利、回購、分割、反向分割及現金增資　/ 303

14.3　股利政策攸關嗎　/ 305

14.4　影響企業支付低股利的主要因素　/308

14.5　影響企業支付高股利的主要因素　/ 310

14.6　股利政策　/ 312

14.7　公司股利分配政策的實踐　/ 316

14.8　對現實中影響股利政策因素的分析　/ 320

14.9　本章習題　/ 323

聯發科在 2003 年 4 月 2 日公佈 2002 年度股票股利 3.5 元和現金股利 8 元，聯發科員工分紅配股 1.9 萬張，4 月 1 日收盤價 263 元，相當於 952 萬元。聯發科大幅修正 2002 年度股利政策和員工分紅比重，總股利達 11.5 元，高於市場預期 10 元水準。

聯發科董事討論修訂公司章程，將原先現金股利分派不高於股利總額 70% 規定，修改為不低於股利總額 10%，未來現金股利分派上更具彈性。聯發科主管表示，美伊戰爭等大環境因素，為股價填權行情增添變數，考慮到公司股本膨脹問題，提高現金比重將為趨勢。

聯發科表示，依照 4 月 2 日股價 263 元為計算標準，除權後的參考價為 183 元，如將員工的股票及現金分紅予以費用化，對去年盈餘所造成的擬制性影響為減少 33%，相較過去各項指標，均用漸進式的調整，也獲大部分投資人認同。

對於外界質疑聯發科提高現金股利比重，但員工仍拿價值數百萬元的股票，仍然厚愛員工。聯發科主管表示，公司營收較前年成長 92%，稅後純益成長 83%，平均每位員工為公司創造近 7,000 萬元營收，但公司仍向下修正員工分紅比率，聯發科去年股權稀釋 5%，今年已降低。

聯發科董事長蔡明介 2003 年 4 月 1 日表示，聯發科聆聽來自各方面股東的意見，希望能平衡各方需求，員工分紅制度仍有價值，公司除了參考同業水準和員工績效表現，應同時考慮對股權及盈餘的稀釋程度，為股東、客戶以及員工創造三贏的局面。

公開發行公司之股利發放，乃關係著公司之財務狀況、資金流量、資本結構及公司股價與股東之期望，其影響甚大，故一家公司所發佈的股利政策其影響的層面之大由此可知。

本章將以股利及股利政策為主題，來介紹各種類型的股票及股利是如何發放等問題來做一番探討。

14.1　現金股利和股利發放

　　股利（dividend，我國公司法稱之為股息及紅利）係指從盈餘中發放出去的現金。若是所發放的是來自於目前或累積保留盈餘之外的，通常稱為分配 (distribution)，而非股利。

　　將盈餘的分配稱為股利，把資本的分配稱為清算股利 (liquidating dividends)。通常公司直接發放給股東的任何支付皆可視為股利或股利的一部分。常見的股利支付方式可區分為：

1.現金股利
　　以現金支付股利，它是股利支付的主要方式。

2.股票股利
　　以增加發放的股票作為股利的支付方式（公司法第二四〇條）。此部分又稱為「盈餘轉增資」。

3.建設股利
　　公司依其業務性質，自設立登記後，如需 2 年以上之準備，始能開始營業者，經主管機關之許可，得依章程之規定，於開始營業前分派股息（公司法第二三四條）。

4.財產股利
　　除現金以外的財產支付股利，主要是以公司擁有的其他企業的有價證券，如股票、債券等，作為股利支付給股東。

5.負債股利
　　公司是以負債支付的股利，將其應付票據支付給股東，不得已的情況下亦可發行公司債券，通常以公司的應付票據支付給股東，亦有發行公司債券抵付股利。

一般而言，財產股利和負債股利實際上是以現金股利來替代。這兩種股利方式在公司實務上很少使用，我國公司法亦僅規範前面三種。

1.現金股利之內涵

現金股利是最普通的股利型態。基本類型有：

(1)普通現金股利 (regular cash dividends)。

(2)額外股利 (extra dividends)。

(3)特別股利 (special dividends)。

(4)清算股利 (liquidating dividends)。

公司有時也會發放普通的現金股利及額外的現金股利 (extra cash dividends)。而部分的股利稱為「額外的」，係指管理階層認為在未來可能會或是不會再發放的額外股利。特別股利與額外股利相類似，但特別股利較不常發生。清算股利意即賣掉部分或全部的公司業務後，對於股東的支付而言。

不論是任何類型的現金股利發放都會減少公司的現金及保留盈餘，且清算股利亦可能減少實收資本 (paid-in-capital)。實務上，我國僅有發放普通現金股利。而且公司法規定，公司無盈餘時，不得分派股息及紅利。但法定盈餘公積已超過實收資本百分之五十時，得以其超過部分派充股息及紅利（第二三二條）。並以撥充其半數且發給新股為限（第二四一條）。亦即公積僅能發放股票股利為限，此部分又稱為「公積轉增資」。

2.發放現金股利的方法

發放股利的決策在於公司的股東會，決定發放基準日在於董事會。在公司宣告發放股利後，股利即成為公司的負債，不得任意取消之。在宣佈後的一段期間內，股利就會依特定日期發放給予所有的股東。

通常，現金股利的金額都是以每股的金額(每股股利, dividends per share)來表示。如同其他章節所提過的，股利可用市價的百分比（股利收益率, dividend yield）來表示，或以淨利（股利發放率, dividend payout）或每股盈餘的百分比來表示。接下來討論股利支付的程序。

3.股利支付的程序

股份有限公司的現金股利發放程序有四:

⑴股利宣告日 (declaration date): 公司董事會將股利支付的訊息及日期公告, 並宣佈每股支付的股利、股權登記期限、除去股息的日期和股利支付日期。

⑵停止過戶日 (除息日, ex-dividend date): 公司法規定, 在股利基準日前 5 日內, 股票停止過戶 (第一六五條), 稱為停止過戶日。停止過戶日以後買入之股票, 由於不能過戶, 即不能享有股利, 故停止過戶日, 又稱除息日。又我國民間習慣, 發放現金股利時, 稱為除息日; 發放股票股利時, 稱為除權日。若在集中交易市場買賣之股票 (上市、上櫃、興櫃), 因交割及過戶是在買進當天後的第二個營業日才完成, 故除息日離配股基準日至少都有 7 日。

⑶股利基準日 (standard date): 該日公司股東名簿所登記之股東, 有權分配股利, 故又稱股權登記日 (date of record)。股權登記日前在公司股東名冊上列名的股東, 可以分享股利。

⑷股利發放日 (date of payment): 向股東發放股利的確定日期。

4.現金股利發放程序之圖示

現金股利發放程序可由圖 14.1 來加以說明:

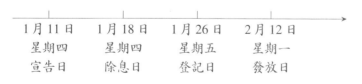

1 月 11 日	1 月 18 日	1 月 26 日	2 月 12 日
星期四	星期四	星期五	星期一
宣告日	除息日	登記日	發放日

圖 14.1　股利發放程序範例

⑴宣告日: 董事會在 1 月 11 日通過決議, 將在 2 月 12 日發放每股 $1 的股利給在 1 月 26 日列名的股東。

⑵除息日: 為確定股利發放到確實的股東, 由發行公司和證券交易所設立了除息日。在登記日前 5 日, 若在除息日前買入股票, 即具有配發

股利的資格。假如是在這天才買入股票，則前一個持有人將會獲得股利。假設張三於除息日前，1 月 17 日買入上市公司之股票，1 月 18 日交割手續完成，1 月 19 日領取股票辦理過戶。1 月 20 日週六係假日，21 至 25 日係法定停止過戶期間。26 日係股權登記日，是日股東名冊上已有張三之名字了，故享有分配股利。

在下圖 14.1 中，1 月 18 日，星期四，即指除息日。在除息日前，股票是以「附息」（with dividend or cum dividend）交易。除息日後股票是以「除息」(ex-dividend) 交易。

除息日明確訂定了股利的擁有者。由於股利具有價值，當股票除息時，其價格必會受到波及。隨後將會探討除息對股價之變化。

(3)登記日：公司依據 1 月 26 日的股東名冊，擬妥所有被認定的股東的名單。該名單即是記錄上持有人 (holders of record)，而 1 月 26 日，即是記錄日。此處的「被認定」是很重要的。若在這一天之前買入股票，由於郵寄或其他延誤疏失，公司的記錄並未反映該事實。如果名冊未修正，則股利支票會被郵寄給未過戶前之舊股東。此即依照除息日慣例的理由。

(4)發放日：股利支票是在 2 月 12 日寄出給予所有的股東。

5.除息日股價之變化

釜揚公司的董事會宣告要在 8 月 21 日星期三，對 7 月 31 日星期三有列名的股東發放每股 $2 的股利。若在 7 月 19 日星期五以每股 $60 購買 1,000 股的股票。何時是除息日？敘述現金股利和股票價格將會發生怎樣的變化。

除息日是登記日，7 月 31 日星期三之前 5 日，因此，股票將在 7 月 24 日星期三除息。假如是在 7 月 19 日星期五買入股票，則買的是帶息股票，亦即，將收到 $2 × 1,000 股 = $2,000 的股利。而支票將在 8 月 21 日星期三寄出。當股票在星期三除息時，其每股價值將在一夕間下跌大約 $2。

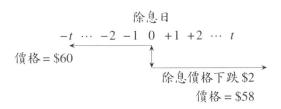

圖 14.2　$2 現金股利的除息前後價格行為

在除息日（時點 0），股票價格的下跌幅度就等於股利金額。如上例，股利是每股 $2，除息日的價格會等於 $60 − $2 = $58：

　　除息日前（時點 −1），股利 = 0，價格 = $60

　　除息日（時點 0），股利 = $2，價格 = $58

14.2　股票股利、回購、分割、反向分割及現金增資

1. 股票股利

　　股票股利係指以增加發放的股票作為股利支付給股東的方式。而股票股利的效果是增加股數，隨著股數的增加，單位股票的帳面價值會越低，乃是公司以向股東贈與股票的方式支付股利，但並不會導致股東權益的增加，而資金從留存收益帳戶轉入其他股東權益帳戶，由於有更多股份流通在外，故每一股的價值就變小。

　　股票股利通常是以百分比方式表示，例如：20% 的股票股利代表著一個股東目前每擁有 5 股，即可收到 1 股新股（增加 20%）。而每個股東所擁有的股票都增加了 20%，流通在外的總股數亦增加了 20%，其結果是每一股的價值減少了 20%。

　　股票股利之除權日 (ex-rights date) 時，其股價隨權值大小來調整（與現金股利，其股價係隨股利同額減少之情形不同），以 P_0 來代表除權日前一天

股票之價格，則除權參考價之計算方式如下：

$$除權參考價 = \frac{P_0}{1 + 配股率}$$

除權時股價依權值調整而下跌，但若股價持續下跌，跌到比除權參考價還要低，市場上稱為貼權；若除權後股價上漲，漲至除權前之價格以上者，稱為填權。

2.股票回購

股票回購係指公司買回已發行出去的本公司股票之行為，所買回之股票，稱為庫藏股 (treasury stock)，根據相關之法律規定，買回之庫藏股，需在一定期限內再出售，屆期未出售者，視為公司未發行之股份。有關買回庫藏股之限制條件及相關規定，請參考公司法第一百六十七條、第一百六十七條之一及證券交易法第二十八條之二。

3.股票分割

股票分割 (stock split) 係指公司將面額較高股票換成幾股面額較小股票的行為。而股票分割在增加流通在外股數和降低股價方面與股票股利相類似。

4.反向分割

反向分割 (reverse split) 是較罕見的財務策略。在 1 對 3 的反向分割中，每個投資者是以 3 股舊股交換 1 股新股的比例。此過程中，面值將變成 3 倍。如同前面所提過關於股票分割和股票股利的情形般，可以擬定一個反向分割對公司無實質變化的情況。而在現實世界的不完美，反向分割卻提出了三個攸關的理由。第一，反向分割後股東的交易成本較低。第二，當價格提高到一般的交易範圍時，股票的流通性和市場的適合銷售性，是可以改善的。第三，股票在特定價格水準下銷售被認為是不具實體的，意謂著投資低估了公司的盈餘、現金流量、成長及穩定性。財務分析師辯稱，反向分割可達成立即的尊重。與股票分割相同，上述理由無法令人誠服，尤其是第三個。

我國規定公開發行公司之股票每股面額固定為 10 元,故股票分割與反向分割在公開發行公司是不會發生的。

5.現金增資

現金增資與發行股票股利之情形相似，只是現金增資係有償配股；而股票股利係無償配股。與金融業有融資往來之公司，若自有資本率低，金融業為要求公司改善結構，最常使用現金增資之方式（增資常見有三種：現金增資、盈餘轉增資、及公積轉增資。後二種在第 14.1 節已介紹過）。

其除權參考價之計算如下：

$$除權參考價 = \frac{P_0 + (每股認購價 \times 認股率)}{1 + 認股率}$$

若同時有無償之股票股利，則其除權參考價之計算如下：

$$除權參考價 = \frac{P_0 + (有償配股每股認購價 \times 認股率)}{1 + 無償配股率 + 有償配股率}$$

我國上市、上櫃公司辦理現金增資案有逐漸減少的趨勢，2000 年時共有 40 家上市公司、60 家上櫃公司辦理現金增資；2001 年減少為 13 家上市公司、50 家上櫃公司辦理；至 2002 年上半年只剩下 5 家上市公司、20 家上櫃公司辦理現金增資。

14.3 股利政策攸關嗎

若要決定股利政策是否攸關，須先定義股利政策 (dividend policy) 意謂如何？股利政策係指，在其他情況不變下，股利要以現金方式發放出去抑或發放股票股利以留住資金再投資？其次，股利政策是股利發放的時間型態，亦即公司應該發放目前盈餘的大部分或是小部分（甚至零）作為股利呢？此即為股利政策探討的二大主題。

有利的論點是：股利政策是非攸關的。假設以諾德公司的簡例來說明此點。該公司是屬於存在 10 年的全部權益型公司。目前財務經理規劃在 2 年後將公司解散。包括清算所得，而公司在往後 2 年所能產生的現金流量是每年 80 萬。

1.目前政策：股利等於現金流量

兩個發放日的股利都設定等於 80 萬的現金流量。由於公司尚有 1 萬股流通在外，故每股股票是 $80。然而股票價值等於未來股利的現值。假設必要報酬率是 20%，則每股股票的目前價值，P_0，即是：

$$P_0 = \frac{D_1}{(1+i)^1} + \frac{D_2}{(1+i)^2}$$
$$= \frac{\$80}{1.20} + \frac{\$80}{1.20^2} = \$122.22$$

所以，整個公司的價值是 1 萬股 × $122.22 = 122.22 萬。

假定諾德公司董事會的部分成員已表示不滿意現行的股利政策，而要求提供一個替代方案。

2.替代政策：最初股利大於現金流量

一個可能的替代政策是公司在第 1 年發放日（日期 1）發放每股 $96 的股利。故此時的總股利支出是 96 萬，由於現金流量僅有 80 萬，而額外的 16 萬必須用他種方式募得。其方法之一是在第 1 年（日期 1）發行 16 萬的債券或股票，如果發行的是股票，新股東期望在第 2 年（日期 2）尚有足夠的現金流量，以期使在第 1 年（日期 1）的投資可淨賺得 20% 的必要報酬。

在新股利政策下，公司的價值又是多少呢？而新股東投資了 16 萬，且要求 20% 的報酬，因此在第 2 年（日期 2）將要求 16 萬 × 1.20 = 19.2 萬的現金流量，僅留 60.8 萬給原來的股東。所以，舊有的股東股利是：

	第1年（日期1）	第2年（日期2）
舊股東的總股利	96 萬	60.8 萬
每股股利	$96	$60.8

則每股股利的現值是：

$$P_0 = \frac{\$96}{1.20} + \frac{\$60.8}{1.20^2} = \$122.22$$

與前述的現行政策下的價值相同。

即使公司發行新股票來融資股利，然而，股票價值並不會受到股利政策轉移有所影響。實際上，公司不論選擇何種型式的股利來發放，此例中的股票價值將亙古不變。簡言之，對於該公司的股利政策並無產生任何的差異。理由是：在任何某一時點所增加的股利，正好被其他時點所減少的股利所抵銷。故將時間價值列入考量，其淨效果為零。

3. 自製股利

另一個解釋方式是，為何股利政策在上述的例子是非攸關的。假設個人投資者 A，偏愛在第 1 年（日期 1）和第 2 年（日期 2）皆收到每股 $80 的股利。當公司通知管理階層已經接納替代股利政策　（兩個日期的股利分別為 $96 和 $60.8）時，是否會很失望呢？未必，由於很容易把在第 1 年（日期 1）所收到的額外 $16 的股利，藉由再購買部分該公司的股票，以進行再投資。故在 20% 的報酬率下，該項投資將在第 2 年（日期 2）增加至 $60.8 + $19.2 = $80。

反之，若是投資者 B 偏愛 $96 的第 1 年（日期 1）現金流量和 $60.8 的第 2 年（日期 2）現金流量，但卻發現管理當局要在第 1 年（日期 1）和第 2 年（日期 2）各發放 $80 的股利。故該投資可簡單地把在第 1 年（日期 1）賣掉 $16 價值的股票，使其總現金流量增至 $96。由於該項投資的報酬是 20%，因此投資者 B 在第 2 年（日期 2）放棄了 $19.2（= $16 × 1.20），僅剩餘 $80 − $19.2 = $60.8。

該兩位投資者皆可藉由買進或賣出所持有的股票，將公司的股利政策轉換成不同的政策。是故投資者可創造出自製股利政策 (homemade dividend policy)。意即對公司股利政策不合意的股東可轉變為適合自己所需要的股利政策。對於任何一個公司所選擇的股利政策，都無特別的優點。

就股利與股利政策的攸關性而言，股利是非攸關的，若是每一個其他時點的股利均維持不變，那在任何單一時點，雖然投資者偏愛高股利，但若在

某一時點的每股股利都增加了，而其他每一時點的股利是維持不變的，則股票價格必定會上升，由於未來股利的現值必定上升。此種情形可能在當管理決策增進了生產力、稅負節省、產品行銷或其他改進現金流量的時候發生。

就股利政策的攸關性而言，股利政策本身並無法增加某一時點的股利並維持其他時點的股利不變。但股利政策建立了一個時點及另一個時點股利之間的取捨。若將時間價值列入考量，則股利流量的現值就不會發生變化。所以，股利政策是非攸關的，不論經理人員選擇增加或減少目前的股利，都不會對公司的現值造成影響。

14.4 影響企業支付低股利的主要因素

1.稅

稅法相當的複雜，但在很多方面皆會影響到股利政策。稅的主要特色來自於對股利所得 (dividend income) 和資本利得 (capital gains) 課徵不同的有效稅率。針對個人股東，股利所得的有效稅率 (effective tax rates) 比資本利得來得高。股利在繳稅時視為一般所得，而資本利得是以較低的稅率來課徵。且資本利得稅可遞延至股票出售時才予以繳納，由於稅的現值較小，故資本利得稅的實際有效稅率較低 (目前我國股利在個人綜合所得中，屬營利所得，且沒有 27 萬元利息所得免稅之優惠。股利在法人所得稅中，屬於完全免稅。至於資本利得，不論個人或法人，目前均係完全免稅。

採取低股利政策發放的公司將資金再投資，此種再投資增加了公司與股東權益的價值。在其他情況不變的情形下，再投資的淨效果是會提高未來資本利得的部分報酬。故資本利得的優惠課稅可能會導致偏愛低股利發放率政策。

股利的稅負缺失並不一定會導致公司不發放股利的政策。假設某家公司在投資了所有為正的 NPV 專案後，仍有超額現金 (該類型的超額現金常被稱為自由現金流量，free cash flow)。對於此超額現金，公司一般會有兩種互斥的作法：⑴發放股利或⑵保留超額現金投資於有價證券。而正確的股利政策

視個人所得稅稅率和公司稅稅率而訂定。

　　為了說明，假設晃氯藥品公司擁有 $10,000 的額外現金。公司可保留現金，將其投資在報酬率為 10% 的國庫券。而公司稅率是 35%，個人稅率是 28%。在這兩種政策下，投資者 5 年後的現金流量各是多少呢？

　　若是現在發放股利，股東將收到 $10,000 的稅前價值，即是 $10,000 × (1 − 0.28) = $7,200 的稅後價值。此為可以投資的金額。假如國庫券的稅前報酬率是 10%，則稅後的年報酬率是 10% × (1 − 0.28) = 7.2%。故 5 年後，股東將會有：

$$\$7,200 \times (1 + 0.072)^5 = \$10,193.1$$

　　若是該公司保留現金，投資國庫券，並在 5 年後發放所得，則現在將要投資 $10,000。但由於公司稅率是 35%，故國庫券的稅後年報酬率將是 10% × (1 − 0.35) = 6.5%。5 年後，投資的價值為：

$$\$10,000 \times (1 + 0.065)^5 = \$13,700.87$$

屆時若將此金額以股利發放給予股東，則股東將收到（稅後）：

$$\$13,700.87 \times (1 − 0.28) = \$9,864.62$$

此例中，若是公司立即發放股利，則股東 5 年後所獲得的稅後價值將會更高，原因是公司的稅後報酬低於股東的稅後投資報酬（在稅後基礎上）。

　　此例證明，對於擁有額外現金的公司，股利發放政策係依個人稅率和公司稅率而訂定。在其他條件不變的情況下，若個人稅率高於公司稅率時，公司即會降低股利發放的誘因。但若是個人稅率低於公司稅率時，公司就可將任何超額現金以股利的方式發放給予股東。

2.籌資成本

　　若是公司必須發放股利，它可以發行新股票。但銷售新股票的成本可能相當高。如在上述的討論中加上發行成本，則發售新股票會使得股票的價值

下跌。

假設兩家完全相同的公司，其中一家將其現金流量的較高百分比以股利發放。而另一家由於保留較多的盈餘，故權益成長得較快。若是這兩家公司經營的條件相同，則公司股利發放率較高的公司就必須定期銷售新股票，因為發行新股票的費用較高，故公司可能傾向於較低的股利發放率。

3.對股利支付的限制

於某些情況下，由於公司可能面臨發放股利的限制問題。例如，債券合約條款的一個共同特色是禁止某個水準以上的股利發放。其次，法律也禁止公司發放的股利超過保留盈餘。

14.5 影響企業支付高股利的主要因素

1.偏愛近期股利

許多被認為較傾向於目前所得，典型的例子即是退休的人員和其他依賴固定收入維生的人，即是所謂的「寡婦和孤兒」。該投資者被認為願意支付額外的價格，以換取較高股利的收益率。

這個論點在此例子中是並非攸關的。一個偏愛較高的目前現金流量，但卻握有低股利證券的投資者，可輕易地賣掉一些股份，來換取所需的資金，但若是對一個希望較低的現金流量，卻握有高股利證券的投資者，可以將股利再投資。此即為前面所提的自製股利論點。所以，若處在一個無交易成本的狀態，較高的現行股利政策對股東並無價值可言。

所得論點在現實世界裡可能是攸關的，由於銷售低股利涉及支付經紀人佣金和其他交易成本，亦可能對資本利得會造成影響。故直接現金費用可藉由投資在高股利證券而排除掉。而在銷售證券時，股東會耗掉時間及畏懼原先本金的損失，而導致許多投資者購買高股利證券。

為透視此論點，一般的金融機構，例如共同基金，可為個人以非常低的成本完成「證券重組」(security restructuring) 的交易。該仲介機構可購買低股

利股票，藉由一個可實現資本利得的控制政策，以支付給投資者較高的報酬。

2.風險釋放

消費性的投資者偏愛較高的現金股利，主要是由於高股利政策會使得股東獲利，因而消除了不確定性。

置於股東口袋裡的 $1 股利，總會比在公司銀行帳戶裡的 $1 來得有價值。由於現金股利就像是「抓在手中的鳥」較為紮實，而公司股利則像是「躲在林中的鳥」，隨時可能飛越而過。現在的股利未必轉化為未來的股利，則以投資者觀之，公司分配的股利越多，就表示其市場價值越大。

3.股利的稅負好處和合法利益

前面已提過，股利被課的稅對個人股東是不利的。該事實是低股利發放率的有力舉證。但尚有其他投資者，如法人股東，在於握有高股利收益率證券，而非低股利收益率證券時，也不會受到稅負上不利的待遇。

4.公司投資者

當公司握有另外一家公司股票時，即可享受到相當的股利減稅。而公司持股人所收到的普通股或特別股股利，均可得到百分之百的免稅待遇，而且出售持有之股票之損益（資本利得），目前也是免稅的。

由於股利免稅的優點，高股利、高資本利得的股票較適合公司持有。如同在其他地方討論過的，此即為何公司握有相當高比率的流通在外特別股。該股利在稅上的優勢也可能導致部分公司握有高收益股東來代替長期債券。由於公司從持有債券所收到的利息，並未有類似的免稅優惠。

5.免稅投資者

前面已提出低股利發放率在稅負上的優缺點。故此論點對於零稅率級距的投資者是非攸關的。這一群包括經濟上的最大投資者，如退休金基金 (pension funds)，捐贈基金 (endowment funds) 及信託基金 (trust funds)。

基於法律上的理由使得大型機構投資者偏好高股利收益率。第一，如退休金基金及信託基金，一般只是為了他人的利益而代為理財。該機構的管理

人員有受託責任 (fiduciary responsibility)，需精確地決定投資決策。若是購買無股利發放公司的股票，則法院會判決經理人未善盡保管之責。

第二，如大學的捐贈基金和信託基金，一般會被禁止動用任何基金的本金。因此該機構可能偏愛高股利收益率股票，才能擁有可動用的資金能力。

故這一群就如同寡婦和孤兒般，較偏好目前的所得。然而，它們所擁有的股票數目是非常龐大的。

14.6 股利政策

股利政策是公司經理所面臨的重要財務決策，亦是經濟學家所關注的重要問題。1956 年，哈佛大學教授約翰‧林特納 (John. Lintner) 首次提出了公司股利分配行為的理論模型，而 1961 年米勒和莫迪利亞尼 (Miller and Modigliani) 所提出的著名「股利無相關假說」，則成為股利政策理論的基石。此後的近 40 年裡，股利政策理論得到了進一步發展，並逐漸成為企業金融學的重要內容之一。對股利分配政策理論的瞭解，有助於理解上市公司股利政策的實踐。以下我們將介紹股利分配的主要理論發展：

1.股利無相關假說

傳統股利政策理論認為，投資者偏好現金股利，而不將利潤留給公司。就如前面所述的，然而米勒和莫迪利亞尼則認為，公司市場價值的高低，是由公司所選擇的投資政策的好壞所決定的。由於公司對股東的分紅只是盈利減去投資後的差額部分，且分紅只能採取現金或股票回購等方式，故若是投資政策已定，那在完全的資本市場上，股利政策的改變就僅意味著收益在現金股利與資本利得之間的變化。若投資者按理性行事，這種改變就不會影響到公司的市場價值及股東的財富。

需要特別指出的是，「股利無相關假說」是建立在「完全的資本市場」這個假設前提上。所謂完全的資本市場，必須具備以下四個條件：

⑴不存在稅負。

⑵資訊是對稱的。

⑶合同是完全的。

⑷不存在交易成本。

倘若上述假設條件有所改變，則情況就會發生很大的變化。由此不難理解「股利無相關假說」為何會被後來的經濟學家視為股利政策理論的基石，其原因並不在於股利政策與公司市場價值無相關的推論，而是隱含的喻示，在哪些情況下股利政策的變化可能會引起公司的市場價值發生相對的變化。而後來的股利政策理論，也都是沿用上述的假設條件之路徑演繹而成的。

2.股利分配的稅收效應理論

不存在稅收因素的情況下，公司選擇以何種股利支付方式並不重要。但若是對現金紅利和來自於股票回購的資本利得課以不同的稅負（如現金股利的稅負高於資本利得的稅負），則就公司及投資者而言，支付現金股利就不是最優的股利分配政策。由此可見，在存在差別稅負的前提下，公司會選擇以不同的股利支付方式，其不僅會對公司的市場價值產生不同的影響，也會使得公司（及個人）的稅收負擔出現差異。即使是在稅率相同的情況下，由於資本利得只有在實現時才繳納資本增值稅，故相對於現金股利而言，仍然具有延遲納稅的利益。從邏輯上來說，一個好的股利政策除了應使融資成本和代理成本最小化外，尚須使得稅收成本最小化。

3.股利分配的信號傳遞理論

當資訊對稱時，所有的市場參與者（包括公司自身在內）都具有相同的資訊。但在現實中常見的情況是資訊不對稱。信號傳遞理論認為，在資訊不對稱的情況下，公司可以透過股利政策向市場傳遞有關公司未來盈利能力的資訊。一般高質量的公司比較願意通過相對較高的股利支付率，來和低質量的公司加以區別，以吸引更多的投資者。但對市場上的投資者來說，股利政策的差異或許是反映公司質量差異的極有價值的信號。若公司連續保持較為穩定的股利支付率，那麼投資者就可能對公司未來的盈利能力與現金流量抱有較為樂觀的預期。則公司會以支付現金股利的方式來向市場傳遞資訊，且

也要付出較為高昂的代價。此代價包含：

(1)較高的所得稅負擔。

(2)一旦公司因分派現金股利而造成現金流量短缺，即有可能被迫重返資本市場發行新股，此一方面會產生不可少的交易成本，而另一方面又會擴大股本，攤薄每股的稅後盈利，對公司的市場價值會產生不利影響；

(3)若是公司因分派現金股利而造成投資不足，會喪失有利的投資機會，且會產生一定的機會成本。

　　儘管是以分派現金的方式向市場傳遞利多信號就需要付出很高的成本，但為何公司仍要選擇派現作為股利支付的主要方式呢？此難以破解的理論問題被布萊克 (Black, 1976) 喻之為「股利分配之謎」。

　　針對布萊克的「股利分配之謎」，經濟學家作出了各種不同的解釋。其中較有說服力的觀點有以下四種：

(1)聲譽激勵理論：由於公司未來的現金流量具有很大的不確定性，故將來能以較為有利的條件在資本市場上融資，而公司必須在事先建立不剝奪股東利益的良好信譽。而建立「善待股東」良好聲譽的有效方式之一即是「派現」。

(2)逆向選擇理論：相對於現金股利而言，股票回購的主要缺陷在於，若某些股東擁有關於公司實際價值的資訊，則就可能在股票回購過程中，充分利用此一資訊優勢。當股票的實際價值超過公司的回購價格時，就會大量競買價值被低估的股票；反之，當股票的實際價值低於公司的回購價格時，就會極力迴避價值被高估的股票。於是，便產生了逆向選擇問題，而派發現金股利並不存於此類問題中。

(3)交易成本理論：由於市場上有部分投資者出於消費等原因，期望從投資中定期獲得穩定的現金流量。故對此類投資者而言，選擇穩定派現的股票是達到上述目的最廉價的方式。原因是，倘若投資者是以出售所持股票的方式來套現，則就可能因時機選擇不當而蒙受損失。選擇

在何時以何種價位出售股票是需要投入時間和精力的，該交易成本的
存在使得投資者更偏好現金股利。

(4)制度約束理論：公司之所以選擇支付現金股利是由於「謹慎人」所起
的作用。所謂「謹慎人」，係指信託基金、保險基金、養老基金等機構
投資者出於降低風險的考慮，法律一般會要求該機構投資者只能持有
支付現金股利的股票，並獲得股利收入。若是公司不派現，則該種股
票就會被排除在機構投資者的投資標的外。

雖然股利分配的信號傳遞理論已被廣泛地接受，但有些學者對此仍持不同
看法。其主要觀點是：第一，公司目前的股利分配並無助於投資者預測公司未
來的盈利能力；第二，高派現的公司向市場傳遞的並非公司具有較好前景的正
面訊息，反之，是公司目前並無正現值的投資專案，或是缺乏較好投資機會的
利空訊息。由於上述反對意見缺乏實證考據，因此未能引起過多的關注。

4.股利分配的代理理論

在完全合同的情況下，公司經理與股東間並不存在代理問題。即使雙方
產生了利益衝突，股東也可透過強制履約的方式來迫使經理遵循股東利益最
大化的原則。但在不完全合同的情況下，公司經理與股東間的代理問題便因
而產生了。股利分配的代理理論認為，股利政策實際上是公司內部與外部股
東間的代理問題。在代理問題的前提下，適當的股利政策有助於保證經理按
照股東的利益行事。而所謂適當的股利政策，係指公司的利潤應當更多支付
給股東。否則，該利潤就會被公司的內部所濫用。較多的分派現金股利至少
具有幾點利益：一是公司管理者要將很大的部分盈利歸還給投資者，其可以
支配的「閒置現金流量」就相應減少，這可以抑制公司管理者為滿足個人成
為「帝國營造者」的企圖心，及擴大投資或進行特權消費，進而保護外部股
東的利益；二是較多地分派現金股利，可能迫使公司重返資本市場進行融資，
如再次的發行股票。此一方面使得公司更容易受到市場參與者的廣泛監督，
而另一方面，再次發行股票不僅為外部投資者藉股份結構的變化對「內部」
進行控制，而且再次發行股票後，公司的每股稅後盈利將被攤薄，而公司為

了要維持較高的股利支付率，是需要付出更大的努力。因此，這些均有助於
緩解代理問題，並降低代理成本。

特別提及的是，有關股利分配代理理論的研究，又有了新的進展。其中，
最重要的突破是從法律觀點來研究股利分配的代理問題。此類研究的主要結
論有三點：一是股利分配是法律對股東實施有效保護的結果；即法律使得小
股東能夠從公司「內部」獲得股利。二是在法律不健全的情況下，股利分配
可在一定程度替代法律保護；即在缺乏法律約束的環境下，公司可以透過股
利分配的方式，來建立起善待投資者的良好聲譽。三是受到較好法律保護的
股東，願意耐心等待良好的投資機會，而受到較差法律保護的股東則無此耐
心。為了獲得當前的股利，寧願丟掉好的投資機會。

14.7 公司股利分配政策的實踐

若從全球視察國外上市公司股利政策的實踐，可以發現，其具有以下幾
個顯著特徵：

1.公司將其盈利的大部分用於支付股利，而且分派現金一直 是公司最主要的股利支付方式

1971 年～ 1992 年間，美國公司稅後利潤中約有 50% ～ 70% 被用於支付
股利。即使是在此之前的若干年裡，該比例亦高達 40% ～ 60% (Alien and
Michaely, 1995)。從歷史上而言，在二十世紀 80 年代中期以前，分派現金一
直是公司最主要的股利支付方式，而股票回購則處於次要地位。1984 年和
1985 年兩年內，公司的股票回購（包括對普通股及優先股的回購）在數額上
起了很大的變化。之前，股票回購量僅佔公司淨收入的 5% 左右，之後，股
票回購量則約佔公司淨收入的 25% ～ 47%。與此同時，現金股利佔公司淨收
入的比率並未下降，故在這一時期，公司總的股利支付水平（包括分派現金
和股票回購在內）是上升的。但從全球來看，作為股利支付方式的股票回購
並不具有普遍性。

2.現金股利與資本利得間之稅收差別，對公司股利支付方式選擇的影響程度因國別而異

從美國的情況來看，在 1986 年「稅收改革法案」，現金股利是被當作普通收入課稅的，當時對現金股利徵收的稅負，平均邊際稅率約為 40%。而股東從公司回購股票中所取得的收入，是被當作資本利得而加以課稅的，其平均邊際稅率相對較低。而從英國與德國的情況來看，股利分配的稅收效應似乎較為明顯。例如，英國對個人股利收入與資本利得的課稅稅率均為 40%，而德國對個人股利收入與資本利得的課稅稅率分別為 53% 和 0%。由於存在著稅收上的頗大差異，因此，英國公司對股東分派現金股利遠大於德國公司，其股利支付率平均約為德國公司的 2 倍。

3.由國外股利分配的實踐來看，公司在決定股利政策時，均十分謹慎

多數公司都事先確定目標分紅率，即使是當期盈利大幅增長，而公司也不會立即大幅增派股利，往往是逐步提高派現率，再把股利支付慢慢調整到預定的目標分紅率水平上。由於公司管理者篤信市場對穩定的股利政策將給予較好的預期，故擔心股東把突然增加的分派現金當成「永久性」的股利分配政策。此種均衡分配股利的策略，使得股利分配顯示出極強的粘性特徵。比如，美國上市公司的現金股利佔公司淨收入的比例在二十世紀 70 年代約為 30% ～ 40%；到了 80 年代，該比例提高到 40% ～ 50%，而在 1971 年～ 1993 年間，美國增加股利的上市公司數目也遠多於減少股利的上市公司數目。

4.股票市場對公司增加分派現金的資訊通常做出正向反應，而對公司減少分派現金的資訊是負向反應

實證研究指出，公司股利政策的「告示效應」較為明顯。易言之，公司股利政策的變化與公司股價的變化是攸關的。通常，增加分派現金的公司股價通常會上升，而減少分派現金的公司股價會下跌。這印證了「信號傳遞理論」的可信性。此外，實證分析尚表明，當對分派現金課以較高的稅率時，

市場對現金股利的支付會做出更加強烈的有利反應。

5.法律環境對股利支付水平有很大的影響

包括立法狀況與執法質量在內的整個法律環境，對公司的股利政策具有攸關的重要影響。從哈佛大學與芝加哥大學的四位學者對全球 33 個國家 4,000 多家上市公司股利政策所做的比較分析,法律環境對股利政策的影響主要有下面幾方面：

⑴國家為了激勵投資者積極參與股票市場，從立法上對公司的股利政策作出了嚴格規定。此強制性的法律措施，既保護了外部股東的利益，亦同時界定了企業的最低股利支付水平。

⑵在英、美等實行「普通法」的國家中，法律對投資者所提供的保護要優於法國等實行「大陸法」的國家。因此，實行「普通法」的國家，上市公司的股利支付率明顯高於實行「大陸法」的國家。

⑶當法律能夠對股東提供較好的保護時，具有較好投資機會的公司會選擇低股利支付的政策。反之，當法律只能對股東提供較差的保護時，即使公司具有較好的投資機會，也會出於維持聲譽的考慮，而選擇較高股利支付政策。

⑷在具有良好法律環境的國家中，投資者更容易運用法律武器從公司獲取股利，當公司缺乏較佳的投資機會時，更是這樣。

⑸股東實際能從公司獲得多少紅利，不在於是大股東抑或小股東，而是在於是否敢運用法律武器，來抵制來自「內部」的壓力。在公司被經理或大股東等「內部」控制的情況下，最大的受害者是廣大的小股東。所以，小股東更具有分紅的偏好，為使自己的財富不被「內部」的控制所剝奪，小股東經常會運用法律武器來保護自己❶。

6.我國政府亦努力於推行平衡股利政策

根據統一投信統計，2001 年度上市公司配息金額首度超過配股金額，而

❶ 苑德軍、陳鐵軍，〈國外上市公司股利政策的理論與實踐〉，《經濟學動態》，2001 年第 8 期。

且股票股利配發金額創 5 年來新低，比前一年度減少逾51%。隨著無償配股數量銳減，未來股市籌碼增加速度將會放緩，再加上配息金額相對穩定成長，長期來看，臺灣股市資金、籌碼供需結構將會趨向良性，有助於吸引保守型資金投入股市。

　　1997 年～ 2001 年的上市公司配股總額及 1999 年～ 2001 年配息總額前 10 名之上市公司，列於表 14.1 及表 14.2：

表 14.1　1997 年～ 2001 年上市公司配發股利總額

單位：億元

	配息總額	配股總額	上市公司總家數
2001 年	1,360.54	1,155.39	584
2000 年	1,844.94	2,377.30	531
1999 年	1,130.85	2,299.55	462
1998 年	1,484.93	1,731.14	437
1997 年	1,055.06	2,564.03	404

資料來源：統一投信。

表 14.2　1999 年～ 2001 年配息總額前 10 名之上市公司

單位：億元

2001 年		2000 年		1999 年	
中華電	337.67	中華電	559.57	中　鋼	114.32
華　碩	79.08	中　鋼	131.23	國　壽	72.30
中　鋼	71.29	南　亞	57.56	南　亞	47.57
廣　達	52.61	國　壽	53.93	世　華	36.49
南　亞	40.66	華　碩	39.18	華　映	33.90
中信銀	39.97	臺　塑	38.53	一　銀	32.75
臺　塑	29.67	交　銀	37.48	臺　塑	31.81
鴻　海	26.53	中信銀	35.22	華　銀	31.78
台　化	23.66	世　華	34.18	新　壽	31.62
北　銀	22.31	廣　達	32.84	中　銀	30.11

資料來源：統一投信。

7.股票型基金：投資人投資股票亦可購買由專業經理人操盤之股票型基金

以下將 2002 年度國內股票型基金經營績效前 10 名者，列於表 14.3：

表 14.3　國內股票型基金經營績效排行榜

排名	基金名稱	報酬率 %
1	元大巴菲特	10.31
2	大華基金	9.15
3	新光競臻笠	6.04
4	日盛精選五虎	4.33
5	臺灣富貴	4.27
6	國際精選 20	1.07
7	大華高科技	0.76
8	統一大滿貫	0.00
9	怡富價值成長	−1.36
10	群益中小	−2.11
	加權指數	−16.29

資料來源：投信投顧公會，2002
年 11 月。

14.8　對現實中影響股利政策因素的分析

現實中影響股利政策因素的分析涉及了三個重要概念：股利的資訊內涵、顧客效應 (clientele effect) 和代理成本。而股利的資訊內涵揭示了股利的重要性和正確區分股利和股利政策的重要性；顧客效應指出現實中存有許多不完善之處，但股利支付比率並不如原先所預期的那般重要；代理成本係指出了發放股利對解決企業內部代理問題的作用。

1.企業股利政策的制定

⑴剩餘股利政策：剩餘股利政策係指把股利支付當成是投資機會因變數的股利政策。按剩餘股利政策，應先設定企業的目標資本結構，在這

資本結構下，企業加權平均的資金成本最低；其次，用企業的稅後利潤和增加相應的負債來滿足淨現值大於零投資機會所需的投資金額，若是企業在滿足了所有可接受的投資機會後仍有餘留利潤，該盈餘可作為現金股利發放。否則，將不予以支付股利。乃是為了滿足公司資金需求為訴求的股利政策。依此政策，公司可按下列步驟確定其股利分配額：

A.確定公司的最佳資本結構。

B.確定公司下一年度的資金需求量。

C.確定按照最佳資本結構，是要滿足資金需求所需增加的股東權益數額。

D.將公司稅後利潤首先滿足公司下一年度的增加需求，剩餘部分用來發放當年的現金股利。

⑵穩定股利額政策：以確定的現金股利分配額作為利潤分配的首要目標予以優先考慮，不隨著資金需求的波動而更動。此一股利政策有下列兩項優點：

A.穩定的股利額給予股票市場和公司股東一個穩定的資訊。

B.作為長期投資者的股東（包括個人投資者和機構投資者）期望公司股利能夠成為穩定的收入來源，以安排消費和其他各項費用支出，穩定股利額政策有利於公司吸引和穩定這部分投資者的投資。

採用穩定股利額政策，要求公司對未來的支付能力作出較好的判斷。而公司確定的穩定股利額不會太高，要留有餘地，以免形成公司無力支付的困境。

⑶固定股利率政策：要求公司每年按固定的比例從稅後利潤中支付現金股利。從企業支付能力的角度來看，這是一種真正穩定的股利政策，但此政策將導致公司股利分配額的頻繁變化，傳遞給外界公司不穩定的資訊，故很少有企業採用此股利政策。

⑷正常股利加額外股利政策：企業除了每年按固定股利額向股東發放稱為「正常股利」的現金股利外，另還在企業盈利較高，且資金較為充

裕的年度向股東發放高於一般年度的正常股利額的現金股利。而其高出部分即為「額外股利」。

2.公司股利政策對價格的影響

大部分企業藉由發放現金股利將部分盈餘和股東分享。但發放股利並不是單純地將現金分配給股東，公司董事會利用發放股利的機會，向股東和其他投資大眾傳達一些訊息。公司的董事可能在盈餘減少的訊息傳出後，即刻宣佈加發股利，作為向投資人表示盈餘減少會暫時性狀況的保證。而直接宣告增加股利發放的金額，只是在讓投資人明白，公司的狀況比盈餘結果還要佳。

藉由股利發放所散播的訊息，並非都如表面上所看到的好，或者應說投資人常被誤導。公司的董事散發該訊息給投資人以免股價下跌，其後各有不同的動機存在。公司的董事可能醞釀要發行相當數量的普通股，故將目前發行在外的股票維持在高價位。而另一個可能的動機是，公司的管理階層怕其他公司想要接收該公司，故將股票維持在高價位會使得收購成本更高些，而減少其發生的機會，抑或公司的董事只是錯估公司未來的發展，而無察覺到公司的財務體質已十分不健全。

公司的管理階層必須決定是否發放股利給予股東，若要發放，其金額是多少？而盈餘未發放的部分可再投資於企業，在未來幾年創造出更高的銷售和盈餘數字。亦即，盈餘再投資可讓公司的利潤增加，給未來提供發放更高股利的基礎。而公司亦可能在下一年度或接下來的好幾年都不發放股利，但以長期而論，幾乎可以肯定公司在未來會有足夠的現金流量，讓股東獲得更高的股利收入。但最重要的是，公司的低股利政策，是期許在未來能夠發放更多的股利。

與本章主題相關的網頁資訊：

財政部證券暨期貨管理委員會公告——股利政策：http://www.sfc.gov.tw/secnews/law/trait/89year/trait-1/891100116.html

高配息股題材：www.esunsec.com.tw/月刊——個股，新，專題／高配股息題材.html

聯合理財網每日話題區——聯發科股票股利政策：http://doc.money.udn.com/udndoc/feather01/ipo/ipok/7.htm

14.9　本章習題

1. 甲公司預期下年度的稅後淨利有 4,800 萬元，目前負債比率為 50%，且擁有 3,000 萬元的投資機會，則甲公司的權益融資為何？

2. 承上題，甲公司的股利為何？

3. 承題 1.，甲公司之股利支付率為何？

4. 在將每股股票分割成 2 股後，乙公司針對每股新股，發放了 3 元的股利，比起去年股票分割前的每股股利發放額高 20%，問乙公司去年發放多少每股股利？

5. 丙公司已接到可供其生產 6 個月的訂單，其打算投資 300 萬元購買機器設備，將產能擴大 20%，公司希望負債比率仍在 45%，其亦希望和去年一樣將稅後盈餘的 30% 作為股利，公司在去年稅後盈餘為 960 萬元，試問公司的權益融資需求為何？

6. 承上題，若發行成本為 0，則丙公司必須在今年市售多少普通股？

7. 某公司最近辦理無償配股，除權前收盤價為 $45，配股率為 20%，試問除權後參考價應為何？

8. 一般常用股利政策有哪些？

9. 剩餘股利政策其步驟為何？

10. 簡述企業對外投資風險的內容。

第 15 章

期貨市場

15.1　何謂期貨交易　/ 327

15.2　期貨商品　/ 329

15.3　外幣期貨　/ 332

15.4　股價指數期貨　/ 337

15.5　本章習題　/ 346

臺北股市週二震盪收小紅，加權指數上漲 40.24 點，收 3,964.28 點，成交量放大為 451 億。加權期指近月份合約上漲 69 點，收 3,965 點。摩根臺指近月份合約則上漲 1.2 點，收 165 點，逆價差 2.47 點。

一再破底的臺北股市，終於在週二稍見起色，開低再震盪壓低，清洗融資浮額後，即開始緩步攀高。在週一甫創下今年新低量之際，主力不採急拉權值股的模式，而以類股輪攻，震盪換手的手法推升指數，果然有效吸引場外買盤進駐，穩住多頭軍心。終場加權指數小漲 1%，但週一長黑實體的中價（即開收盤平均指數）3,972 點並未站上❶，僅於尾盤曾短暫突破，因此尚未構成反轉線型。

前此曾提示過，自 7 月初出現日線連六紅之後，至今象徵短多氣勢的連三紅都緣慳一面；況且自 8 月 23 日 5,030 點起跌至今，也只見過一次連二紅。故而在週一創波段新低量，週二又創盤中新低指數並收紅後，多頭若能再接再厲，在國慶日前後這兩個交易日持續上攻（最好都是開高走高），拉出連三紅，則由於前幾天所述的指標背離現象（價創新低，技術指標卻仍高於前波 9 月 5 日），至今仍然保持著，屆時將有一波較強的反彈可期。

操作上必須「大膽假設，小心求證」，若等到連漲 3 天再進場作多，顯然太遲。週三現貨若開高在週二高點 3,975 點以上，或盤中帶量突破 3,975 點，則待拉回此 3,975 點以下時，即可買進加權期指或摩臺指作多。多單進場後，可設停損於週二最低點❷。

在過去幾十年當中，由於資訊科技的快速發展及金融管制的鬆綁，世界金融市場因此面臨重大的變革。尤其是衍生性金融商品的出現，幫助投資者及企業管理者降低所面臨的風險。在國內證券市場全面邁向國際化與自由化之過程中，除了要積極的改善市場結構與體制外，未來大量資金的投入提供規避風險的環境也是當務之急。

期貨市場 (futures market) 的開始是由現貨買進賣出而發展至契約、期貨

❶ 未站上即未達到 3,972 點

❷ 楊念橋，〈大華晨訊〉，2002/10/09。

交易，期貨市場中的商品，範圍不再只是民生用品，更廣泛的包括利率期貨、股票指數期貨及外幣期貨等，期貨的操作在臺灣發展的年限尚短，本章擬就期貨市場作一簡單介紹。

15.1 何謂期貨交易

期貨交易 (futures trading) 指依國內、外期貨交易所或其他期貨市場之規則或實務，從事衍生自商品、貨幣、有價證券、利率、指數或其他利益之下簽訂契約之交易，而期貨契約 (futures contract) 是一種標準化的契約，由期貨交易所就某一特定商品制定標準一致的交割方式、品質、數量、交貨日期與地點，成交後由期貨結算機構負責擔保到期時契約的履行。亦即指買賣雙方約定，於未來特定時間，依特定價格及數量等交易條件買賣約定之標的物，可於到期前或到期時結算差價之契約。

◎ 15.1.1 期貨市場的功能

(1)價格之發覺，使商品價格有一定之走向。

(2)廠商、公司及個人投資避險。

(3)輔助現貨市場。

(4)提供市場資訊。

(5)投機性之交易。

(6)合理價格揭露。

(7)規避價格風險。

◎ 15.1.2 期貨保證金交易制度

從事期貨投資時，買賣雙方必須依照契約總值繳交一定成數的金額，稱之為期貨保證金。期貨保證金的目的是作為未來履約的保證金或當作清償虧損的本金。主要的保證金種類有二：

1.原始保證金 (initial margin)

是投資者進入市場交易時所必須有的保證金，其額度視商品之不同而有不同的原始保證金（一般約為契約總值的 5% 至 15%）。

2.維持保證金 (maintenance margin)

維持保證金通常為原始保證金的 70% 至 80%，若客戶保證金帳戶中，每日計算浮動損益後之餘額低於原始保證金時，期貨經紀商便會通知客戶補繳保證金至原始保證金之水準，客戶有義務於規定時間內補足差額，否則經紀商便有權利代客戶就該期貨部位平倉。

◉ 15.1.3　期貨交割方式

從事期貨交易的投資人，無論是持有多頭或空頭部位，只要在最後交易日前進行反向沖銷(平倉)，就不用進行交割。倘若未能平倉就必須進行交割，依期貨商品之不同，交割方式可分為二：

1.實物交割 (physical delivery)

當期貨契約到第一通知日 (first notice day) 後，期貨賣方即可提出交割通知書 (notice of intention to deliver) 要求交割，結算所將會指定任一該期貨之買方為交割的對象，買方一旦收到交割通知書就必須履行交割的義務，因此有期貨多頭部位時，最好於第一通知日前先行平倉，以防被指派交割。同時，賣方必須把儲存交割商品之指定倉庫或其代辦處之庫存收據交給買方，而買方接到收據後將貨款交予賣方，至此即完成交割程序。

2.現金交割 (cash delivery)

就某些期約而言，交割程序並無實物或實際的金融商品可供交換，如股價指數、歐洲美元、美元指數等金融期貨。若投資者到最後交易日仍未平倉，將根據現貨價格與最後交易日結算價格之差價進行現金結算。

15.2 期貨商品

所謂期貨商品 (futures commodity) 的交易，就是參與交易的當事人，就該商品在未來某一特定時間，以約定的數量、品質進行買賣。

期貨交易的行為，並不一定進行實物 (physical) 的交割；即在該期貨商品的最後交易日之前，交易的當事人可以將手中所持有的倉位 (position，或稱部位) 予以平倉 (liquid) 了結。實際上，有某些期貨商品無法進行實物的交割，如：S & P 股票指數期貨、CRB 指數。此類商品的創辦目的，通常是讓有相關性商品的對沖風險獲得便利性。

期貨交易的主要目的與意義，在於使商品能有較為公正的價格，讓供給面與需要面兩邊趨於平衡化，減低該商品有關的同業在經營上存在的風險。

為促進商品的價格能夠趨於公正、合理，就必須促使生產者與次級消費者雙方面之間，能夠加速的流通。也就是需要更多的參與者來加入市場，形成更多的買家與賣家，以進行更公開化的競爭，不至於形成交易上的斷層，此即所謂的「貨暢其流」。在活絡的市場情況下，商品的價格便能較為合理的波動，反映出真正基本面上的供需關係，與經濟環境下的影響。

因此，期貨商品交易的參與者中，除了必須有對沖風險需要的廠商、生產者、進出口商等等之外，也容許了非常多願意承擔風險的投機者 (speculator) 存在，用以活絡、潤滑市場的交易。

通常，投機者在可供交易的期間之內，利用差額結算的方法來進行相對的買賣，並在規定的時間屆滿前加以全部結清。

例如：投機者預測某種商品的價格將會上漲，因而先行買進；如果價格正如預期般的上漲後，則進行相對的賣出動作，即可獲得利益。相反的，若預測某種商品的價格將會下跌，亦可先行賣出放空；則當行情如預料般下跌，即可以進行買進回補的動作，此時亦可獲得利益。當然，預測與實際的行情走勢相反時，投機者的交易則將造成損失。

雖然，在大量投機者的參與下，免不了會有投機炒作的不當行為產生。

但是若與其能發揮市場上價格的潤滑功能相比較，則顯然正面的意義遠大於負面的意義。更何況，期貨商品的開辦目的，最主要在提供廠商的避險、對沖風險；而在另一方面，期貨交易的主管機關，通常也會對於投機者的持倉數量作一定的限制，以期盡量地降低炒作的不當行為。

◎ 15.2.1　期貨商品的種類

期貨商品的種類相當的繁多，基本上可以分為以下二大類：

1.商品期貨

商品期貨在期貨市場為最早交易的期貨商品，其中主要包括有農產品期貨、能源期貨及金屬期貨。

　(1)農畜產品期貨 (grain & livestock futures)：包括黃豆、黃豆油、黃豆粉、玉米、小麥、棉花、活牛、育牛、活豬、豬腩、燕麥、木材。

　(2)軟性食品期貨 (softs commodity futures)：包括咖啡、可可、糖。

　(3)能源期貨 (energy futures)：包括輕原油、燃料油、無鉛汽油。

　(4)金屬期貨 (metals futures)：包括黃金、白金、白銀、鈀金、銅、鎳、鉛。

2.金融期貨

1980 年代，金融期貨陸續開始在市場上掛牌推出後，其市場交易就相當活絡，是目前期貨交易中交易量最大的期貨商品。金融期貨主要包括有利率期貨、股票指數期貨與外幣期貨。

　(1)利率期貨 (interest rate futures)：為目前期貨商品市場中，成交量最大的期貨商品種類，包括：歐洲美元 (Eurodollars)、短期債券 (treasury bills)、中期債券 (treasury notes)、長期債券 (treasury bonds) 等。

　(2)股票指數期貨 (stock index futures)：包括標準普爾 500 指數 (Standard & Poor's 500 Index)、主要市場指數 (Major Markets Index)、價值線指數 (Value Line Index)、紐約股票綜合指數 (NYSE Composite Index，NYSE 為紐約證券交易所)、日經股票指數 (Nikkei Stock Average)。

　(3)外幣期貨 (foreign currency futures)：包括美元指數、英鎊、歐元、瑞士

法郎、日幣、加幣、澳幣。

◉ 15.2.2　影響期貨商品價格變動的因素

期貨商品價格的變動因素，大致上可以分為內在與外在二方面：

1.內在因素

⑴交易所政策及規範：

　　A.政府、交易所對市場所制定的規範。

　　B.管制的方針與政策。

⑵市場交易狀況：

　　A.市場的買賣情況與成交量。

　　B.現貨交運、庫存的數量、大戶的動向。

　　C.投資者在市場內的買賣狀況。

2.外在因素

⑴直接（商品本身）：

　　A.需求（消費市場）。

　　B.供給（生產收穫）。

　　C.倉儲量（出產地、消費地）。

　　D.出入口貿易狀況。

⑵間接：

　　A.經濟狀況：

　　　⒜貨幣、外匯市場的變化。

　　　⒝金融環境。

　　　⒞國際貿易平衡。

　　B.社會狀況：

　　　⒜氣候、自然災害。

　　　⒝財政經濟政策。

　　　⒞內亂、罷工。

C.世界局勢：

　　(A)資源、人口問題。

　　(B)經濟景氣。

　　(C)戰爭、政治、經濟糾紛。

15.3　外幣期貨

　　外幣期貨最早在 1972 年開始在美國的芝加哥商品交易所 (CME) 之「國際貨幣市場」(IMM) 掛牌交易。主要交易的幣別包括美元、歐元、英鎊、日圓等多種國際上重要的貨幣。 CME 到現在仍是全世界最大的外幣期貨交易所。外幣期貨的買賣雙方在簽約後，買方必須按契約所規定的到期日、金額、匯率向賣方購買某外幣。

◎ 15.3.1　外幣期貨契約

　　外幣期貨契約 (foreign currency futures contract) 是一種互換交易協定 (exchange traded agreement) 由買賣雙方公開喊價的方式，承諾在固定時間、地點及匯率下，在未來交割一個標準數量的外幣。

　　一般而言，外幣期貨交易所中最具代表性的是芝加哥商品交易所 (Chicago Mercantile Exchange, CME) 的國際貨幣市場部門 (International Monetary Market Division, IMM)； 費城股票交易所 (Philadelphia Stock Exchange, PSE) 的分支： 費城交易所 (Philadelphia Board of Trade, PBT)； 紐約期貨交易所 (New York Futures Exchange, NYFE)； 倫敦的國際金融期貨交易所 (London International Financial Futures Exchange, LIFFE)； 以及亞洲的東京、香港、新加坡等地期貨交易所。

1.外幣期貨契約的內涵

　　(1)特定交易量的契約 (a specific sized contract)： 例如在 IMM 中❸，瑞士

---

❸　從 2002 年7月1日起，歐元將代替各國貨幣，成為惟一法律貨幣。包括德國、法

法郎契約交易單位是 SF125,000，只有 SF125,000 的倍數才能交易。

⑵標準的匯率報價方式：在 IMM 內是以每一單位外幣（日圓為每 100 日圓）兌換多少美元來報價。

⑶標準的屆滿日 (expiration or maturity date)：在 IMM 的契約裡，屆滿日是在 1、3、4、6、7、9、10 及 12 月份的第三個週三。然而上述的屆滿月份並不適用於所有在 IMM 交易的外幣，另外即期月份 (spot month) 契約也有交易，其標準屆滿日不是限於當月份，而是往後的第三個週三。

⑷特定的最終交易日 (specific last trading day)：指期貨契約在特定交割月份能交易的最後一天。在 IMM 的期貨契約通常能交易到屆滿日（週三）的前兩個營業日 (business day)，在沒有假日時便是該週的週一。

⑸逐日清算的保證金：當每筆交易成交時買賣雙方需依各類契約的有關規定，繳入定額的期初保證金。因為是以市價決定期貨契約價格，及逐日清算 (mark to market daily or resettlement daily) 的結算方式來反映盈虧，所以通常交易所會規定維持保證金，當保證金餘額經清算後低於維持保證金，且投資人不補足差額時，交易所便可公開拍賣其契約。當市價有利於投資人時，盈餘會自動加到保證金帳戶上去，投資人可提領超額部分的金額。

⑹交割清算 (settlement)：一般只有 5% 的期貨契約買賣，雙方會在到期時履行實際交割清算，而大部分會在交割日前採行一個相反部位 (reverse position) 的交易以沖銷其原始部位。完整的一個買賣交易稱為一個整筆交易 (round-turn)。

⑺最低價格變動幅度 (minimum price fluctuation)：通常各交易所兌換各類的期貨契約價格，規定一個變動的最小幅度。如 IMM 規定每一英鎊報價的最低變動幅度為 US$0.0005/£，每張英鎊期貨契約單位為 £62,500，所以每張英鎊期貨契約的最小波動價格為 31.25 美元。在表

國、義大利、西班牙、荷蘭、比利時、盧森堡、奧地利、葡萄牙、芬蘭及愛爾蘭、希臘後來加入，歐盟的英國、瑞典和丹麥尚未加入。

15.1 中，除澳幣及加幣每張外幣期貨契約的最低波動價格為 10 美元外，其餘都是 12.50 美元。

(8)佣金 (commission)：只要報價一次，或請經紀人 (broker) 執行整筆交易就須付出佣金；與銀行間外匯市場裡的交易員 (dealer) 以買賣價差賺取利潤的方式不同。

(9)清算所 (clearing house)：所有契約都是客戶 (clients) 與清算所之間的協定，清算所同時扮演每一筆契約買方及賣方，可以免除交易時還要相互徵信的麻煩。

2. IMM 外幣期貨契約的規範

表 15.1　IMM 外幣期貨契約規範

契約類別	代號	交易單位	交割月份	營業時間*	價格變動最低幅度	每張價格變動最低幅度	保證金	
							期初	維持
澳幣 Australia dollar	AD	100,000	1、3、4、6、7、9、10、12 及當月份	7:20am 到 1:18pm (9:17am)	$0.0001	$10	$2,000	$1,500
英鎊 British pound	BP	62,500	同上	7:20am 到 1:24pm (9:20am)	$0.0005	$31.25	$1,500	$1,000
加幣 Canadian dollar	CD	100,000	同上	7:20am 到 1:26pm (9:21am)	$0.0001	$10	$900	$700
日圓 Japanese yen	JY	12,500,000	同上	7:20am 到 1:22pm (9:19am)	$0.000001	$12.50	$1,200	$1,500
歐洲通貨單位 ECU	EC	125,000	3、6、9、12 及當月	7:10am 到 1:30pm (9:00am)	$0.0001	$12.50	$2,000	$1,500

*括弧內為最後交易日的交易截止時刻。

15.3.2 外幣期貨的交易策略

一般外幣期貨投資人參與目的不外乎對沖避險 (hedging) 和投機 (speculation) 兩種：

1.對沖避險

市場參與者因預期未來將於現貨市場從事投資或吸收資金，預先在期貨市場購入或售出外幣期貨契約，以暫時替代未來現貨市場的交易，等參與者須於現貨市場購入或售出某筆外幣的同時，將原先所售出或購入的外幣期貨契約於市場上了結 (liquidation)。方法之一為預期未來外幣看漲時，採取「買入避險」(long hedge)，即先購入低價期貨契約，等購入外幣現貨的同時，便以高價售出當初購入的期貨契約；另一方法為預期未來外幣趨跌時，採用「賣出避險」(short hedge)，先以高價賣出期貨契約，等售出外幣現貨的同時，再以低價補回 (cover) 原來賣出的期貨契約。如此便能利用期貨價格和現貨價格平行變動的特性，大致鎖定現貨價格的變動風險。

2.投 機

⑴進行外幣部位交易 (open position trading)：預期某種外幣會升值，可預先買入持有部位 (long position)，以備日後價格上漲時賣出；反之，則賣出持有部位 (short position)，等待未來價格回跌時再予補回。

⑵進行套利及價差交易 (arbitrage or spread trading)：利用在同一市場或不同市場中，買賣不同幣別或不同期間（如買長賣短），以賺取兩種契約間不同變動幅度造成差異的利益。

我們試舉一例子，讓讀者對外幣期貨能更有進一步的瞭解。

偉業公司是一進口商，決定向德國某公司進口貨品。此貨品價值是 EUR125,000，而偉業公司必須於 1 個月後，以歐元支付。現在市場狀況是：

現貨市場 EUR0.8452/US$（即 US$1.1829/EUR）
期貨市場 US$1.2229/EUR

　　若公司不做避險的工作，1 個月後，歐元可能上漲，使得偉業公司必須以更多的美金才能換到 EUR125,000，致使公司可能蒙受損失。因此，偉業公司可採用外幣期貨合約來避險——亦即購買一歐元期貨合約（按 CME 的規定，一歐元期貨合約是 EUR125,000）。

　　1 個月後，歐元果真升值了，此時市場狀況是：

現貨市場 EUR0.8353/US$（即 US$1.1971/EUR）

期貨市場 US$1.2329/EUR

　　此時，與上個月比較，此貨品成本上升了 US$1.775 [=（US$1.1971 − US$1.1829）× EUR125,000]。但是因偉業公司已於上個月前購買歐元期貨合約，而以 US$1.2229/EUR 的匯率訂約。因此，若此時把此期貨合約沖回 (offset)，可獲利 US$1,250 [=（US$1.2329 − US$1.2229）× EUR125,000]。於期貨市場上的獲利 (US$1,250) 可以抵銷在現貨市場的損失 (US$1,775)，達到避險的目的。

　　但是，若歐元在 1 個月後不升反降時，偉業公司的處境又如何呢？

　　一般而言，若歐元幣值下跌時，偉業公司在期貨市場將有損失，但在現貨市場將會有利得，還是達到避險的目的。

　　可是，在上述例子中，雖然偉業公司在期貨市場與現貨市場簽約的金額都是一致的 (EUR125,000)，但卻無法達到完全避險 (perfect hedge) 的目的，即仍有 US$1,775 − US$1,250 = US$525 的損失。最重要的原因是：現貨市場與期貨市場匯率的變動不是完全一致的。以上述例子來說，基差 (basis)（= 期貨匯率 − 現貨匯率）由 US$0.0400 變為 1 個月後的 US$0.0458。最主要的原因是利率之故。

$$期貨匯率 = 現貨匯率 \times (1 + 利率)^n, \quad n = 期數$$

　　所以，當期貨愈來愈接近到期日時（期數愈小），現貨匯率會與遠期匯率愈來愈接近（基差的值會愈來愈小），直到到期日時，基差會等於零，期貨匯率會與現貨匯率一樣。儘管如此，外幣期貨仍有誘人的避險作用。

15.4　股價指數期貨

◉ 15.4.1　股價指數期貨的定義

　　股價指數期貨係交易所與交易者之間所訂立的一種以股價指數作為買賣基礎之標準化的遠期契約,內容規定在契約到期日時,買賣雙方要向交易所的清算部門辦理現金交割,也就是買方要付給交易所的清算部門或賣方要向交易所的清算單位收取等於指數若干倍金額,而在契約到期日之前,可作相反交易予以沖銷,而僅就差額部分辦理結算交割。

◉ 15.4.2　股價指數期貨的特徵

1.交易條件之規格化

　　股價指數期貨只要買賣雙方當事人都同意,任何條件皆有可能成立。則交易的標的,包括交易單位、清算期限、交割場所、交易時間等,均需予以標準化。股價指數期貨契約之價值,以股價指數之點數乘以某一特定倍數金額而得。例如:美國芝加哥商業交易所之 S & P 500 股價指數為 298.5 點時,則該期貨契約每口的價值為 149,250 美元(1 點 = 500 美元);如臺灣期貨交易所的臺指期貨的股價指數為 6,500 點時,則這期貨契約每口的價值為 1,300,000 元(1 點 = 200 元)。

2.交易所交易

　　為形成公平的價格,促進快速的成交,期貨交易均以標準化的商品在交易所集中交易的市場上做上市的買賣,交易所並提供各種設備來處理大量的供需及執行公開競價作業。

3.逐日清算

　　期貨交易可以針對自己原來買賣作反向操作,且不必等到結算日即可以

根據價差予以清算，為確保市場參與者均能履行清算責任，因而制定特有清算制度，即市場參與者根據成交金額的一定比例作保證金，繳交結算機構，此外便根據每日收盤評估每個參與者來瞭解餘額的盈虧。

4.保證金制度

保證金又分兩種，一為原始保證金，另一為維持保證金。在從事股價指數期貨並不需繳交整個契約價值的資金，僅需存入契約價值中一部分的金額作為保證金，就可以來從事交易，這種客戶開始交易所需繳交最少的金額，就稱為原始保證金，保證金的數目大約在買賣總金額的 1% 至 10% 之間。維持保證金則為保有期貨契約的最低金額，通常為原始保證金的八成。當開始從事交易後，每日收盤後，期貨經紀商會利用結算價對客戶的帳戶作逐日結算的工作（請參考第 15.1.2 節保證金制度）。

5.現金交割

指數期貨與其他商品期貨或其他金融期貨不同的是，它不像大宗物資期貨、或其他金融期貨，以物資或貨幣作為交易主體，股價指數期貨買賣的契約標的為股價指數。因此，指數期貨本質上根本沒有可供交割的實物，而只靠投資人繳付的保證金維繫，契約到期時結算交割僅能以現金方式為之。所謂「現金交割」，是在交割期限屆臨時，也就是在契約的最後交易日之第二天（或當天），以當時的開盤指數（或收盤指數）乘以特定倍數金額所計算出的契約價值與原交易價值相較，作為買方與賣方雙方從事現金收取或支付之依據。

◉ 15.4.3 股價指數期貨的功能

1.沖銷避險之功能

股價指數期貨交易最重要的即是降低股市價格波動之風險。為了使已擁有的股票現貨或未來將擁有的資產組合能減低其價格變動的風險，可以利用現貨市場和期貨市場處於相反部位對沖交易，以達到規避風險的目的。例如：已擁有股票現貨者，若預期未來股市有下跌的可能，便可於現在以較高的指

數賣出股價指數期貨。

2. 投機之功能

在股價指數市場亦可以取得價格波動的投機利益。雖然這項投機交易的風險較大，但獲利亦相當可觀，因此，吸引了大量純粹想賺取價差而沒有對沖需求的投機者進場交易，由於此種投機交易使股價指數期貨市場在短期內有較大的供需量，從而促進市場的活絡性。

3. 價格發現之功能

股價指數期貨市場的價格，係由眾多市場參與者對將來的價格預測所作的交易行為之結果。因此，所形成的價格為提供將來價格資訊的最有效的來源。

4. 套利之功能

指數期貨市場價格與股票現貨市場價格間存在合理的價差，根據持有成本❹(cost of carrying) 之概念，亦即，期貨理論價格等於現貨價格與持有現貨到期貨契約到期日所需支付的成本之和，當此價差高估或低估時，就提供了市場絕佳的套利機會，也為投資者在其願意承擔的風險程度內，提供了獲利的管道。例如：期貨價格偏低時則採賣出現貨股票並同時買入期貨，以套取無風險利潤，而此一力量自會使期貨與現貨價格回復均衡關係。

5. 增加市場流通性

指數期貨是以保證金方式進行交易，而且指數期貨市場保證金遠低於股票現貨市場辦理融資之自備款保證金，期貨保證金為成交價之 5%～20%，而股市交易上融資的自備款保證金為總融資之 50%，因此在較低廉保證金的要求之下，增加了期貨市場的流通性。

6. 增加市場的廣度

指數期貨市場與現貨市場同時存在，炒作者拉抬行情所需的資金將大幅

❹　基差表示持有成本的觀念，因為現貨與期貨商品即是同一個商品，只是計價的時間不同，所以有差異存在，然而理論上期貨價差應等於現貨價格上持有該現貨至期貨合約到期時的所有持有成本，含倉儲、保險及資金成本等。

增加（炒作者需在期貨與現貨市場同時拉抬，才不至於造成套利空間），如此將增加市場廣度，而市場廣度增加亦有助於穩定行情及減少價格波動。

◉ 15.4.4　如何利用股價指數期貨作現貨避險

金融工具的投資人常會發現他們持有的現貨在目前的市場狀況中處於不利的狀態。舉例來說，股票投資人常常在面對股市回檔時，不知道要出脫手中哪幾種股票，以及賣出的數量為何，尤其是處於獲利的狀態下，可能不願意出脫持股，但又不希望回檔時蒙受損失，此時，利用期貨合約來規避現貨價格下跌的風險將是一種很好的選擇。

1. 現貨的避險性

進行避險之前必須分析現貨與期貨的相關性，若兩者相關性高，則避險的可靠性較高，若兩者相關性低，則避險的可靠性較低，所以應評估其可行性，有時，需要避險的證券和期貨合約關係並不十分明確。例如：單一股票或股票資產組合用股票指數期貨合約避險時，其變動關係不明確，亦無絕對的數學關係。以下介紹迴歸分析法來計算加權避險比例。

2. beta 值與股價變動衡量

股價指數期貨往往被認為代表整體股市價格，但事實上股指期貨的代表性依其指數的包含股票及計算方式而定。

整體股市風險通常分為「系統性風險」和「非系統性風險」。系統性風險是指市場風險，而非系統性風險是指個別公司的股票風險。任何一種股票的總風險是系統性風險與非系統性風險的總和。

總風險 = 系統性風險 + 非系統性風險
（市場風險）　（個別公司風險）

我們用下面的例子來解釋系統性及非系統性風險，某年 A 股票的投資報酬率為 20%，B 股票為 10%，則在等比率的投資情況下，該年的投資組合報酬率為 15%，第 2 年，A 股票的投資報酬率為 25%，B 股票為 5%，則投資組

合報酬率依然為 15%。

如果投資人只投資一種股票，那麼報酬率可能會有很大的變動，但投資組合分散了風險，也穩定了獲利，所以非系統性風險藉由分散的投資組合，可以有效的降低，但是配合上系統性風險，也就是一般市場風險，就可以使用 beta 分析來估算。

3. beta 加權避險操作

beta 分析是估計股價的系統性與非系統性風險因素的統計法之一，此法使用迴歸分析比較單一股票回報 R_s 和市場回報 R_m。

$$R_s = a + bR_m + e$$

a 為迴歸式截距，b 為 beta 也就是迴歸式斜率，e 為誤差項。

beta 代表個別股票對系統性風險的敏感性，若股票的 beta 值小於 1，代表該股票的價格變動比市場價格變動小，為較保守的投資選擇；而 beta 值大於 1 的股票價格變動比市場價格變動為大，可視為較冒險的投資選擇。例如：若某種股票的 beta 值為 0.5，則市場上漲 10%，該股票上漲 5%，下跌時亦然；若某種股票的 beta 值為 1.5，則市場下跌 10%，該股票下跌 15%，上漲時亦然。

R-squared 代表市場的系統因素對股票影響的大小，R-squared 由 0 到 1，當其值為 0.8 時，代表該股票價格變動百分之八十受市場影響，百分之二十受非系統性因素影響，當其值為 0.2 時，則股價百分之二十受市場影響，百分之八十受非系統性因素影響。所以 R-squared 是評估股價指數期貨是否能有效避險的指標，例如 R-squared 為 0.8 時，表示百分之八十的股價風險可藉由指數期貨規避，R-squared 為 0.3 時，則表示百分之三十的股價風險可以指數期貨規避。

beta 值可以用來決定規避單一股票或股票組合系統性風險所需的期貨合約數。

所需之期貨合約數＝beta（股票總值／期貨總值）

⟳ **範例 15.4.1**

投資人將持有 15,000 股台積電股票，每股 150 元，而 beta 為 2.56，當時摩根臺指為 350，則投資人應用多少臺指期貨來規避風險？

$$所需合約數 = 2.56 \times (\$2,250,000 / 350 \times 100 \times \$33)$$

$$= 5 \text{ 個合約（當時新臺幣對美金的匯率為 33 比 1）} \quad \blacklozenge$$

上述的方法也能夠用於估算股票組合的期貨避險比例，第一步是找出投資組合中各股的 beta 值，再將股票價值乘上 beta 值，最後將調整值加總後和期貨合約價值比較。

$$所需之期貨合約數 = \sum_{i=1}^{n} (beta_i \times 持股數_i \times 股價_i) / 期貨價值$$

⟳ **範例 15.4.2**

投資人持有下列十五種股票組合，當時摩根臺指為 350：

股票名稱	持有股數	股 價	價 值	beta 值	調整值
國　壽	10,000	$135	$1,350,000	0.96	$1,296,000
華　銀	5,000	85.5	427,500	0.80	342,000
開　發	3,600	95	342,000	1.37	468,540
台積電	7,000	150	1,050,000	2.56	2,688,000
宏　電	5,200	70.5	366,600	1.08	395,928
茂　矽	4,300	48	206,400	1.00	206,400
長　榮	5,500	35.8	196,900	0.62	122,078
陽　明	8,000	22	176,000	0.65	114,400
太　電	11,000	35.3	388,300	1.18	458,194
農　林	5,000	84	420,000	1.53	642,600
永豐餘	7,000	17.2	120,400	0.41	49,364
國　產	7,500	72	540,000	1.23	664,200
六　福	2,500	95.1	237,750	0.92	218,730
味　全	8,000	65	520,000	0.79	410,800
中　橡	7,000	36.7	256,900	0.46	118,174
合　計			$6,598,750		$8,195,408

（投資組合的 beta 值 = $8,195,408 / $6,598,750 = 1.24）

所需合約數 = \$8,195,408 / 100 × 350 × \$33 = 7 口臺指期貨合約　◆

4. beta 的轉換操作

當股價下跌時，投資人可藉由賣出期貨減少損失，也就相當於把高 beta 值的股票換成低 beta 值的股票。反之，當股價上升時，可以買進期貨增加獲利，或換成高 beta 值的股票持有。我們可以利用下面的公式來計算由現有 beta 值轉到目標 beta 值，所須買入或賣出的合約數。

需轉換合約數 = (目標 beta 值 − 現有 beta 值)

× 股票組合價值 / 期貨價值

◈ **範例 15.4.3**

承範例 15.4.2，股價下跌，投資人希望 beta 值由原來的 1.24 降成 0.5，則：

$$(0.5 - 1.24) \times \frac{\$6,598,750}{100 \times 350 \times \$33} = -4.23 \text{（賣出 4 口期貨合約）}\quad◆$$

◈ **範例 15.4.4**

承範例 15.4.2，股價預期上漲，投資人希望 beta 值由原來的 1.24 上升至 1.8，則：

$$(1.8 - 1.24) \times \frac{\$6,598,750}{100 \times 350 \times \$33} = 3.2 \text{（買進 3 口期貨合約）}\quad◆$$

◉ 15.4.5　臺指期貨合約

臺灣期指有「臺股期貨」，也就是所謂的「大盤期指」，另外有電子類股期指、金融類股期指、摩臺期指等。以「大盤期指」為例：係以臺灣證券交易所的「加權指數」為標的，目前已推出「臺灣 50 指數」指數型期貨，擬 2003 年 6 月上市交易❺。

以臺灣的「臺股期貨」為例，第一次必須存足新臺幣 14 萬元的「原始保證金」，在合約存續期間，此保證金不得低於新臺幣 11 萬元，一旦低於此維持保證金限額，則必須補足保證金差額，才可繼續交易。而電子類股的期指原始保證金更高達 16 萬新臺幣。臺股本身有 7% 的漲跌幅限制，故臺股期貨的獲利與損失被限制在一定範圍內；臺指期貨合約如下所示。

表 15.2　臺指期貨合約

商　品	臺股期貨 (TX)	小臺指期貨 (MTX)	電子期貨 (TE)	金融期貨 (TF)
標　的	臺灣證券交易所發行量加權股價指數	臺灣證券交易所發行量加權股價指數	臺灣證券交易所電子類加權股價指數	臺灣證券交易所金融類加權股價指數
代　碼	TX	MTX	TE	TF
契約價值	指數×新臺幣 200 元	指數×新臺幣 50 元	指數×新臺幣 4,000 元	指數×新臺幣 1,000元
最小升降	1 點	1 點	0.05 點	0.2 點
漲跌幅	前一日結算價上下 7%	同臺股期貨	同臺股期貨	同臺股期貨
合約日期	自交易當月起連續 2 個月份，另加上 3、6、9、12 月中 3 個接續的季月，總共 5 個月份的契約在市場交易。	同臺股期貨	同臺股期貨	同臺股期貨
交易時間	正常營業日上午 8:45～下午 1:45	同臺股期貨	同臺股期貨	同臺股期貨
最後交易日	該契約交割月份第三個星期三，翌日為新契約的開始交易日。	同臺股期貨	同臺股期貨	同臺股期貨
最後結算日	最後交易日的次一營業日。在最後結算日時所有未平倉契約以最後結算價現金結算。	同臺股期貨	同臺股期貨	同臺股期貨
最後結算價	以最後結算日臺灣證券交易所依本指數各	同臺股期貨	同臺股期貨	同臺股期貨

❺　臺灣證券交易所臺灣 50 指數 (TSEC Taiwan 50 Index)，編製方法是經嚴格篩選程序，挑選出上市股票中市值最大且符合篩選條件的 50 支股票作為指數的權重。

部位限制	成分股當日開盤價計算之指數訂之。前項開盤價係採當日第一筆成交價，惟當日市場交易時間開始後 15 分鐘內仍無成交價者，以當日市價升降幅度之基準價替代之。		
	自然人300個契約	自然人600個契約	自然人 300 個契約
	法人機構 1,000 個契約（可向期交所申請豁免部位限制）	法人機構 2,000 個契約(可向期交所申請豁免部位限制)	法人機構 1,000 個契約(可向期交所申請豁免部位限制)

※上表最後一欄另含「自然人 300 個契約／法人機構 1,000 個契約(可向期交所申請豁免部位限制)」

15.4.6　臺指期貨合約之範例

表 15.3　臺指期貨合約之範例

項　目	作　多	作　空
狀　況	王先生於大盤止跌回升時，買進 1 口臺指期，價位 5,100，在上漲至 5,580 時賣出平倉。	陳小姐見某重大事件認為臺股大盤必定受影響，故放空（賣出）3 口臺指期、價位 6,580，並於 6,200 點時回補平倉。
毛　利	$(5,580 - 5,100) \times 200$ 元／點 $= 96,000$ 元	$(6,580 - 6,200) \times 200$ 元／點 $\times 3$ 口 $= 228,000$ 元
期交稅 稅率0.025%	買進 $5,100 \times 200$ 元 $\times 0.025\%$ $= 255$ 元 賣出 $5,580 \times 200$ 元 $\times 0.025\%$ $= 279$ 元	賣出 $6,580 \times 200$ 元 $\times 3 \times 0.025\%$ $= 987$ 元 買進 $6,200 \times 200$ 元 $\times 3 \times 0.025\%$ $= 930$ 元
手續費	買進 1,200 元 賣出 1,200 元	賣出 $1,200$ 元 $\times 3 = 3,600$ 元 買進 $1,200$ 元 $\times 3 = 3,600$ 元
獲　利	$96,000 - (255 + 279 + 1,200 + 1,200)$ $= 93,066$（元）	$228,000 - (987 + 930 + 3,600 + 3,600) = 218,883$（元）

◎ 15.4.7 結　論

由上述的介紹可以瞭解期貨操作可與股票現貨操作相輔相成，隨著市場的變化，可藉期貨操作來做現貨的加碼或避險，最重要的是，期貨交易的成本較低，投資人可以以低成本來達到調整投資組合的目的。

與本章主題相關的網頁資訊：

財政部證券暨期貨管理委員會：http://www.sfc.gov.tw/

臺灣期貨交易所——期貨商品：http://www.taifex.com.tw/

復華期貨——期貨百科：http://www.fuhwa.com.tw/fuhwa-futures/

台育期貨—— SIMEX 台股指數期貨：http://future.etop.com.tw/introduce/f-b10.php

中國文化大學全球教育網——金融期貨交易釋例：http://www.sce.pccu.edu.tw/sce/studybase/06law/35-2-02.asp

15.5　本章習題

1. 何謂期貨交易？

2. 何謂外幣期貨契約？

3. 何謂股價指數期貨？

4. 衍生性商品之定義為何？

5. 期貨商品的種類？

6. 期貨交易的參與者？

7. 期貨交易的功能為何？

8. 何謂強迫平倉？何時會發生？

9. 期貨交易與一般證券投資有何不同？

10. 何謂股價指數期貨？

11. 交易股價指數期貨與買賣股票有哪些區別？

12. 期貨交易避險者與投機者有何不同？

第16章
選擇權市場

16.1 選擇權 / 348
16.2 外幣選擇權 / 354
16.3 股票指數選擇權 / 362
16.4 臺指選擇權 / 365
16.5 結　論 / 367
16.6 本章習題 / 368

　　遠在古希臘羅馬時代就有選擇權 (option) 交易模式形成；在十八世紀時，櫃檯交易的股票和農產品選擇權就很活躍；在交易所上市的選擇權交易則遲至 1973 年芝加哥選擇權交易所（CBOE）成立後才開始。至於期貨選擇權，則是在 1982 年 10 月正式登場，其標的物是美國長期公債和糖的期貨合約。從此以後，期貨選擇權和其他的選擇權交易，如雨後春筍般紛紛開始運作，到了 1992 年主要的期貨契約大都已附有選擇權的交易,且選擇權契約的交易量佔該商品合約交易量約 40%，可說是最有潛力的金融商品。

16.1　選擇權

1.選擇權的定義

　　選擇權是一種契約，其買方有權利但沒有義務，在未來的特定日期或之前，以特定的價格購買或出售一定數量的標的物。選擇權所表彰的是一種權利，選擇權買方支付權利金，取得買權 (call) 或賣權 (put)，於特定期間內，依特定價格及數量等交易條件買賣現貨之契約；選擇權之賣方，於買方要求履約時，有依選擇權約定履行契約之義務。

　　所謂的選擇權，即是指標的物為期貨合約的選擇權，所以形成一種衍生性商品的再衍生金融工具。依據我國的國外期貨交易法第四條的定義：「期貨選擇權契約：指依國外期貨交易所之交易規則所定，期貨選擇權買方支付權利金，取得購入選擇權或售出選擇權，於特定期限內，依特定價格及數量等交易條件買賣期貨之契約；或期貨選擇權賣方，於買方要求履約時，有依選擇權約定履行義務之契約。」

2.選擇權的類別

　　⑴未來購入現貨的權利，稱作買權 (call)。

　　⑵未來售出現貨的權利，稱作賣權 (put)。

3.享受權利者和負擔或有義務者

⑴享受權利者即為選擇權之買方，或稱作持有人。有權利但無義務履約，
　所以必定在履約可獲利時執行權利。

⑵負擔或有義務者即為賣方，先收取買方所支付之權利金，當買方要求
　履約時，有義務依約履行。為防止有違約之虞，故賣方需繳交保證金。
選擇權的一大特色即為權利和義務的不對稱職務。

4.選擇權的權利期間

買方權利的行使有一期限，稱作到期日或失效日，而到期日距今的時間
即為權利期間。

5.股價指數期貨選擇權

股價指數期貨選擇權是期貨選擇權商品種類之一，因此期貨選擇權的介
紹即涵蓋股價指數期貨選擇權。所以以下我們逐步由選擇權的定義和構成要
素來正確的認識期貨選擇權，其後探討影響價格的因素及其交易策略，最後
將選擇權和期貨合約作一比較。

6.權利金

即選擇權的價格。買方在進場時即支付權利金予賣方以取得權利。權利
金代表選擇權的價格，影響選擇權價格的因素包括：標的市價、履約價格、
無風險利率、權利期限、標的波動性。

7.型　　式

選擇權可以依履約時間的不同，分為美式選擇權及歐式選擇權。美式選
擇權在到期日前之任何時點，買方皆可要求履約，而歐式選擇權僅能在到期
日當天履約，買入或賣出標的物。

8.影響選擇權價格的因素

選擇權是期貨的衍生性商品，因此其價格必受期貨價格的影響。很明顯
地，若現貨目前價格上揚，則買權必跟著水漲船高，而賣權價格則降低，這

是隨著行情而改變。其二考慮履約價格的高低，履約價低的買權，其權利金
必然高，因為買方有以較低價格買進的權利；反之一個賣權則在履約價高時
較昂貴。其三為無風險利率的影響，利率愈高，履約價格經折現後價值會愈
低，因此對買權的影響是正向的，即價格變高；而對賣權是負向的影響。其
次讓我們討論權利期間和現貨價格波動兩項因素。權利期間愈長，則不論買
權和賣權此兩種權利可行使的期限加長，權利金自然要多付，因此皆為正向
的關係；期貨價格波動性，通常用價格差來衡量。波動性愈大的期貨商品其
選擇權的價格愈高。以向上波動而言，買權獲利無限而賣權損失有限；以向
下波動來說，買權損失有限而賣權獲利無限。綜合二者，則波動性對買、賣
權的買方而言仍是有利的，所以權利金會較高。綜合以上五點因素，可整理
成下表：

影響因素	目前價格 S	履約價格 K	無風險利率 R_f	權利期限 T	波動性 σ
買權 call	+	−	+	+	+
賣權 put	−	+	−	+	+

在此我們要介紹二項重要的名詞：一是選擇權之價內、價平與價外；二
是選擇權之內含價值與時間價值。

⑴價內、價平、價外：價內選擇權指買方在此時要求履約即可獲利。因
此價內買權，必是當目前價格高於履約價格 ($S > K$)，買方可要求履約
以低價買進，旋即以較高的市價賣出；而一價內賣權，則必是目前市
價低於履約價格，以高價賣出，而以較低的市價買回。原文書中以
in-the-money，更為傳神。若市價正等於履約價格，稱作價平選擇權；
若 $S < K$ 的 call 和 $S > K$ 的 put，買方在此時履約得不到任何好處反而
有損失，則稱作價外選擇權。

⑵內含價值、時間價值：選擇權的價值可分為兩部分：一是內含價值
(intrinsic value)；二是時間價值 (time value)。所謂的內含價值，就是價
內選擇權立即履約所獲得之利潤。而時間價值就是買方對價平或價外
選擇權進入價內或已為價內，但更深入價內的一種期望，所願意支付

的權利金，這種期望會隨著時間的消逝而機會愈來愈少，直至到期日為零，所以稱作時間價值。

9.為何要用選擇權

(1)獲利無限，風險有限：當買進選擇權時，就如同買進公益彩券，獲利無限大，風險則只是損失權利金。

(2)成本優勢：手中資金有限，希望賺取股市上漲之利潤，可買進買權；股市下跌，無法融券放空，可買進賣權。

(3)避險：投資股票，可以買進賣權或賣出買權的方式避險。選擇權買方避險後，因支出權利金數額不大，當股票或期貨指數呈現獲利時只要獲利金額扣除權利金為正值時，買方可任股票或期指持續獲利而不需解除避險部位（就如買了保險一樣）。

(4)賺取時間價值：賣出選擇權類似於開保險公司，交易人收取保費承擔風險，此風險隨著時光的流逝呈現遞減的狀態，可賺取時間價值。

(5)可依個人需要設計不同的交易組合（其交易策略於下文說明）。

　A.看大漲：buy call。

　B.盤整看漲：sell put。

　C.盤整：straddles、strangles。

　D.盤整看跌：sell call。

　E.看大跌：buy put。

　F.價差：bull call (put) spread、bear call (put) spread。

　G.避險：buy protective put、buy protective call。

　H.其他組合運用。

10.交易策略簡介

主要可分三大部分：

(1)單一選擇權的操作：單一部位的操作是其他各種交易策略的基石，若有清晰的觀念則千變萬化的組合皆可迎刃而解，其操作的時機大致如下：

A.買入買權 (buy or long one call)：

(A)預期標的物價格上漲。

(B)將買進標的物決策遞延。

(C)降低直接放空標的物（現貨或期貨）的風險。

B.買入賣權 (buy or long one put)：

(A)預期標的物價格下跌。

(B)將賣出標的物的決策遞延。

(C)降低直接作多標的物的風險。

C.賣出買權 (write or short one call)：

(A)預期標的物價格會稍微下跌。

(B)為已持有的標的物設定賣點，且嚴格執行。

(C)為已持有的標的物提供有限度的避險。

D.賣出賣權 (write or short one put)：

(A)預期標的物價格會稍微上漲。

(B)為欲持有的標的物設定買點，且嚴格執行。

(C)為已放空的標的物提供有限度的避險。

(2)價差選擇權交易：價差選擇權交易指的是將同一類，但不同系列的選擇權組合起來的投資策略。所謂同一類，即指皆為 call 或皆為 put；所謂不同系列，即指組合的月份不同或履約價不同，前者稱作水平價差，後者稱作垂直價差。若二者皆不同，則稱作對角價差。以下介紹垂直價差的兩種型態：

A.看多價差交易：

(A)若以買權來組合，則買入履約價較低之 call，並賣出履約價較高之 call。

(B)若以賣權來組合，則買入履約價較低之 put，並賣出履約價較高之 put。

B.看空價差交易：

(A)若以買權來組合，則買入履約價較高之 call，並賣出履約價較低之

call。

(B)若以賣權來組合，則買入履約價較高之 put，並賣出履約價較低之 put。

(3)混合式選擇權交易：混合部位指的是同時買進或賣出權利期間相同的 call 或 put，若履約價相同，則形成跨式 (straddle)，若履約價不同，則組合成垂直混合式 (strangle)。

A.買進履約價相同的 call 和 put，形成下跨式，當期貨大漲或大跌時獲利。

B.賣出履約價相同的 call 和 put，形成上跨式，當期貨在損益兩平區間盤整時獲利。

11.操作技巧

(1)注意到期日：由於選擇權的時間價值有隨時間遞減的特性，因此何時賣就顯得很重要；賣得太早，距離到期時間長，時間價值遞減速度緩慢，資金的機會成本增加；賣得太晚，時間價值低落，可能就無利可圖；依據選擇權的定價理論，時間價值於到期前 4 週起遞減速率開始加快，在此時賣出選擇權可獲得最大的資金使用效率。

(2)長波段行情後：在長波段行情後，多半會進入混亂無秩序狀況，開始陷入盤整震盪格局；由於市場的不確定性大增，此時的權利金價值也較高，加上因是盤整格局，時間的消逝對賣方有利，故是最佳賣出選擇權的時機點。

(3)行情多半時間均為盤整走勢：明顯趨勢的行情令人亢奮，不過大部分的商品和大部分的市場多數的時間內是處於盤整的狀態；在沒有行情的狀況下，多空都難有獲利空間，此時採取守勢以賣出選擇權賺取權利金的作法將是最佳選擇，以中性的操作策略來因應。

(4)擴大交易商品種類進行風險分攤：賣出選擇權的概念類似於開保險公司，交易人收取保費承擔風險；如果能同時進行多種商品交易，將可降低單一商品反向噴出的交易風險，畢竟指數、外匯、能源或穀物要

在同一時間均出現噴出的機會是相當小的。

16.2 外幣選擇權

「外幣選擇權」(foreign currency options) 又稱為「貨幣選擇權」，它是一種貨幣買賣契約，選擇權買方支付權利金 (premium) 予選擇權賣方之後，自該項契約成立之日起，至預先約定未來某一時日或之前，得以事先約定之履約價格 (strick price or exercise price)，要求賣方買入或賣出定量之某種貨幣，賣方有義務按約定價格履行交割義務。

16.2.1 外幣選擇權的基本型態

以外幣選擇權的投資人區分，可以分成四種基本型態：買入買權 (buy one call)、賣出買權 (write one call)、買入賣權 (buy one put)、賣出賣權 (write one put)。

選擇權本身所具有的風險有別於其他型式的金融工具，擁有選擇權的買方可執行權利或是到期仍不執行的權利。以買權持有者為例，當選擇權有價時，執行權利有價可圖，理論上當標的物的貨幣即期價格無限上升時，買方有無限利潤的可能；當即期價格下降時，買方可以放棄這個選擇權，而損失不會超過所付的權利金部分。以下詳細說明這四種基本型態：

1. 買入買權

假設以 US$1.80/£ 的履約價格和 2 個月到期的條件買下 £25,000 的選擇權，權利金為 US$0.04/£，或總共 US$1,000。橫軸是標的貨幣到期時的即期價格，縱軸是衡量在到期日時，對英鎊在不同即期價格下的利潤或損失。假如到期日時，即期價格是 US$1.76/£，因其低於履約價格 US$1.80/£，買方不會執行權利，則買方損失是 US$1,000 加上少許佣金。

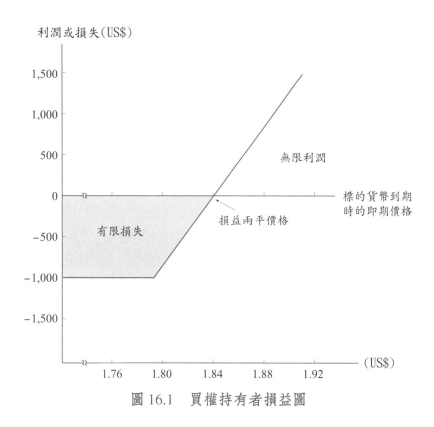

利潤或損失(US$)

1,500

1,000

500

無限利潤

0 ≈ 標的貨幣到期
時的即期價格

-500 有限損失 損益兩平價格

-1,000

-1,500

≈ (US$)

1.76　1.80　1.84　1.88　1.92

圖 16.1　買權持有者損益圖

2.賣出買權

假如標的貨幣的即期價格低於履約價格時，在到期時選擇權擁有者不會執行權利，則出售買權將有 US$1,000 權利金收入的利潤。 若高於履約價格 US$1.80/£， 則出售買權者必須在當標的貨幣的價值已超過 US$45,000 (= US$1.80/£×£25,000) 時，以 US$45,000 交割標的貨幣。假如出售買權是未避險部位 (naked) ── 即沒有擁有標的貨幣，則出售者必須在市場以即期價格購買標的貨幣而忍受損失。理論上，這個損失金額是無限的，且隨標的貨幣價格上升而遞增。 假如擁有交割的標的貨幣， 則稱為有避險部位 (covered)，這個出售買權者將會喪失一筆機會成本，即放棄對該貨幣在公開市場出售得到利潤的機會。

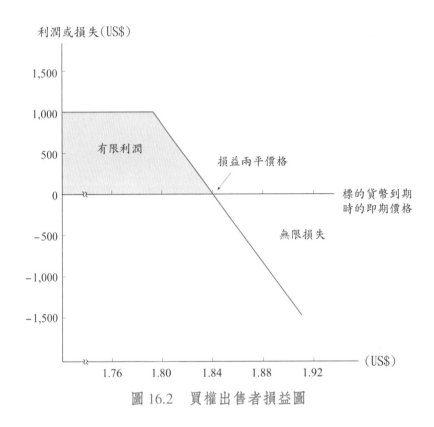

圖 16.2　買權出售者損益圖

3.買入賣權

　　賣權的基本條件類似前述的買權，賣權的擁有者當標的貨幣的市價下降時，希望能以履約價格出售標的貨幣。例如市價降到 US$1.72/£，則賣權的持有者會以 US$43,000 在即期市場收購英鎊，然後執行選擇權把英鎊賣出得到 US$45,000，扣除權利金成本的 US$1,000，得到淨利潤 US$1,000；愈低的即期匯率則利潤愈高，且假如英鎊在即期市場的價格降至零，買者的利潤會達到 US$44,000 的程度。若即期匯率高於 US$1.80/£，則買者不會執行權利，如此則發生 US$1,000 權利金成本的有限損失。

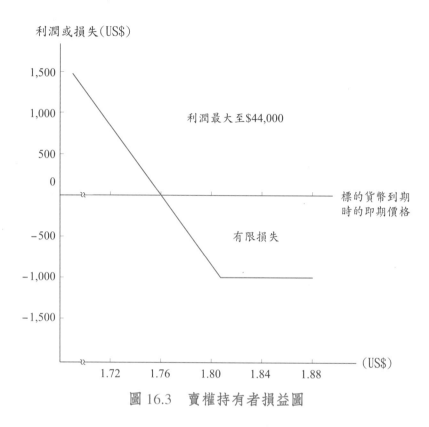

圖 16.3 賣權持有者損益圖

4.賣出賣權

假如英鎊的即期價格下降低於 US$1.80/£，則選擇權將會被履約。低於 US$1.76/£，則賣者損失將超過 US$1,000 的權利金收入。假設一個極端的例子，如果即期市場英鎊接近零，則損失會達到 US$44,000 的程度。介於 US$1.76/£ 和 US$1.80/£ 間，則賣者會損失部分權利金收入。即期價格若高於 US$1.80/£，則選擇權不會被執行，賣者可把 US$1,000 權利金放入口袋中。

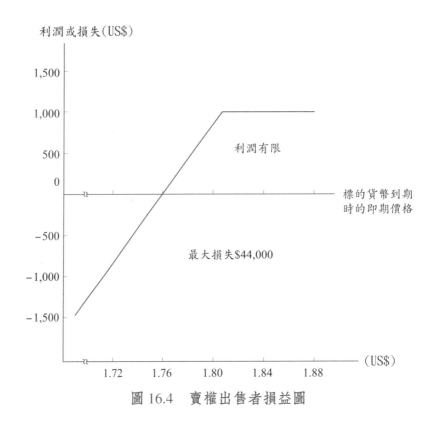

圖 16.4　賣權出售者損益圖

◉ 16.2.2　外幣選擇權權利金的決定

一般選擇權的價值是由兩部分組成，一為內含價值 (intrinsic value)，一為時間價值 (time value)，見圖 16.5 及圖 16.6。

1. 內含價值

為選擇權行使所產生的財務性利得，圖 16.1 中，虛線的高度即是內含價值，圖 16.2 中也是。當標的貨幣的即期價格處於無價情況時，內含價值為零。若處於有價情況時，則內含價值大於零。以實例來說，當即期價格為 US$1.88/£ 時，內含價值為 (US$1.88 – US$1.80)/£ × £25,000 = US$2,000，若即期價格為 US$1.80/£，則內含價值為零。

標的貨幣：英鎊

交易單位：£25,000

屆滿日期：2個月

履約價格：US$1.80/£

權利金：US$0.04/£

註：總　價　值 ─────
　　隱含價值 ─ ─ ─ ─

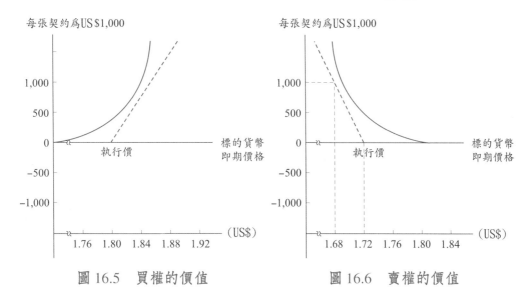

圖 16.5　買權的價值　　　　　　　圖 16.6　賣權的價值

2.時間價值

時間價值存在的原因為，因標的貨幣的價格從現在到屆滿日間會有變動，以至於使選擇權有價值。通常當買方買入選擇權時，願意付出高於內含價值的金額（即權利金與內含價值之差）。外幣選擇權距離到期日愈長，時間價值愈高；反之，時間價值愈低。到期日一到，時間價值為零。

無價選擇權在到期日仍有利潤機會，投資人通常仍會支付權利金。而有價選擇權能由現在至到期日前增加內含價值。內含價值較容易計算，而時間價值決定於市場對標的貨幣，在到期日前價值上升預期的可能性。在到期日時，因已經再沒有時間使內含價值上升，選擇權的價值等於其內含價值。

著名的 Black-Scholes（1973）選擇權定價模式被 Garman 與 Kohlhagen

(1983) 及 Grabbe (1983) 等人應用到外幣選擇權上，其典型定價模式如下：

$$C = SN(d_1)e^{-i^*T} - KN(d_2)e^{-iT}$$

$$其中\; d_1 = \frac{\ln(\frac{S}{K}) + (i - i^* + \frac{\sigma^2}{2})T}{\sigma\sqrt{T}}$$

$$d_2 = d_1 - \sigma\sqrt{T}$$

$$N(\cdot)：常態分配$$

根據該定價模式，外幣選擇權的價值決定於下列變數：

(1)履約價格 K：就買權而言，履約價格愈高，則權利金愈低，反之則愈高。因為對賣方而言，履約價格愈高，由於被要求履約的可能性愈低，其所承擔的風險愈低，所以願意接受較低的權利金。而就賣權而言，其履約價格愈高則權利金愈高，反之則愈低。

(2)距到期日的時間 T：外幣選擇權距離到期日愈長，則權利金愈高，反之則愈低。對賣方而言，到期日愈長，其匯率愈難掌握，用來補償其風險的代價愈高。而買方則有較長的時間去實現其預期的利益。

(3)標的貨幣的變動性 (volatility) σ：外幣的價格越不穩定，投資人愈可藉選擇權的操作達到避險效果，甚至增加獲利機會，因而必須支付較多的權利金；反之，如該外幣價格甚為穩定，則較無避險需要，使權利金較低。

(4)兩種貨幣間的相對利率，本國利率 i 及外國利率 i^*：一般來說，兩種貨幣間的相對利率會影響本國的遠期外匯匯率。就買權而言，其權利金必大於「該外幣遠期匯率與履約價格之差以現行本國利率還原後的現值」，亦即權利金 ≥ (遠期匯率 − 履約價格)/(1 + 利率)^{年數}，則人們將可用上述的權利金購買一買權，於到期時以上述的履約價格行使買入權利，在以上述遠期匯率出售而獲取利益，如此套利終將驅高權利金而使得權利金至少等於 (遠期匯率 − 履約價格)/(1 + 利率)^{年數}。

由上述可知就買權而言，遠期匯率愈高(即國內利率愈大於國外利率)則權利金愈高，反之則愈低。

表 16.1 選擇權價值與影響因素的關係

影響因素＼選擇權	買 權	賣 權
標的外幣價格，S	+	−
履約價格，K	−	+
契約期間，T	+	+
標的物波動性，σ	+	+
國內外利率差距，$i-i^{*}$	+	−
註：＂+＂表同向變動，＂−＂表反向變動		

◎ 16.2.3 外幣選擇權與外幣期貨交互使用策略

一般來說，外幣選擇權為外幣期貨契約的延伸，二者依存關係密切。實務上交互使用可產生不同的組合，其基本組合有六種：

(1) long call + short put = long future（如圖 16.7）

(2) short call + long put = short future（如圖 16.8）

(3) long call + short future = long put

(4) short call + long future = short put

(5) long future + long put = long call

(6) short future + short put = short call

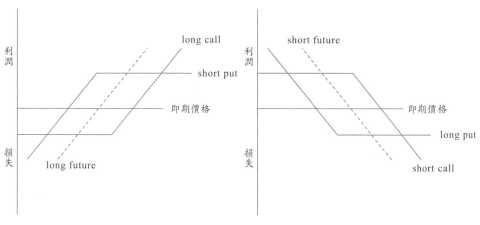

圖 16.7 long future   圖 16.8 short future

此外，從以上這基本六種組合又可以不同的價格組合，形成千變萬化的操作技巧。由於太過複雜，我們不再繼續探討。

16.3　股票指數選擇權

◉ 16.3.1　股票指數選擇權的意義

股票指數選擇權是根據市場中，多數頗具代表性的股票之綜合指數而成立的，它提供了大眾純粹對市場投注的最好機會，因此投資者不必再一心一意地去評估各公司盈餘報告的增加或降低，以及經濟基本因素的改變等，只要你看準了市場趨勢，則一定有利潤可得。它免除了股票投資的三種風險，即市場風險、工業風險和公司風險。因為單一公司會受到此三種風險的共同影響，無法把它們分開，但是投資於股票指數選擇權，則只需考慮市場風險，而不需再研究各工業的興衰以及各公司營業的好壞等因素，因此投資風險減少很多。它的另一吸引人之處即在於槓桿原理，即指數的些微變化，可以導致其選擇權市場價值的大幅變動，例如 S & P 500（標準普爾 500 指數）只上漲 6%，而其選擇權市場價值則可遽漲 104%，由此可以想像若以少數金額投資於指數選擇權，而指數一天漲 2%，則你的利潤是可觀的。

◉ 16.3.2　股票指數選擇權的交易策略

自從 1983 年以來，股票指數選擇權 (stock index option) 在芝加哥選擇權交易所 (Chicago Board Option Exchange, CBOE) 上市以來，即成為市場界的寵兒，其中較為有名的為道瓊平均指數 (Dow Jones Average)、標準普爾 100 指數（Standard & Poor's 100 Index，OEX 指數）、標準普爾 500 指數 (S & P 500, SPX)、紐約交易所指數 (New York Stock Exchange Compostite, NYA)、主要市場指數 (Major Market Index, XMI)、費城價值線指數 (Philadelphia Exchange's Value Line Index, XVL) 等的選擇權。以下將就 S & P 500 指數 (SPX) 來說明指數選擇權如何交易。

16.3.3　S & P 500 指數選擇權

所謂標準普爾 500 指數為 500 種股票指數之綜合指數，以市場價值為基準，每天計算其漲跌，而導出的指數。它的交易代號為 SPX，它以實際的指數來報價，而其真正的價值為指數乘以 100 美元，例如 SPX 指數報價 380，則其所代表的價值為 38,000 美元，即 380 × US$100 = US$38,000。又如 SPX 12 月份的 390 call 市場報價為 $5\frac{1}{2}$，則一個選擇權你需付 550 美元，即 $5\frac{1}{2}$ × US$100 = US$550。

指數選擇權每個月一期，最長為 4 個月，而每個月的最後交易日期為每個月的第三個星期五下午 4:10 截止，但是它和股票選擇權不同的一點是：到期並不提交股票，而是以所代表股票的市場價值之現金差額成交來代替，指數選擇權和股票選擇權一樣，分為看漲選擇權 (call option, call) 及看跌選擇權 (put option, put)。所謂看漲選擇權 (call) 就是投資者在某一限定期限內，依照雙方的設定價格，有權利購買 100 股之股票；而看跌選擇權 (put) 也是在某一限定期限內，依照雙方的設定價格，有權利出售 100 股之股票，這種看漲看跌的選擇權費用稱為權利金 (premium)。其買賣方式分為：

1.在市場看漲時

此時你可買進看漲選擇權 (buy call) 或賣出看跌選擇權 (sell put)，若與市場走勢相同，則將有利潤可得。

例如：12 月 11 日 SPX 為 380，若可能漲到 395 以上，因此你購買 5 個 1 月份的 395 call，市場報價為 1 美元，則你需付 500 美元，即 US$1 × 100 × 5 = US$500。若二星期後果然市場大漲，SPX 指數高達 395，而你所購買的看漲選擇權市場報價也漲至 5 美元，則你賣出的價格為 US$5 × 100 × 5 = US$2,500，扣掉當初購買成本 500 美元，在短短時間內淨賺 2,000 美元，收益高達 500% (= US$2,500 ÷ 500)，但如果市場沒按你預期的方向上漲，則你將損失一些錢賣出，或到期可能變得一文不值，但你的損失絕不會超過你當初購買所付的資金。

在看漲市場，亦可同樣賣出看跌選擇權而獲得利潤，例如 SPX 指數為

380，其 12 月份的 380 put 市場報價為 8 美元，若你決定賣出 5 個選擇權，則你的收入為 4,000 美元，即 US$8 × 100 × 5 = US$4,000。二個星期後，果然大漲，SPX 指數也漲為 395，則你的看跌選擇權可能跌到 2 美元，此時買回，你只需付 1,000 美元，即 US$2 × 100 × 5 = US$1,000。明顯地，你在此二星期內淨賺了 3,000 (= US$4,000 − US$1,000) 美元。但若市場不漲反跌，則你的損失是龐大的，如翻開過往的歷史記錄，SPX 指數曾下跌了 70 點，因此其 12 月份的 280 put 也從前一天的市場價格 17 美元上漲到當天的收盤價格 99 美元，假如你在前一天賣出一個 12 月份的 280 put，則你將損失一口 8,200 美元，因此投機者絕對不可以賣出看跌選擇權，目前大部分公司禁止投機者賣出看跌指數選擇權。

2.在市場看跌時

若你預測市場會大跌，則要獲取利潤的方式就是買進看跌選擇權 (buy put) 或賣出看漲選擇權 (sell call)。如上例，在 SPX 為 380 時，其 12 月份的 365 put 市場報價為 1 元，購買 5 個看跌選擇權 (put)，你只需付 500 美元，即 US$1 × 100 × 5 = US$500。如果你的預測準確，幾天後市場價格下跌，SPX 跌為 365，其 12 月份的 365 put 市場價格將可能上升到 5 美元，趁此機會你趕快賣出，獲得 2,500 美元，即 US$5 × 100 × 5 = US$2,500，扣掉當初購買所付的成本，淨賺 2,000 (= US$2,500 − US$500) 美元，幾天之內的利潤即高達 500%，當然，如果你預測錯誤，市場上漲，則你將損失所有的資金，或賣出未到期的選擇權而取回部分資金，但可以保證的是你的損失絕不會超過你當初所付的成本。

在看跌市場，亦可以賣出看漲選擇權 (sell call) 以取得利潤，這是一種賣空方式，例如在 SPX 為 380 時，其 12 月份的 380 call 市場報價為 8 美元，你賣出 5 個選擇權，可收入 4,000 (= US$8 × 100 × 5) 美元，若幾天後，市場如你所預料的下跌，SPX 降為 365，而 12 月份的 380 call 市場報價亦跌為 2 美元，你決定買回，此時只需付 1,000 (US$2 × 100 × 5) 美元，亦即在幾天內，你有淨利潤 3,000 (= US$4,000 − US$1,000) 美元，可是如果市場沒如你所預

期的，不跌反漲，則你的損失可能是無限的，目前大部分的股票公司亦禁止投機者賣空此種指數選擇權。

3.在市場預期無大幅度變化時

若經濟成長平緩，市場低迷徘徊時，此時為賣看漲選擇權 (sell call) 和賣看跌選擇權 (sell put) 的好時機，只要市場在設定價格之前後徘徊，即投資者可獲得兩邊的權利金 (premium)。例如目前 SPX 為 380，而 12 月份的 380 call 市場報價為 8 美元，同月 380 put 市場報價為 8 美元，若你認為市場會在此處徘徊，不會大漲也不會大跌，因此各賣 5 個上述的選擇權，總收入 8,000 (= US$8 × 100 × 5 + US$8 × 100 × 5) 美元。如果到期時，SPX 為 380，果真停留在你預期的範圍內，則你可坐收兩邊之利，即淨賺最高 8,000 美元。如上所述，投機者絕對不可以賣空此種選擇權，除非作兩個方向的保護。可是如果你賣掉後，市場如脫韁的野馬，大漲大跌時，則你將可能有無限的損失。

不過，以 12 月 S & P 500 期貨指數而言，行情已攀升到 900 大點以上，使一口期貨合約的名目合約值飆高到 20 多萬美元，投資人想要參與交易，每口合約保證金高達 1 萬美元，操作成本之高，並非人人玩得起，有鑑於此，CME 乃推出迷你 S & P 500，同樣都是以標準普爾 500 指數為合約標的物，只是迷你 S & P 500 行情每漲跌一點為 0.5 美元，而 S & P 500 行情每漲跌一點為 2.5 美元，相較之下，迷你 S & P 500 的名目合約值約為 S & P 500 的五分之一，換算保證金，買賣一口迷你 S & P 500 的保證金只要 2,000 美元左右，等於投資人手上只要有新臺幣 6 萬餘元即可以進場操作，等於為小額資金參與美國股市開了一扇大門。

16.4　臺指選擇權

臺指選擇權是一個契約，買賣雙方約定，買方支付權利金予賣方，而取得未來以特定價格買進或賣出大盤指數的權利，賣方收取權利金，則有履約的義務，並需繳交保證金。選擇權的型式分為兩種：買權 (call) 和賣權 (put)。

選擇權的交易價格為權利金，以「點數」揭示，每點價值為新臺幣 50 元。而臺指選擇權的商品名稱基本上是由三個部分所組成：到期月份、履約價及權利金點數。例如：12 月 4,600 34 點，其中 12 月是指選擇權契約的到期月份，4,600 點是到期日當天大盤指數結算價格， 34 點就是購買此一契約所付出的代價， 每一點乘以 50 元就是實際交易金額，因此 34 點要 1,700 元。至於以下所說明的，係未考慮手續費（依各期貨商而有不同）及交易稅（每一口稅率為權利金千分之一點二五）。

茲以臺指選擇權為例，列舉選擇權常見之交易策略：

1.預估行情急漲→交易策略：買進買權

最大可能獲利：指數漲愈多獲利愈多

最大可能損失：所支付的權利金

(1)預估加權指數可能大漲

(2)買進一口 5,800 點的買權

(3)支付權利金 120 點（50 元 × 120 = 6,000 元）

(4)當加權指數漲到 6,200 點

(5)此時平倉賣出一口 5,800 點的買權

(6)收取權利金 420 點（50 元 × 420 = 21,000 元）

總共獲利→ 50 元 ×(420 − 120) = 15,000 元

2.預估行情急跌→交易策略：買進賣權

最大可能獲利：指數跌愈多獲利愈多

最大可能損失：所支付的權利金

(1)預估加權指數可能大跌

(2)買進一口 6,300 點的賣權

(3)支付權利金 150 點（50 元 × 150 = 7,500 元）

(4)當加權指數跌到 5,900 點

(5)此時平倉賣出一口 6,300 點的賣權

(6)收取權利金 450 點（50 元 × 450 = 22,500 元）

總共獲利→ 50 元 ×(450 − 150) = 15,000 元

3.預估行情不漲→交易策略：賣出買權

最大可能獲利：所收取的權利金

最大可能損失：指數漲愈多損失愈多

⑴預估這段期間加權指數可能盤整不漲

⑵賣出一口 6,300 點的買權

⑶收取權利金 200 點（50 元 × 200 = 10,000 元）

⑷但須支付臺灣期交所規定之保證金

⑸當加權指數於 6,200 點時

⑹平倉買進一口 6,300 點的買權

⑺支付權利金 120 點（50 元 × 120 = 6,000 元）

總共獲利→ 50 元 ×(200 − 120) = 4,000 元

4.預估行情不跌→交易策略：賣出賣權

最大可能獲利：所收取的權利金

最大可能損失：指數跌愈多損失愈多

⑴預估這段期間加權指數可能盤整不跌

⑵賣出一口 6,200 點的賣權

⑶收取權利金 180 點（50 元 × 180 = 9,000 元）

⑷但須支付臺灣期交所規定之保證金

⑸當加權指數於 6,300 點時

⑹平倉買進一口 6,200 點的賣權

⑺支付權利金 100 點（50 元 × 100 = 5,000 元）

總共獲利→ 50 元 ×(180 − 100) = 4,000 元

16.5 結 論

其實，選擇權早已存在於日常生活之中。例如吾人投保火災險、汽車險

及可能發生的龐大醫療費用所支付的保險費、購置土地或房屋所繳交之訂金等,便是選擇權的概念。而在歐美先進國家,許多投資人亦廣泛運用選擇權,以防止股市的突發狀況,並保障投資組合之價值。選擇權最大的好處便是運用自如,不但可以根據投資人的特性,配合其投資組合及市場狀況,發展出不同的投資策略,而選擇權的槓桿效果更可利用較低的成本,達到最大的效益。選擇權主要的好處包括:預防市場巨幅震盪,保護手中資產的價值。增加手中資產的獲利。在市場走勢不明時,仍能達成獲利的目標。作為一個國際企業的財務經理人員,必須對這些新的國際金融商品有深入的認識與瞭解,才能在從事企業的投資與避險策略時,得心應手而應付自如。

與本章主題相關的網頁資訊:

臺灣期貨交易所——選擇權: http://www.taifex.com.tw/taifex0205.asp

台指選擇權研究苑: http://www.webits.com.tw/option/

寶碁資訊網——選擇權: http://deriva.apex.com.tw/4_Option_0.asp

國泰投信——選擇權: http://www.cathaysite.com.tw/finance/FINANCE3-1.ASP

Yahoo! 期貨選擇權服務說明: http://help.yahoo.com/help/k1/fin/mmanager/mmanager-03.html

16.6　本章習題

1. 何謂選擇權?

2. 何謂 premium,其應用在選擇權上作何表示?

3. 選擇權依型態可分為幾種?

4. 何謂買進避險?

5. 何謂賣出避險?

6. 何謂詢價?

7. 何謂報價?

8. 若拿選擇權與期貨比較,選擇權具備何種優點?

9. 選擇權的履約時機為何?

10.試述選擇權之特性有哪些。

11.何謂內含價值、時間價值?

第17章
認購權證

17.1　認購權證之定義　/372

17.2　權證的種類　/373

17.3　認購權證發行條件基本項目　/376

17.4　認購權證購買方式　/379

17.5　權證漲跌停板規定　/380

17.6　認購權證履約申請　/381

17.7　認股權證的特性　/383

17.8　權證的發行條件　/384

17.9　權證與股票的不同　/385

17.10　認購權證與認售權證　/387

17.11　認購權證操作策略　/388

17.12　本章習題　/389

認購權證在 1998 年開始上市以來，因具有以小搏大的特點，因此當股市走多頭行情時，認購權證的交易也顯得特別活絡。認購權證的槓桿倍數，比融資購買股票的槓桿倍數來得大，相對投資報酬率也更高。一般來說，投資認購權證比起現股操作的投資報酬率，可以高出 3 倍到 4 倍；下跌時也只是損失權利金，風險相對較低，因此在股市有較大波動時，認購權證往往人氣鼎盛，漲跌更是驚人。

認購權證顧名思義，就是一種表彰「用某一固定價格（即履約價格）認購標的股票權利」的有價證券，證交所會每季根據各標的股的獲利、交易量等資訊，篩選決定與公佈，如果個股的周轉率下降，下一季就會在發行標的中除名，所以有些重量級個股不小心就被剔除。

17.1　認購權證之定義

認購權證 (warrant)「係由發行者 (issuer) 所發行一定數量，特定條件之一種有價證券，認購權證投資者 (warrant holder) 於付出權利金 (premium)，即認購權證價格 (warrant price) 而持有該認購權證後，有權在某一特定期間內（或特定時點），按一定價格（履約價格，exercise price），向發行者買進或售予約定數量之特定標的資產 (underlying asset)」。換言之，認購權證持有者有權視市場狀況於有利時，向發行者提出履約之權利，而發行者則有履約之義務。認購權證是屬於期貨選擇權當中的「買權」，事實上還有一種權證屬於「賣權」，稱為認售權證，不過國內財經當局建議「作多不作空」，使得以看空預先賣出的認售權證在國內難以發行。

由前述定義可知 warrant 之範圍頗廣，可為黃金、外匯等資產標的物，而其本質上與選擇權、期貨有類似之處，而由定義中可推演出認購權證是具有下列三種特性的有價證券：(1)發行者乃是由非發行標的所有者之第三人所發行之權利憑證，因此投資人除了必須知道投資標的外，對發行者的信譽及履約能力亦應有所瞭解；(2)其所表彰的權利並無相對的義務，亦即認購權證之持有者在認為對己有利的情況下可要求發行者履約，而在不利情況下可棄權

且不具任何交割義務；(3)其為一種具有期限的有價證券，到期後即不具任何價值。因此投資認購權證與股票買賣有很大不同，若有套牢長抱念頭，則可能血本無歸。底下就選擇權、認購權證與期貨之特性列於表 17.1。

表 17.1　選擇權、認購權證與期貨之比較表

	選擇權	認購權證	期　貨
交割(履約)價格	由交易所訂定	由發行券商訂定	於市場依買賣結果決定
到期期限	有近月及遠月契約，存續期間多半在 1 年以內	多為 1 年以上	有近月及遠月契約，存續期間多半在 1 年以內
交易價金	權利金，買方支付給賣方	權利金，買方支付給賣方	無
保證金	賣方繳交	無，但發行券商必須具備一定資格，且持有一定數量之標的物以為履約準備	買賣雙方均須繳交
發行量	無限	依發行券商所發行之數量	無限
權利主體	買方	買方	買賣雙方
義務主體	賣方	發行券商	買賣雙方
契約數量	不同履約價格與到期月份組成眾多契約，且會根據標的物價格之波動增加新的履約價格	發行時通常只有單一履約價格及到期日，不會隨標的物價格之波動而增加	僅有不同到期月份之分別
每日結算	針對賣方部位須進行每日結算	無	買賣雙方之部位均須作每日結算

資料來源：期貨交易所。

17.2　權證的種類

1.依組成標的股區分

(1)指數型：以股價指數為標的物，如信孚銀行所發行的臺灣加權指數認購權證。

⑵組合型：其標的股有數種，如台積電與華新之組合型建弘認購權證 03。

⑶個股型： 標的資產為單一公司的股票，如大華 10。

2.依行使權利期間分

⑴美式認購權證： 到期日前任何一天都可行使履約權利。國內權證均採行此種方式。

⑵歐式認購權證： 只有在到期日當天才可履約。

3.依發行時履約價與標的股價分

⑴價內型： 發行時履約價低於前一天標的股收盤價稱之。由於在價內，表示權證具有內含價值，因此權利金的訂定比價外型、價平型來得高。目前市場上只有寶來證券發行過價內型權證，即是華新寶來 10，此種權證最適買進時機是預測標的股會長期上漲， 但目前位於盤整期間，漲勢尚未確立，以期未來有更高價內報酬。除此之外， 價內權證之時間價值衰減速度較慢也是特色， 缺點是有效槓桿倍數較低。

⑵價平型： 發行時履約價等於前一天標的股收盤價稱之。一般而言， 價平型是最常見的， 國巨的京華 01、 南亞的臺證 01 都是價平發行的認購權證。

⑶價外型： 發行時履約價高於前一天標的股收盤價之某一百分比稱之，有 10%、 20%、 30% ……等等。 隨價外程度之不同， 權利金定價就有所不同， 較價內型、 價平型便宜， 越價外就越便宜， 此為多頭階段最受歡迎的權證類型。主要是因為： 價格低， 投資人付出的資金成本低；多頭標的股短線爆發力強， 價外型權證有高倍槓桿特性， 短線獲利率高。 缺點為： 時間價值衰減極為迅速， 一旦標的股不漲或陷入盤整，持有權證風險相對高。

以元大 06 為例， 當初為 50% 價外發行， 也就是說， 元大 06 發行前一天宏電收盤價為 57 元， 因此權證之履約價為 85.5 (= \$57 × 1.5) 元， 若改以發行價平型權證， 則履約價應為 57 元， 履約價必須等於前一天標的股收盤價。

就該權證履約價 85.5 元來看，表示當券商即投資人看好宏電短線有上漲至 85.5 元機會。因此，使元大 06 從掛牌之 8 元一路狂飆至 28 元，上漲 3.5 倍，的確比一般價平型權證的槓桿倍數 3 倍來得高。

至於，價外型權證是否永遠是在價外？當然不一定，因為價外的定義，是指履約價高於標的股股價稱之，而價內則相反。

以 2000 年 2 月 10 日宏電收盤價 95.5 元來看， 元大 06❶已經處於價內了，由價外變成價內的期間，通常都是標的股發生一段不小漲幅，履約價才有機會低於標的股股價，也就是因此，將使買到價外型權證的投資人賺翻天。

表 17.2　以發行時履約價格與標的證券價格的高低分類

分　類	定　義
價平發行認購權證	權證發行時，標的權證股價等於認購權證的履約價格。 例：標的權證股價 100 元，履約價格為 100 元。
價內發行認購權證	權證發行時，標的權證股價高於認購權證的履約價格。 例：標的權證股價 100 元，履約價格為 90 元。
價外發行認購權證	權證發行時，標的權證股價低於認購權證的履約價格。 例：標的權證股價 100 元，履約價格為 120 元。

如為認售權證，則恰好相反。一般來說，價外發行認購權證權利金低，財務槓桿較高。

(4)上限型：在標的股收盤價達到發行時所鎖定的上限價後，將視為到期，發行券商將以履約價差現金自動結算給投資人。已經下市的群益 07 即屬於上限型權證，該權證之履約價為 25.92 元，上限價訂為 38.9 元，也就是說，當太電股價到達上限價 38.9 元之後，將視為自動到期。

以 2000 年 2 月 19 日太電收盤價 39.3 元來說， 群益 07 就在收盤後視為自動到期，當然就消失在集中市場上了。而持有權證投資人，拿到什麼？ 就是約 $13 (= $39.3 − $25.92) 的內含價值。若是投資人以 13.5 元搶進該權證，反而賠了 500 元再加手續費，其實，瞭解上限型權證

---

❶ 元大 06 宏電於 1999/11/6 上市，2000/11/5 到期。

之後，你會發現，該權證價格最高只能上漲至 13 元而已。萬一該權證在太電未到達上限價時，投資人盲目追價，而使價格超漲至 20 元，這樣等於白白將 7 元送給別人了，不得不慎。

自 2000 年 2 月 19 日後，在市場上除了已下市之群益 07 是上限型權證之外，包括聯電寶來 11（履約價 90 元、上限價 135 元），明電建弘 04（履約價 107.5 元、上限價 162 元），開發金鼎 05（履約價 66.6 元、上限價 100 元）。由此可知，寶來 11 之價格最高為 45 至 50 元之間，建弘 04 最高只能上漲至 54.5 元附近，金鼎 05 最高只能上漲至 34.5 元附近。券商會發行這種權證，優點是權證有限定獲利上限，因此發行時權利金較便宜，投資人付出的資金成本低；缺點是若為極具爆發力之標的股，投資人無法享受上漲超過上限價部分的獲利空間。

因此，欲買此種權證之投資人，應注意標的股是否以達到上限價為股價之滿足點，以及權證是否超過此權證最大獲利。針對各種類型權證，整理下表供讀者參考：

表 17.3　各類權證比較

	一般價平型	一般價外型	上限型
特　性	履約價等於標的股價	履約價高於標的股價	股價超過上限價自動履約
優　點	簡單易懂	權利金便宜，槓桿倍數高	權利金較一般價平型便宜些
缺　點	無特別缺點	時間價值衰減快	獲利空間受壓縮
適合情況	一般情形	股價短線具有爆發力	看多標的股，但漲幅有限

17.3　認購權證發行條件基本項目

1.標的物股票

可分為以下二類：

(1)個股型認購權證：由單一股票為標的證券，如元大證券發行的聯電認

購權證富邦 05。

(2)組合型認購權證：由多檔股票依權數組成一籃子為標的證券，如由臺塑、南亞、臺化、福懋聯合發行的富邦 01 組合型權證。

2.履約價格

即雙方約定持有人將來要求權證履約時標的證券之買進價格。

影響認購權證價格的因素有：

(1)標的股股價：股價愈高，權證價格愈高。

(2)履約價格：履約價格愈高，權證價格愈低。

(3)離到期日時間：時間離愈久，權證價格愈高。

(4)利率：利率愈高，權證價格愈高。

(5)現金股利：標的股現金股利配發愈多，權證價格愈低。

(6)標的股波動率：標的股股價波動率愈高，權證價格愈高。

3.權利金（認購權證的價值）

即投資人購買每一單位認購權證所須付出的成本。為便於計算，通常以百分比表示，即溢價比例（如：溢價 30% 發行）。

權證的價值包含內含價值 (intrinsic value) 與時間價值 (time value)。

(1)內含價值：即指「價內」之金額，標的股價與履約價格間之差額。

$$內含價值 = 標的證券市價 - 履約價格$$

A.若內含價值大於 0，稱為價內。

B.若內含價值等於 0，稱為價平。

C.若內含價值小於 0，稱為價外。

(2)時間價值：認購權證在有效期限內，其價值會高於內含價值，然時間價值會隨著履約時間愈接近到期日而快速減少，在到期時，認購權證的價值會等於其內含價值，時間價值等於零。

4.行使比例

發行人初期皆為 1:1，即一單位認購權證可買進一單位標的證券，遇標的證券除權時，則可能調整行使比例。

5.履約結算方式

現金結算、證券給付及證券給付但選擇以現金結算。

6.依交易所規定，權證存續期間至少須 1 年，最長為 2 年。目前國內權證絕大多數以 1 年期為主

7.標的證券除權息時，認購權證發行條件之調整公式

遇標的證券除權息時，股票市價將會往下調整，若未能相對調整認購權證之發行條件，將可能平白導致認購權證之價格下跌，故交易所訂有一般調整公式。

假設聯電認購權證之履約價格為 80 元，若聯電定在 7 月 8 日除權/息，7 月 7 日（除權/息前一營業日）之收盤價為 90 元 (S)，7 月 8 日之除權/息參考價為 65 元 (S')，則聯電認購權證在 7 月 8 日當天之發行條件調整如下：

$$履約價格 = 調整前履約價格 \times \$65/\$90 = \$57.8$$

執行比例 $= S/S' = 1.384$ 元，即履約時一單位聯電認購權證可認購 1.384 單位聯電股票。

8.其他規定

認購權證之最後交易日為其存續期間到期日之前二日。

認購權證為不得融資融券之有價證券，故不能當日沖銷之。

17.4　認購權證購買方式

1.買賣方式
⑴初級市場：向發行人或其委任證券商購買。

⑵次級市場：向往來證券商買賣。即在集中市場以一般股票方式買賣。

2.投資人之買賣僅能採用集保劃撥作業，不得申請領回認購權證

3.次級買賣須在委託券商簽具「風險預告書」。一般在開戶時就會填寫

4.買賣申報數量須為一交易單位或其整數倍，一千單位認購權證為一交易單位，與股票相同

5.買賣認購權證之相關費用（指在集中市場交易，非履約費用）
⑴買進、賣出交易手續費比照上市股票規定，千分之一點四二五。

⑵權證交易稅為賣出時成交金額之千分之一。

6.交易所對買賣單之撮合方式
⑴開盤前輸入同價位申報，依電腦隨機排列方式決定優先順序（8:30am～9:00am）。

⑵盤中以價格優先再時間優先，但採集合競價方式撮合，無上下二檔之限制，同於上櫃股票之撮合方式。投資人宜採限價委託方式，才不至於以不合理價位成交。

17.5 權證漲跌停板規定

1. 個股型認購權證

漲停價格＝權證前一日收盤價＋（標的證券當日漲停價格－標的證券當日開盤競價基準）

跌停價格＝權證前一日收盤價－（標的證券當日開盤競價基準－標的證券當日跌停價格）

2. 組合型認購權證

以組合中之各標的證券分別計算（標的證券當日漲停價格－標的證券當日開盤競價基準） 與 （標的證券當日開盤競價基準－標的證券當日跌停價格），取其最大者乘以行使比例，再比照前述公式計算漲跌停價格。

行使比例如為 1:1，則權證漲跌停為標的物上下 7%；但是行使比例不是 1:1，則還要乘上行使比例才是權證真正的漲跌停。舉例來說，權證前一日收盤價為 25 元，最新行使比例為 1:1.2，其標的股票前一日收盤價 100 元，則今日漲跌停計算如下：

表 17.4　權證漲跌停板

	漲停價格	跌停價格	漲跌幅
標的股價 100 元	$107 (＝$100＋$7)	$93 (＝$100－$7)	7%
權證價格 25 元	$33.4 (＝$25＋$7×1.2)	$16.6 (＝$25－$7×1.2)	33.6%

17.6 認購權證履約申請

1.履約結算方式

權證投資人申請履約時，結算方式計有三種：證券給付、現金結算，以及證券給付但可選擇以現金結算等三種。

(1)證券給付：即申請履約時，認購權證持有人支付履約價格予發行公司，發行公司支付標的證券予持有人。

(2)現金結算：即申請履約時，發行公司依照履約申請日標的證券收盤價，支付該收盤價減去履約價之差價予持有人。

(3)以證券給付之認購權證發行人得選擇以現金結算，即應給付證券之一方可選擇改以現金差額結算。

2.履約申請期間

(1)投資人若選擇美式認購權證，則自上市掛牌之日起至到期日期間皆可申請履約；歐式認購權證僅能於到期日申請履約。

(2)投資人申請履約，須於買進認購權證之次二營業日，確定認購權證撥入集保帳戶後，方可為之。

3.履約申請方式

(1)認購權證持有人，於往來證券商填具「認購（售）權證行使權利申請委託書」。

(2)申請履約時，權證持有人應持證券存摺、集保印鑑於 2:30pm 前提出申請，並向券商預繳履約價款，完成後於第二營業日即可取得證券。

4.結算價格

以當天標的證券之收盤價格為準：

(1)若採證券給付者履約申請時，權證持有人應預先繳付履約款項；若發行人可選擇以現金給付者，則發行人於當日下午 4:30 前將可確認結

算方式，若確認改為現金結算時，則往來券商應於次一營業日退回持
有人預繳之履約款項。

(2)發行人得選擇以現金給付者，給付種類係以行使權利輸入資料時間順
序決定，先輸入者優先以證券給付，不足部分才以現金差額給付。

5.履約時相關交易成本

(1)現金結算手續費部分：發行人、持有人皆需負擔 0.1425% 之手續費。

(2)現金結算交易稅部分：認購權證發行人依標的證券之履約價格繳交
0.3% 之交易稅，同時，認購權證之持有人也須依標的證券之交易價格(即
市場價格) 負擔 0.3% 之交易稅。

(3)證券給付手續費部分：發行人、持有人皆為 0.1425%。

(4)證券給付交易稅部分：由發行人負擔 0.3%，持有人不須負擔。

◎ 範例 17.6.1

假設聯電 3/31 收盤價為 90 元，認購權證之履約價格為 80 元，投資人申
請履約價值計算如下 (以當天聯電收盤價 90 元為結算標準)：

(1)現金結算：投資人於申請履約日之次二營業日應得款項

現金差價 = ($90 − $80) × 1,000 = $10,000

履約手續費 = $80 × 1,000 × 0.1425% = $114

證券交易稅 = $90 × 1,000 × 0.3% = $270

(對發行人而言，其所應負擔之證券交易稅 = $80 × 1,000 × 0.3% = $240)

投資人申請履約應得的款項 = $10,000 − $114 − $270 = $9,616

(2)證券給付：投資人須於申請履約日應收付款項

履約應付交割價 (需於請求履約時預繳)：$80 × 1,000 = $80,000

履約手續費：$80 × 1,000 × 0.1425% = $114

證券交易稅：由發行人證券公司負擔交易稅

履約應付款項 = $80,000 + $114 + 0 = $80,114

投資人於申請履約日之次二營業日收到聯電股票一張

(3)申請履約之其他注意事項：

申請履約須由持有人主動向委託買賣證券商提出申請，但對於採現金
給付之認購（售）權證，於到期日當天，交易所將自動計算認購（售）
權證之履約價值，如具履約價值則將直接代辦履約作業。

認購權證如遇標的證券之收盤價較履約價格為低者，因其履約價值為
負數，故無須申請履約。

17.7　認股權證的特性

對投資人而言，「認股權證」既可作為投資理財的新管道，又可成為避險
的工具。

1.避險功能

對於已有或即將持有現貨、期貨部位的投資人，認股權證可成為一個有
效的避險工具。例如：某甲看壞臺灣股市，欲想空頭操作，但又擔心看錯行
情。為了保險起見，他可以在股市放空股票的同時，用少許的錢買進一個看
多臺灣股市的認股權證。例如在：

⑴股市下跌：由股市獲利，選擇權商品不履約（損失權利金）。

⑵股市上揚：由選擇權商品獲利的部分來彌補股市的損失。

2.高槓桿功能

由於選擇權商品交易時僅支付權利金，具高槓桿作用。

權利金的金額是依據商品的即期價格 (spot price)、 履約價格 (strike
price)、標的價格的波動幅度 (volatility)、無風險利率水準 (risk-free rate)、到
期日 (maturity day) 的長短及現金殖利率 (dividend yield) 等而決定。

範例 17.7.1

某投資銀行發行 ABC 股票的認股權證（ABC 為一股票上市公司），其發
行價格是 ABC 股票某日收盤價的 2%，且履約價格為 $95（假設每 10 單位認
股權證可認購 ABC 股票一股）。

若 ABC 收盤價為 $95

則發行價格 = $95 × 2% = $1.90

槓桿比例 = $95 ÷ ($1.90 × 10) = 5

投資人需付權利金 $19 (= $1.90 × 10) 方可認購 ABC 股票一股。

(1)當股價高於 $95：

　　A.投資人若決定履約，只需以 $95 買進股票再以現價脫手即可賺取價差。

　　B.投資人也可在次級市場直接賣出權證，以賺取價差（多數投資人皆採此方式）。

(2)當股價低於 $95：

　　A.權證不履約，投資人損失權利金。

　　B.投資人在次級市場直接賣出權證，損失價差。

3.節稅功能

　　認股權證商品若經由海外金融機構發行，資本利得屬境外所得，所以個人投資人無稅務方面的問題。

4.商品多元化

　　此類商品可依據投資人的需要而設計，除了單純的買賣權型商品，尚有保障資金的保本型商品、鎖定風險的多頭價差或空頭價差商品、knock-in/out、look-back/forward 等商品。

17.8　權證的發行條件

日盛證券發行台積電普通股認購權證銷售辦法公告

發行日期：中華民國八十八年三月二十六日

存續期間：自上市買賣日（含）起算，存續期間[a] 一年六個月

標的證券：台積電普通股

認購權證種類：美式認購權證[b]

發行單位數量：一千萬個單位

發行價格：新臺幣 36.36 元，為發行前一日標的證券收盤價 34.8%[c]

履約價格：新臺幣 104.5 元[d]

行使比例：一比一[e]

履約期間：自本權證上市買賣之日起至本認購權證存續期間屆滿之日止

履約給付方式：給付證券，但發行人得選擇以現金結算方式履約

本認購權證預計於中華民國八十八年四月十五日上市買賣

[a] 臺灣一年期的權證最多。
[b] 美式權證為到期前隨時都可履約。
[c] 34.8% 稱為溢價比率，隨標的股不同及權證類型而不同，概念類似買權證必須負擔的額外成本比例。
[d] 履約價以申請發行前一天標的股收盤價為履約價，稱為價平型權證，另外尚有價外型及價內型權證。有些權證履約價會因條約限制或除權調整。
[e] 行使比率係一權證可認購一股。

17.9　權證與股票的不同

1.開戶手續多了一步驟

(1)權證：已買過股票的正泉帶了身分證、印章，準備開權證戶頭，營業員告訴他，只要用原先的證券戶頭即可買賣，只是權證風險較高，必須再簽訂一個風險契約。

(2)股票：要買股票的小美，帶身分證、印章，到證券公司營業廳，填了開戶資料，辦好所有手續，拿到帳號即可買賣。

2.漲跌幅算法不同

目前股票的漲跌停是 7%，但權證則不是。假設聯電目前市價為 120 元，明日漲停價將為 128 元，聯電相關權證富邦 05，若目前市價為 30 元，則明日權證漲停價將為 38 (= \$30 + \$120 × 7%) 元左右，並非以 7% 計算。如此算

法之下，該權證之漲停幅將高達 26%。

這就是為什麼操作權證必須掛限價單買進或賣出,千萬不可用市價進出,否則極容易因權證市場流通性不強,而極易買到漲停價或賣到跌停價。

買進的認購權證是不可以和買股票一樣要求券商辦現券領回。雖然股票交易投資人可要求券商代辦現券領回,但認購權證則不行。原因在於,當初發行券商再發行權證時,只有印了一張大面額的權證存放在於集保公司,因此投資人無法申請領回權證。

3.漲跌單位不同

⑴權證:

未滿 5 元: 一檔 0.01 元

5 元至未滿 15 元: 一檔 0.05 元

15 元至未滿 50 元: 一檔 0.1 元

50 元至未滿 150 元: 一檔 0.5 元

150 元至未滿 1,000 元: 一檔 1 元

1,000 元以上: 一檔 5 元

⑵股票:

未滿 5 元: 一檔 0.01 元

5 元至未滿 15 元: 一檔 0.05 元

15 元至未滿 50 元: 一檔 0.1 元

50 元至未滿 150 元: 一檔 0.5 元

150 元至未滿 1,000 元: 一檔 1 元

1,000 元以上: 一檔 5 元

4.交易稅算法不同

⑴權證:

手續費: 買進及賣出時,為成交金額的 0.1425%。

交易稅: 僅在賣出時,課徵 0.1% 的交易稅。

⑵股票:

手續費：買進及賣出時，為成交金額的 0.1425%。

交易稅：僅在賣出時，課徵 0.3% 的交易稅。

認購權證最好以限價交易，否則極易買到漲停價及賣到跌停價，原因在於臺灣權證市場流通性尚為不足所致。若真要爭取優先買賣機會，則也應指定買賣價格，例如：獲准發行的價外權證元大 06，當時掛牌前一日宏電收盤價為 60 元，預估權證掛牌當日漲停價為 60 元，則元大 06 漲停價為 92.5 元，此時投資人搶買元大 06 可分批掛價 92.5 元、92 元、91.5 元等等，不失為另一種類似市價的買進方法。

17.10　認購權證與認售權證

臺灣的衍生性金融商品市場，始於 1997 年認購權證的開放，至今在「選擇權衍生性金融商品」部分，目前僅限於「上市認購權證」與「臺指選擇權」兩種。2003 年財政部並將陸續開放多種股票選擇權、上市認售權證與上櫃認購權證，加上期交所刻正積極研擬的多項金融商品，將刺激選擇權交易市場愈形活絡。目前證管會已經放行券商，可發行認售權證，但必須搭配相同標的股的認購權證一同發行。

由於認售權證是空頭時投資人避險的一種管道，類似融券概念。

券商發行認售權證時，必須先在市場上放空標的股，此道理就跟發行認購權證必須在市場上買進標的股的概念相反，政府當局為了 2002 年股市作多意味，因此規定兩者必須搭配發行，並且認售權證之避險成數必須小於認購權證之避險成數。

假設聯電市價 120 元，老王手上沒有聯電，但他認為未來一年之內股價會下跌，他為了套利，因此買一張聯電的認售權證 20 元，也就是未來一年之內，老王有權利以 120 元向券商履約，此權利是以 20 元代價買來的。

果然，在聯電尚未到期之前，市場空頭來襲，聯電下跌至 80 元，而權證價格會因聯電下跌而上漲至 60 元，此時老王有兩種選擇：

1. 履　約

老王以 120 元向券商履約，券商必須以 120 元價位向老王買進聯電一張，而老王只要在市場上先買進 80 元的聯電一張，馬上現賺 40 元差價，再扣除成本 20 元之後，淨賺 20 元。

2. 市場上賣出認售權證

現賺淨利 40 元。

認售權證是看空股票的金融商品。

17.11　認購權證操作策略

就認購權證操作策略上可分為避險與投機兩種，而這兩種策略皆是利用高度財務槓桿的特性來操作，主要方式為當股價已經大漲一段，且價位逼近壓力區，但多頭趨勢已形成，後市可能還有更高價時，此刻可於股市賣出持有的股票，將獲利的部分買進認購權證（即為買權；call），其優點為當股價續漲時，權證的價格亦漲；若股價下跌時，則最大的損失只有權利金；此外，亦可以不賣出持有的股票，而買入看空的權證（即賣權；put），其優點為當股價上漲時，所持有的股票仍持續獲利，而在權證方面最大的損失只是權利金的部分；若股價下跌，則權證價格會走高，可以彌補股價下跌的損失，這兩種操作方式即為避險；而若是投入資金比率過大，運用高度財務槓桿來操作，造成很大的損益即為投機的操作方式。在國外認購權證對股市並無明顯影響，但臺灣股市散戶比重達九成，初期可能成為炒作的題材，對股價產生助漲助跌的效果。

與本章主題相關的網頁資訊：

實來權證投資網：http://warrantnet.com.tw/

永昌證券集團——衍生性金融商品網：http://www.entrust.com.tw/cover/

中信證券集團——認購權證基本定義：http://www.kgieworld.com.tw/classroom/media/classroom_m_warrant_01.htm

17.12　本章習題

1. 何謂認購權證?

2. 投資認購權證有哪些優點?

3. 投資認購權證有哪些風險?

4. 何謂槓桿倍數?

5. 影響認購權證價格之最主要因素為何?

6. 如何選擇認購權證?

7. 履約時以現金結算或證券給付是什麼意思?

8. 何謂內在價值?

9. 什麼是權利金?

10. 認購權證能以小搏大嗎?

第 *18* 章
共同基金

18.1　共同基金的意義　／392

18.2　共同基金的種類　／396

18.3　共同基金的各種收費　／401

18.4　定時定額基金　／403

18.5　挑選合適的基金　／406

18.6　本章習題　／408

2003 年 1 月以來的股市投資氣氛較去年為佳，以共同基金投資來觀
察，2003 年 1 月份，整體投信共同基金市場規模由去年底的 2.181 兆
增加到 2.29 兆，淨增加了 1,087 億元，增幅 4.99%，其中國內、外債
券型基金仍是投資金額增加最多的標的，分別較前月增加了 903.6 億
及 12.72 億元，增幅為 4.89% 及 38.50%，顯示債券型基金的魅力仍然
不減。

而 2002 年大幅萎縮的股票基金市場，在 2003 年 1 月底時，亦較去年
底增加了 130.36 億元，增幅 4.39%，此外，可在股票市場與債券市場
做平衡佈局的股債平衡型基金，則更是大幅增加了 40.74 億元，增幅
11.94%，投資市場中股、債型基金皆同步增加。

群益投信指出，未來的財富管理觀念將不再偏執於追求高報酬，而是
均衡佈局於股市、債市及國內、海外等市場，以期追求「報酬合理化、
風險最小化」，事實上，由國內債券型基金與國外債券型基金規模及投
資人數不斷的大幅增加顯示，這樣的投資觀念已蔚為趨勢❶。

18.1　共同基金的意義

共同基金，在十九世紀時創始於荷蘭，卻發揚於英美各國，成為歐美個
人及家庭的一種理財工具。簡單的說，共同基金就是集合眾人的資金，委託
專家操作，共同分享投資利潤及承擔風險的一種金融商品。

共同基金 (mutual fund) 是由專業的證券投資信託公司合法（依信託業法
第二十九條之規定申請）募集眾人的資金，以發行受益憑證的方式，交由基
金經理人投資運用的投資工具。共同基金亦就是匯集小額投資人的錢，把小
錢變成大錢。由專業人士管理，使資金持續不斷的成長，而收益則與原來的
投資人共享的一種工具。

---

❶　摘自 ET Today 網路新聞，「債券型基金魅力不減　海外債券基金今年看俏」。http:
//www.ettoday.com/2003/02/19/185-1414526.htm#

◎ 18.1.1　共同基金的主要特色

(1)集合眾人資金共同投資。

(2)分散投資風險。

(3)專家經營管理。

(4)平均投資報酬率較存款高。

(5)自己不必花費太多的心思與時間。

(6)變現性、流通性大。

(7)大額投資另有優惠。

◎ 18.1.2　共同基金的運作

基金的運作是投資人，將投資的金額交由基金經理人、並支付基金資產保管機構（通常為銀行）的費用，保管費 (custodian fee) 是從基金資產中自動扣除，投資人不須另外支付。一般而言，基金保管費用約為 0.2% 左右。基金保管機構 (custodian) 替共同基金保管資金，並依照基金公司的投資指示處分資產，證管會對銀行或保管機構定期查帳，並對經理公司負有監督的責任。

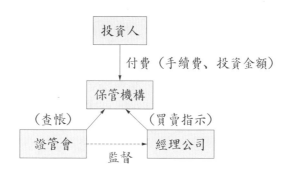

◎ 18.1.3　共同基金的收益

共同基金的獲利來源，一般來說，可分成三部分：利息收入、股利收入和資本利得。

1.利息收入

基金除了投資主要投資標的外，通常會保留某些比率的現款，以備投資人贖回基金時可立即付現，根據證期會規定，國內基金必須最少保留 5% 的現金❷，而這些現款則存在銀行或購買短期票券收取利息，所以基金也會有利息收入❸。

2.股利收入

除了債券型基金或貨幣型基金，股票型基金會把大部分資金投資於股市，由於一般基金強調長期持有投資的觀念，只要產業基本面不改變，不會任意將績優成長股票全數賣出，因此每年到了上市、上櫃公司配股配息的時間，基金公司因手上握有股票，自然可以分配到股利。

3.資本利得

股票型基金除了股利收入外，倘若將手中股票賣出而獲利，這部分稱實現的資本利得。

◎ 18.1.4　共同基金的風險

1.市場風險

市場行情隨經濟景氣的枯榮而高低起伏。共同基金的投資標的，不管是股票、債券、貨幣、貴重金屬等，亦會隨著景氣變動而產生波動。所以，當投資標的行情不佳時，基金的淨值也會隨之下降。

2.利率風險

不管是債券型基金或股票型基金都對利率相當敏感。尤其是債券型基金，當利率上揚時，債券殖利率也隨之水漲船高，債券價格隨即下跌，債券型基金的淨值也會因此減少。

---

❷　依信託業法第三十六條規定，應保持適當之流動性。
❸　依財政部所頒「共同信託基金管理辦法」第二十二條規定，基金運用於現金及銀行存款之合計不得超過基金資金百分之二十。

3.匯率風險

海外基金的計價幣別是外幣，因此很容易受匯率市場變動的影響，若該計價貨幣貶值，就會影響到該基金的投資報酬率。

◎ 18.1.5 購買方式

⑴購買地點：銀行信託部、投資顧問公司、證券公司。

⑵準備物品：身分證、印章、錢。

⑶告知欲購基金及投資方式，如怡富日本基金以整筆一次投資或定時定額的小額投資。

◎ 18.1.6 錯誤的投資觀念

⑴預期的獲利設定太高。

⑵追高殺低，進出頻繁。

⑶因基金某段期間的表現好就投資。

⑷投資組合太集中。

⑸不清楚投資的目標、管道。

◎ 18.1.7 如何選擇適當的投資組合

⑴訂定投資的計畫、目標及獲利率。

⑵考量自己的財力、需要。

⑶去除不合適的基金。

⑷考慮基金的表現重於手續費。

⑸分散投資的時點、地區。

⑹時常關心基金及可能影響基金的因素。

◎ 18.1.8 共同基金投資策略

⑴看好後市整筆買進、看壞後市定時定額買進。

(2)愈早投資，費用愈少，成果愈大。

(3)定時定額為主軸，整筆買賣為輔。

(4)基金搭配銀行零存整付，投資有彈性。

(5)買時隨便、賣時分次。

(6)利用海外基金來節稅。

18.2　共同基金的種類

共同基金的種類可依照投資目的、投資標的、發行方式、發行地域和組織方式加以區分。

◉ 18.2.1　依投資目的區分

共同基金的種類依照投資目的區分，可分為收益型基金、成長型基金和平衡型基金。

1.收益型基金

此類基金強調的是追求固定、穩定的收入，因此投資標的自然以債券或票券為主。最大的優點是損失本金的風險很低，投資報酬率也略優於銀行定存，因為每年通常都會配息。此外，收益型基金淨值的變動與利率走勢有絕對的關係。在利率水準下滑的趨勢中，有可能產生資本利得，反之則有損失。

2.成長型基金

以追求長期資本利得為主要目標，為達成增值目的，這類基金通常以業績、盈餘展望較佳且股性較為活潑的股票為主要投資標的；而固定配息的投資工具，如特別股、公司債、公債、票券所佔比例極小。在操作模式上，這類基金往往隨著行情起伏，而影響到基金本身的淨值，投資人應隨時掌握買賣時點才有利可圖。

3.平衡型基金

又稱為成長兼收益型基金,其特色是介於成長型基金及收益型基金之間,把資金分散投資於股票及債券,希望在資本成長與固定收益間求取平衡點。理論上,這類型的投資報酬率應介於收益型與成長型基金之間。在股市大跌時,表現應優於成長型基金;反之,在多頭行情中,漲幅則較收益型基金為佳。

18.2.2　依投資標的區分

共同基金的種類依照投資標的區分,可分為股票型基金、債券型基金、貨幣型基金、外匯基金、小型企業基金、股票指數基金、認股權證基金、商品基金、可轉換公司債基金、房地產基金和店頭基金等。

1.股票型基金

以股票為主要標的,並以少量資金投資於其他高流動性資產。有些基金公司採取融資操作方式投資於股市,這種資金固然在多頭市場有較大的漲幅,但在空頭市場時風險也較大。

2.債券型基金

債券型基金通常把資金投資於債券市場,賺取利息收入。債券型基金依到期日的長短及債信差異而有不同的報酬水準。政府公債的債信最好、風險最低,但利息收入很少;公司債依公司信用評等而有不同的報酬率,以期限長短而論,期限較長的債券報酬率比期限短的債券高。

3.貨幣型基金

主要投資於商業本票、可轉讓定期存單和其他短期票券,是低風險、低報酬的基金。通貨膨脹初期適合投資此類基金,因為短期利率節節高升,既不利於股市,也不利於債市。在債市、股市走勢不明時,可將資金轉換至貨幣型基金,以規避市場風險,我國預計於 2003 年中過後,首次推出貨幣型基金❹,規定投資組合採三分之二以上為 1 年期以內之短天期貨幣市場工具,

另三分之一投資於債券，依共同信託基金管理辦法第二十二條規定，非貨幣型基金投資於貨幣市場標的之總額，不得逾其募集發行額度之百分之三十。

4.外匯基金

外匯基金以各國貨幣為投資標的，利用外匯金融工具賺取匯兌利益，例如現貨外匯、外匯保證金、外匯期貨、外匯選擇權等。這種基金的淨值起伏極大，風險亦高。

5.小型企業基金

此類基金投資於成長潛力大，較少被注意的小型企業。小型企業由於彈性大，反應靈敏，在景氣復甦期的表現往往優於大型企業。投資此類基金的時機在於經濟景氣循環的復甦期。

6.股票指數基金

此種基金的投資組合以構成指數的股票為主，以達到與股價指數同步成長的目標。指數基金因分散投資於各產業，因此不易因為單一產業的變動而大起大落。有時候該種基金直接投資於股票指數期貨，或股票指數選擇權，我國於 2003 年才推出股票指數基金，其費用較一般共同基金低，只須付券商千分之一點四二五的手續費，出售時另付千分之一的證券交易稅（出售股票證交稅為千分之三）。

7.認股權證基金

主要投資於上市公司的股票認股權證，是一種高風險高收益的基金。由於股價漲跌直接影響認股權證的價值，因此認股權證的價格會受股價影響，產生槓桿作用。也就是說，在股價上升時，漲幅超過股票；而股價下跌時，跌幅更深。

---

❹ 據 2003 年 6 月 2 日《工商時報》報導，就算取得發行貨幣基金的信託業者，亦是要等待「投信投顧實際操作辦法」出爐後，才能著手進行發行工作。

8.商品基金

商品基金包括黃金或貴重金屬基金、能源基金、石油基金等，這類型的基金在對抗通貨膨脹上有卓越的功效。

9.可轉換公司債基金

主要投資於可轉換公司債，投資人可以在一定的期限內，請求以一定的價格將公司債轉換為股票，同時在該期限內享有與債券相同的固定配息收益，此類基金的報酬率與風險介於債券型基金與股票型基金中間。

10.房地產基金

此類基金的收入來源除了資產增值之外，還有房租收入。房地產是對抗通貨膨脹的理想工具，房地產基金亦然。由於房地產本身變現能力極低，因此房地產基金多半會有較嚴謹的贖回規定。

11.店頭基金

店頭基金為國內投信公司的新基金產品，其主要的投資標的是在國內的店頭 OTC 市場。

◉ 18.2.3 依發行方式區分

共同基金的種類依照發行方式區分，可分為開放型基金、封閉型基金與半封閉型基金，其主要的差異在於買賣方式、價格決定、發行持份單位和投資比例的不同。

1.開放型基金

開放型基金的總發行單位數不固定，投資人可以隨時按當時的淨值(NAV)向投信公司贖回或買進，可以選擇一次贖回全部的單位數或是選擇部分贖回，彈性很大。一般公開說明書上會規定在基金正式成立後之若干天後，才可開放給投資人贖回，有的基金甚至沒有賣回時間的規定。

2.封閉型基金

封閉型基金發行的總發行單位是固定的，發行期滿後基金即不開放給投資人買進或賣出，故其總單位數是固定的，不會再有增減，投資人不得請求發行機構贖回，但可透過證券經紀商在交易市場買賣。其成交價格是由市場的供需所決定，而不是反映出基金的資產淨值。

3.半封閉型基金

發行在外的持股數基本上是固定的，但也允許受益人在固定的時間內贖回。保本型基金即屬於此類型基金。

◉ 18.2.4　依發行地域區分

共同基金的種類依照發行地域區分，可分為全球型基金、區域型基金和單一國家型基金。

1.全球型基金

投資標的遍及世界各金融市場，但以美、日、英、法等主要金融市場為主，其他新興市場為輔，該種基金最具分散風險的特色，其漲跌也較不明顯，因為在各地的投資報酬率截長補短下，淨值變動一定較投資於單一國家或者區域型基金為小。

2.區域型基金

以投資於特定區域為標的，其投資風險較投資於單一國家為小。

3.單一國家型基金

以特定國家為投資目標，其投資風險雖較全球型基金或者區域型基金為高，但是與投資單一股票相較之下具有分散風險的作用。

◉ 18.2.5　依組織方式區分

共同基金的種類依照組織方式區分，可分為契約型基金、公司型基金。

1.契約型基金

該基金以信託契約為依據來組成及管理基金，並以發行基金單位或受益憑證方式來籌集基金。信託契約由受益人的投資人、保管銀行及專業投資管理公司的經理人三方面訂定。

2.公司型基金

該類型基金根據公司法成立，以持份方式籌集基金。初期由投資發起人創立的投資公司，便是基金經理公司，以後兩者分開了，另選一家基金經理公司來管理公司基金的資產營運及投資操作，並另找一家保管銀行，負責帳務處理，有時可能還有一家承銷公司負責承銷基金。

18.3　共同基金的各種收費

由於基金是由基金經理人負責投資，銀行負責保管投資人資金，因此，一般基金的費用包括有經理費、保管費、手續費、銷售費等等，目前證期會已針對各種費用訂定某一範圍,各種基金所收取的費用費率皆不可超過規定；而且國內基金與海外基金其收取的費用範圍亦不同。　相關費用如表 18.1 所示：

表 18.1　國內基金與海外基金費用

項目	國內基金	海外基金
管理費（年）	1.5%～1.7%	0.5%～2.75%
保管費（年）	0.15%～0.17%	0.04%～0.2%
申購手續費	0～1.5%	1.5%～3%
信託管理費	無	0～0.5%
買回手續費	大部分為0	大部分為0

若至銀行申請買回基金，銀行通常會收取約 50 元不等的手續費。

◎ 18.3.1　基金之相關費用

基金之相關費用包括管理費、保管費、銷售費用、買回手續費、召開受益人大會費用及其他費用，以下係國內某家基金收費標準。

1.管理費

每年基金淨資產價值之 1.6%。但基金自成立起 6 個月後，除基金信託契約規定之特殊情形外，投資於上市、上櫃股票總金額為達基金淨資產 70% 部分，減半計收經理公司報酬。

2.保管費

每年基金淨資產價值的 0.15%。

3.銷售費用

⑴未達新臺幣 100 萬元者，銷售費用費率為 2%。

⑵新臺幣 100 萬元（含）以上，未達 500 萬元，銷售費用費率為 1.5%。

⑶新臺幣 500 萬元（含）以上，未達 1,000 萬元，銷售費用費率為 1.0%。

⑷新臺幣 1,000 萬元（含）以上，銷售費用費率為 0.5%。

4.買回手續費

至買回代理機構辦理者每件新臺幣 50 元，以郵寄或至基金公司辦理者免收買回手續費。

5.召開受益人大會費用

預估每次新臺幣 100 萬元，若未召開大會，則無此費用。

6.其他費用

包括取得或處分基金資產所生之經紀商佣金、證券交易手續費、本基金應支付之一切稅捐、訴訟或非訴訟費用、清算費用等，須依實際發生金額為準，所列費用為市場概況，詳細應依各基金公開說明書為準。

18.3.2　共同基金的稅負

　　投資共同基金不外乎希望獲利，假如小王以 12 元淨值購入某一檔基金 1,000 個單位，在淨值 22 元時贖回，若不考慮基金投資的手續費、管理費等費用後，買賣基金差價利得約 10,000 元，這部分屬於證券交易所得，由於目前停止課徵，所以無論投資開放型基金或封閉型基金，皆免稅。除了買賣基金的差價所得外，投資人將錢交給基金公司負責操作，其獲利來源可分為股票資本利得、股票股利及利息收入等。有關共同基金的稅負如表 18.2 所示：

表 18.2　共同基金的稅負

項目 ＼ 基金種類			國內開放型基金	國內封閉型基金	海外基金
一、所得稅					
收益分配	基金買賣差價利得		免	免	免
	利息所得	一般利息	應稅(有 27 萬免稅額)	應稅(有 27 萬免稅額)	免稅
		分離課稅利息	已繳	已繳	免稅
	股利所得		應稅(併入個人綜合所得內，有扣抵額)	應稅(併入個人綜合所得內，有扣抵額)	免稅
	資本利得		免稅	免稅	免稅
二、交易稅					
證券交易稅			無	賣出繳0.1%	無

18.4　定時定額基金

　　定時定額基金是由投資人，每月固定投資一筆錢，委託基金經理人投資運用，投資共同基金也可以一次單筆購買。這種小額投資方式頗適合無大筆資金投資、具長期理財需求的人。因定期定額法是人們最佳理財方法之一，常被稱為「小額投資計畫」、「懶人理財術」和「傻瓜理財術」。

◉ 18.4.1　定時定額基金的特質

定時定額法本身具有兩項重要特質，讓它成為人們最佳理財方法之一，其中之一就是複利效果。複利是依據本金及任何已賺得但尚未支付或提取之利息來計算。也就是說，本金所產生的利息會加入本金繼續再衍生利息，產生利上滾利的效果。

為了讓大家更瞭解複利的意義，我們以銀行存款為例來說明單利計息與複利計息之不同。假設子方在第一銀行存入 $100,000，存款年利率是 3%，並以單利計算利息；同時，他亦在華南銀行存入 $100,000，存款年利率同為 3%，但以複利計息。假設子方在 5 年內均不曾提取任何利息，則 5 年後，子方在兩家銀行收到的利息會有 $927.4 之差額，如下表所示。

表 18.3　單利計息

年　度	單利計算	年底累積餘額
第 1 年	$100,000 × 3% = $ 3,000	$103,000
第 2 年	$100,000 × 3% = $ 3,000	$106,000
第 3 年	$100,000 × 3% = $ 3,000	$109,000
第 4 年	$100,000 × 3% = $ 3,000	$112,000
第 5 年	$100,000 × 3% = $ 3,000	$115,000
利息總額	= $15,000	

表 18.4　複利計息

年　度	複利計算	年底累積餘額
第 1 年	$100,000 × 3% = $ 3,000	$103,000
第 2 年	$103,000 × 3% = $ 3,090	$106,090
第 3 年	$106,090 × 3% = $ 3,182.7	$109,272.7
第 4 年	$109,272.7 × 3% = $ 3,278.2	$112,550.9
第 5 年	$112,550.9 × 3% = $ 3,376.5	$115,927.4
利息總額	= $15,927.4	

由以上例證，可看出複利的利上滾利之效果。

運用本書第 3 章有關貨幣的時間價值的觀念，如果要將複利效果發揮至

最大，還必須配合時間因素。我們再以子方為例，他投資於第一銀行與華南銀行的存款，在第 5 年年底時已出現了 $927.4 的差異，若把投資期間拉長到 20 年，根據演算，兩者差距將達 $20,610。所以，投資時期愈長，複利效果愈明顯。

定時定額申購基金的另一個特質是平均成本，它能幫你平均持有成本，讓你的投資更具價值。你在每月固定日期投資固定金額時，淨值下跌時申購單位較多、淨值上升時所購單位較少，此即產生平攤成本的結果。此外，由於此法避免進場時點的考量，故沒有個人股票投資「追高殺低」的風險，反而因平均成本、固定投資而做到了「逢高減碼、逢低加碼」的調節。舉例來說，若你每月投資新臺幣 $10,000，每月 1 日扣款，由表 18.5 可看出平均成本的效果。

表 18.5　平均成本效果

項　　目	基金淨值	申購單位數
5 月 1 日	$10	1,000
6 月 1 日	$13	769.2
7 月 1 日	$15	666.3
8 月 1 日	$13	769.2
9 月 1 日	$14	714.2
平均淨值	$13	3,918.9
單位成本	$50,000／3,918.9 = 12.76	

18.4.2　定時定額共同基金的優點

定時定額投資共同基金除了具有共同基金之特色、及複利效果、平均成本兩大特質外，它更獨有三大好處。

1.輕鬆投資，手續簡便

投資人只要填妥基金公司的「定期定額申購書暨直接轉帳付款授權書」並附上相關文件寄回基金公司，即可開始你的基金投資。之後每月基金公司

會由投資人所指定的轉帳銀行，在特定日期自動扣款作為當月申購，投資基金就如繳水電費一樣輕鬆方便!

2.小額投資，希望無限

定期定額投資共同基金每月最低只需 3,000 元起，依各家公司不同亦有一個月 4,000 元、5,000 元，相當適合手邊較無閒置資金的薪水一族。你只要每月節省少許零用錢，就可開始創造自己的未來無限希望。

3.定時定額扣款，避免追高殺低

以定期定額法投資共同基金，透過每月扣款，讓你月月都可輕鬆理財，不用天天在股市與人廝殺。

18.5　挑選合適的基金

現在，我們對共同基金已有初步認識，明白各基金因主要投資標的有所差異，便有高低不同的投資風險，每個人因年齡、社會階段、財務能力不同，就應該選擇不同種類、屬性及風險程度的基金。

表 18.6　人生各階段合適之投資方向

人生階段 項目	青年階段	成長階段	黃金階段	退休階段
年齡	20～30	31～40	41～60	60
社會階段	單身、社會新鮮人、事業剛起步	已婚、事業起飛、子女教育經費、開始累積財富、家庭開支增加	收入達高峰、經濟負擔減輕、有稅負問題、做退休準備	收入遞減、生活開支增加
財務能力	弱	中強	強	弱
風險偏好	高	中	低	低
投資目的	創造財富	創造並累積財富	累積財富	保本
投資標的	單一國家型 產業型 區域型	單一國家型 區域型	國際型 區域型	國際型 債券型

選到誠信不佳的基金公司，投資人的權益將蒙受損失，在 1998 年爆發國內某兩家基金公司，因旗下債券型基金購入不良公司債，結果兩家公司竟以互買方式隱瞞虧損，造成投資人財產損失，故投資人有必要以更謹慎的態度來選擇基金公司，建議可以根據下列四項標準選擇：⑴股東背景；⑵基金公司旗下基金績效；⑶人員素質；⑷售後服務。

1.股東背景

投資人可以參考股東背景作為該公司誠信的標準之一，其次，基金為中長期投資，基金公司股東背景堅強，才可確保長期穩健經營；此外，國際金融瞬息萬變，連動性高，能掌握全球動脈，擁有遍佈全球的研究網路，在投資的勝算上更有把握。

2.基金公司旗下基金績效

過去績效並不代表未來的表現，但仍可透露公司之操作特性，若長短期投資表現皆良好，風險度控制在一定的水準，則該基金公司必是一家穩健、有效率的公司。

3.人員素質

基金公司主要的資產為人，人員素質的好壞，往往影響到內部控管，人員素質佳，則公司必能長久，基金的操作也就能長期穩定成長。

4.售後服務

要投資就必須隨時掌握市場資訊，才能選擇在最佳時機進場或出場，因此基金公司能否定期提供市場資訊、客戶服務中心及電話傳真查詢等，便成為重要的考慮關鍵。

挑選定時定額基金除了根據投資人的年齡、風險接受度、家庭成員、理財目標等因素作選擇外,你還必須注意有些基金是不適合進行定時定額法的。因為定時定額法是為了長期理財而使用的方法，倘若選擇了不適合長期投資的標的，其結果將可能與投資人預期大異其趣。基本上，若投資年限為 3~5 年，建議可投資目前景氣循環正由谷底翻升的單一國家或區域型基金，掌握

景氣起飛的時機。若投資年限超過 5 年，可投資產業成長趨勢明顯的產業型
基金、或全球股票型基金，享受經濟長期成長的成果。

與本章主題相關的網頁資訊：

中華民國證券投資信託暨顧問商業同業公會──共同基金簡介：http://www.sitca.org.tw/
G0000/G1000.ASP

基金學堂──高級班：http://www.asim.com.tw/demosite/fundschool_3_1.htm

富蘭克林全球理財網：http://www.franklinsinoam.com.tw/news/511.htm

新竹國際商銀──共同基金：http://fund.hibank.com.tw/servlet/newuser.new1?ptype = n1

18.6　本章習題

1. 共同基金的定義為何？

2. 何謂基金淨值？

3. 共同基金的優點為何？

4. 開放型基金和封閉型基金如何區別？

5. 請問共同基金可以投資的方式有幾種？

6. 常見到單筆投資及定時定額投資兩種分類，究竟哪一種方式比較好？

7. 哪些理財目標是適合以定時定額的方式來達成的呢？

8. 常聽到人家說定時定額投資可以累積財富，達成長期理財目標，可是為什
   麼市場在多頭時，定時定額的報酬又比單筆投資低？

9. 市面上有這麼多基金可以定時定額方式購買，應該如何選擇呢？

10. 以定時定額的方式投資和一般一次買進投資共同基金有何不同？投資人應
    如何選擇？

11. 相較於其他投資工具，例如銀行的零存整付或民間跟會，以定時定額的方
    式投資有何優缺點？

19.1　國際金融業務分行　/ 410

19.2　境外公司或紙公司的節稅、避險　/ 418

19.3　兩岸貿易與OBU運用　/ 423

19.4　本章習題　/ 426

財政部擬開放「國際金融業務分行」(OBU) 對大陸臺商授信的政策，引發資金外流的疑慮；對此，財政部金融局長曾國烈 2002 年 8 月 27 日在立法院表示，OBU 雖設於國內，但其服務對象主要以境外客戶為主，財政部也已訂定相關風險市場管理措施。開放 OBU 辦理對大陸地區臺商授信的資金來源並不取自國內，因此沒有資金外流的問題。曾國烈昨早應邀參加台聯立院黨團早餐會時並強調，由於政府已開放國內廠商得與大陸地區廠商，從事直接貿易與直接投資，在兩岸金融業務方面，有必要增加 OBU 的附加功能，吸引廠商將資金調度據點由海外轉回國內，從而產生資金回流效果。

至於 OBU 承辦此項授信業務的門檻，曾國烈指出，依據規劃只有財務健全、風險管理良好的銀行，如資本適足率達到 8% 以上，以及逾放比低於全體銀行平均逾放比，才可辦理對大陸臺商的授信業務。

同時，曾國烈表示，政府對於 OBU 辦理對大陸臺商授信業務，已訂定包括：一、採總量管制機制，對大陸臺商授信餘額不得超過大陸臺商存入款餘額；二、授信業務不逾國際金融業務分行上半年度決算後資產淨額的 30%，其中無擔保部分不得逾其資產淨額的 10%；三、授信客戶限經政府規定許可者；四、確實查核授信戶的信用狀況，以確保債權；五、不得收受境內股票、不動產及其他新臺幣資產作為擔保或副擔保。不過，台聯仍要求，在財政部未能完全落實陳水扁總統的「二五八金改計畫」，亦即讓臺灣金融業的逾放比在 2 年內降至 5%，資本適足率維持在 8% 以上，開放 OBU 對大陸臺商授信的政策應該放緩（中央社陳鳳英／臺北報導，2002/08/28）。

19.1 國際金融業務分行

國際金融業務分行 (offshore banking unit, OBU) 俗稱境外金融中心，此為各國政府為吸引外國公司到本國銀行從事金融活動而設計之金融單位。我國

為促進金融國際化，於 1983 年 12 月 12 日公佈「國際金融業務條例」（以下
未特別加註條文者，均指本條例），於 1984 年 4 月 22 日公佈「施行細則」，
開放外匯指定銀行設立「國際金融業務分行」，開始 OBU 的操作。初期國內
之 OBU 僅能從事存款、放款、匯款之業務，在 1992 年 5 月 15 日中央銀行將
OBU 的業務範圍大幅放寬，最顯著的是准許 OBU 承辦信用狀的開發、通知、
押匯。因為臺灣的經濟性質與國際貿易息息相關，尤其在兩岸經貿活動愈來
愈熱烈之際，信用狀業務的開放，使得 OBU 的功能得以大大的發揮。立法院
並於 1997 年 9 月 25 日三讀通過修正「國際金融業務條例」，開放國人可在各
國際金融業務分行申請外幣存款帳戶，不再限制 OBU 僅能與外國人往來，開
放 OBU 經紀國外有價證券、衍生性金融商品的業務，此次修法，可積極提升
本國銀行與其他國外金融機構的競爭力，擴大境外金融市場規模。

OBU 可類比喻為「金融業的加工出口區」在「境外金融中心」之交易，
業務以國外狀況視之。故不受中華民國境內有關金融管制法令之限制（第五
條）。

目前國內大部分的指定外匯銀行均有 OBU 的設置，中央銀行甚至核准
外商銀行在臺灣沒有設立分行的銀行，只要符合條件，亦可在臺灣設立 OBU。

◉ 19.1.1　OBU 的業務範圍（第四條）

⑴接受外幣存款、放款、匯款、外幣票據貼現及承兌。

⑵信用狀的開發、通知、轉讓、押匯，以及承兌交單 (D/A)、付款交單
(D/P)。

⑶承作外幣之買賣、遠期外匯 (forward foreign currency)、外幣選擇權
(foreign currency options)、利率交換 (interest rate SWAP)、金融期貨
(financial futures)。

⑷透過國際市場運用資金，如拆放予銀行同業。

⑸得購買國外共同基金及可轉換公司債，唯購買可轉換公司債須具結承
諾不轉換為股票，以符合不准直接投資之業務限制。

19.1.2 OBU 的限制

⑴融資時，如同外國銀行，因此融資時，應依照向國外銀行融資 (第六條)。

⑵辦理外匯存款，不得收受外幣現金，不得兌換為新臺幣來提領 (第七條)。

⑶非經中央銀行核准，不得辦理外幣與新臺幣之交易及匯兌業務(第八條)。

⑷不得辦理直接投資及不動產投資業務 (第九條)。

19.1.3 OBU 的特點

1.租稅規定寬鬆，境外所得免稅

境外金融中心設立的主要收入來自允許外國人設立公司時所收之規費，故為吸引其來設立，多給予境外資本所得、境外股利所得、營業利益等免稅優惠。除非到國內營業，不對中華民國申報及繳納所得稅。

2.規避政治風險

用境外公司對中國大陸投資，除了符合兩岸人民關係條例，且可規避中國大陸基於政治因素，可能對臺商的迫害。

3.海外控股上市

目前臺灣法令尚不允許以外商公司申請上市,但在其他國家卻頗為常見。例如：設立在開曼群島的境外公司，可在香港及新加坡股票市場掛牌交易。

4.金融業發達，商業交易及銀行資料受法令嚴密保障

多數境外公司之董事及股東資料是不須向公眾公開，且除非法院命令銀行，否則對第三人無提供資料之義務。

5.資金調度自由

境外公司可將盈餘無限制保留，延緩課稅。且資金保留在境外有利於全球各子公司的靈活調度。

6.國際貿易及採購公司

對一個牽涉到國際貿易之企業來說，若能將控管中心置於一個稅負較低之地方，是有可能藉此降低其整體之稅負，例如在免稅天堂設立一個境外公司，再利用買賣商品間價格之高報或低報，來調節利潤。或者利用境外公司將產品由一國賣到另外一國，但將此項交易的利潤留在此稅負很低的境外公司，亦可省下很多的稅。以下為常見運用 OBU 之類型：

⑴臺灣接單，大陸出口（或其他國家）者。

⑵對大陸有付款及作帳問題者。

⑶國外客戶要求高報或低報進口價格者。

⑷海外技術金、權利金、顧問費或加工費難沖銷者。

7.個人理財

由於近年來臺灣經濟蓬勃發展，個人財富累積快速，如何作好財富規劃及降低稅負已是當務之急。尤其以高資產者想規避遺產稅、贈與稅，境外公司 (OBU) 不愧是一個理想的理財方式。

8.國際投資

企業在國內發展到某一階段，或為了擴大市場，尋找原料或降低生產成本等因素都須進行對外投資。但對外投資牽涉到的問題就較國內投資複雜，首重政治及經濟的風險以及稅負的考量，但若以境外公司作控股公司再前往投資，一來可免除原來國家的稅負及法律上的限制；二來盈虧自理，跟原來公司沒有牽扯。

◉ 19.1.4　OBU 的優惠措施

由於通訊設備的發達，已使國際性資金的流動更為頻繁且快速，境外金融中心如果要吸引這些國際性資金進入該市場，必然要有一些不同於境內金融市場的優惠措施。同時該境外金融中心的參與金融機構也才願意積極地推動該項業務，逐漸使該地區的境外金融中心發展成為國際金融中心。

各地區境外金融中心的優惠措施因背景不同而有差異，主要的優惠措施可歸納如下列幾點：

1.無利率上限之限制

境外金融中心的金融機構可依自身的資金成本決定存款利率或放款利率，即可與客戶互議定存放款利率（第十二條）。

2.免提存款準備金

此可增加境外金融機構可運用的境外資金，活絡境外金融中心的資金流動力（第十一條）。

3.免徵營利事業所得稅

凡從事境外金融業務的機構皆可免繳營利事業所得稅，此一措施亦成為這些金融機構用以節稅的管道（第十三條）。

4.免繳印花稅或營業稅

一般印花稅或營業稅都是轉嫁予貸款客戶，免繳此一稅項後有助於減輕貸款客戶的負擔，便於境外放款業務的推動（第十四條、第十五條）。

5.對支付之利息免扣利息所得稅

OBU 所支付之利息，免予扣繳所得稅（第十六條）。

我國境外金融中心除具有上列之各項優惠措施外，亦不受外匯管理條例、銀行法、及中央銀行等有關規定之限制（第五條），其目的即在於使我國的境外金融中心透過較少的管制，以吸引國際性資金參與我國的境外金融業務。尤其在國建六年計畫中，將建立臺北成為區域金融中心的目標納入其內，加上我國多年來累積巨額的外匯存底，目前已成為世界資金的主要供給者，在國內金融不斷地走向自由化、國際化的政策下，使臺北成為區域金融中心的主客觀環境可謂已日漸成熟。

◎ 19.1.5 注意事項

(1)當 OBU 帳戶的外幣轉為新臺幣時，必須做匯入匯款處理。如匯給公司，則必須做臺灣公司的營業收入。

(2)OBU 帳戶的公司因常為紙公司 (paper company)，故一般而言在銀行沒有信用額度，通常以下列方式取得信用額度。

A.在同一銀行內由母公司擔保額度共用或做 credit line allocation。

B.在不同銀行間，用擔保信用狀 (stand-by L/C) 方式取得額度。

C.以信用狀託收方式取得額度。

D.以轉讓方式取得額度。

E.用外幣定存單質押取得額度。

F.利用買主的信用狀額度押匯。

G.選擇開狀行：選在臺灣有分行之外國銀行開狀。

(3)在 OBU 押匯，省掉所得稅的負擔，但不能創造公司實績，故下列情況要注意：

A.上市公司必須有合理、合法的安排，否則難以面對證期會及股東會。

B.準備上市的公司不宜做，以免減少業績。

C.需要本地銀行授信額度增加時。

D.要列入績優貿易廠商名錄時。

◎ 19.1.6 在 OBU 接收信用狀

1.通知銀行的選擇

最好選擇開狀行、通知行為同一家銀行，以後做信用狀轉讓 (transfer) 時不需額度，或押匯時較方便。

2.受益人如何接受信用狀？地址的安排？

受益人為在 OBU 內的 paper co.，請 buyer 將信用狀開到臺灣的銀行 OBU 內，在臺灣接狀、押匯，而讓臺灣的銀行 OBU 人員通知本地母公司人員。

◉ 19.1.7 OBU 在國內各銀行的操作狀況與運用之道

⑴在現行法律規定下，OBU 可操作外匯的存、提、放、匯款及信用狀的開發、通知、轉讓、押匯等各種項目，但不見得每家銀行都如 full operation，因此要在 OBU 開戶之前，最好先問清楚。

⑵在 OBU 開戶手續，基本上須持有外國公司執照或外國護照，但每家要求不同；有些銀行還會要求公證手續，甚至須指定律師。

⑶在臺灣出貨，在 OBU 押匯有些銀行不一定被接受。

⑷英屬維京群島 (BVI)、薩摩亞、巴哈馬，是有名的租稅天堂，由於零稅率，頗受歡迎。

⑸美國公司是最近前往大陸投資，為增加安全性，使用的國家，美國公司是屬人主義，因此是它的弱點，解決之道是：

A.壓低盈餘，使納稅金額降低。

B.找美國的租稅天堂，德拉瓦州，其有獨特的規定：

(A)股東全數需外國人。

(B)在美國境內沒有營業收入。

⑹最新去大陸投資的建議方式，投資人是美商公司，貿易往來是租稅天堂公司，有保護力及省稅。

⑺不要選太偏僻的租稅天堂，因為有些紙公司，臺灣的銀行不熟悉，常造成開戶的困擾。

⑻銀行的選擇，以臺灣母公司往來銀行為優先考慮，因為有往來關係較易辦事，加上額度的使用較方便。

⑼各 OBU 操作的差異在大陸經貿，三角貿易 (triangular trade) 及開狀等方面較大，如果只是存款，各銀行的差異則不大。

⑽如果陌生客戶到銀行開戶，表明只做匯款，不做其他交易，有時銀行拒絕，是顧慮洗錢行為。

⑾OBU 的存款不在中央存保範圍內，因中央存保所保的是新臺幣。

19.1.8　理想的 OBU 操作方式

臺商去海外（選擇低稅率地區）登記公司，再用該公司回臺灣的銀行開 OBU 帳戶，請買主將信用狀開給這家海外公司，由這家海外公司出貨（任何 地方均可），然後在臺灣的 OBU 押匯，效果是：

⑴押匯所得屬海外公司，不對中華民國政府繳營利事業所得稅，存款利 息亦不扣利息所得稅。

⑵海外公司的所得依其宗主國的規定申報所得稅，如稅制為屬地主義國 （如香港）或零稅率國家，則免除營利事業所得稅。

⑶綜合效果，此臺商透過 OBU 操作，變成了所得稅全免，比用原來臺灣 公司操作，省卻了 25% 的所得稅。

19.1.9　OBU 在兩岸經貿的應用

兩岸金融業務往來，主要係依據 1993 年 4 月 30 日財政部所訂定發佈之 「臺灣地區與大陸地區金融業務往來許可辦法」為基本架構，而後歷經 1995 年 9 月，2001 年 6 月，2001 年 11 月及 2002 年 8 月四次之修正，兩岸金融往 來才從原來的海外對海外，擴大至 OBU，而後 DBU，對兩岸的金融往來提供 交流的管道依據，然這些主觀的開放條件，除國內指定銀行應由總行檢具申 請書件，向主管機關申請許可外，欲與大陸地區金融機構往來之大陸銀行尚 須經大陸方面人民銀行的批准❶。

迄今（2003 年 5 月）國內已有 39 家銀行的 OBU（國際金融業務分行） 與大陸的四大國營商銀完成直接通匯程序，我廠商於兩岸間進行匯款及開立 信用狀可縮短時間及減少通匯手續費，甚至還具備免稅、方便與隱密性的好 處。有鑑於兩岸經貿活動急速成長所引發的通匯便利性攸關我臺商營運成本 及資金調度，因此充分運用兩岸直接通匯管道，是我廠商邁向全球運籌目標

---

❶ 摘自彰銀網站外匯實務問答 92.01.29 兩岸金融往來之發展趨勢：http://www.chb. com.te/html/foreign_exchg_q_a/chb_f038.html。

的重要環節之一。

⑴政府開放 OBU 與大陸地區銀行通匯，係允許 OBU 在取得財政部許可後，可以和外商銀行在大陸地區之分支機構、大陸地區銀行及其海外分支機構，從事兩岸金融業務直接往來。這是一項將 OBU 以境外客戶為主的特性，與臺商利用海外子公司赴大陸投資、從事兩岸貿易往來，相互結合的開放措施，期以發揮協助臺商資金調度的功能。

⑵OBU 可辦理的兩岸金融業務，包括：收受客戶存款、辦理匯兌、信用狀簽發、信用狀通知、進出口押匯、進出口託收、代理收付款項及同業往來。

⑶在開放 OBU 與大陸地區銀行通匯之後，臺商對於兩岸資金調度，不需再經由第三地區，不但可減少時間上的浪費，也可節省費用。臺商不但免去長期派駐人員在第三地區處理資金調撥及進出口文件的困擾，直接由國內母公司經手辦理，更可清楚掌握資金流動狀況。因此，臺商不僅在財務調度上將更為靈活，而且資金安全性也大幅提高。

19.2　境外公司或紙公司的節稅、避險

由於近年來兩岸貿易頻繁，設立境外公司，並使用 OBU 操作之廠商急速成長，蔚為風潮。設立境外公司大多基於母公司控股、投資、避險、節稅、行銷、隱私、彈性等考量，因此境外公司又可作為子公司、紙公司或控股公司，儼然成為企業經營之利器。

目前臺灣已有 70% 之企業設有境外公司，並以境外公司對海峽彼岸進行投資，以規避風險，如臺塑、統一、燦坤等均是。

◉ 19.2.1　企業如何運用境外公司投資及避險

臺商以第三國身分進入大陸投資，可規避政治風險。

⑴可選擇與中國大陸簽有「投資保障協定」之國家註冊，更有保障。

⑵企業之海外投資、投標或興建工程，應以境外公司名義參與，以規避

潛在風險。

⑶境外公司之財務調度較不受限於各種法令限制，較有彈性，能爭取實效、績效。

19.2.2　運用境外公司節稅及資金調度的方法

⑴企業在境外（通常選擇免稅或低稅率地區）登記設立公司，再以該境外公司名義回國內銀行開設 OBU 帳戶，並將信用狀通知、開狀、押匯、託收、存款、匯款等業務在 OBU 進行操作。

⑵請國外買主開具信用狀給該境外公司，由該境外公司出貨，在臺灣的 OBU 押匯。如此操作模式可節省 25% 營所稅、5% 營業稅及 0.4% 印花稅。因為押匯所得屬該境外公司，不須對中華民國繳稅，在 OBU 的存款利息亦不須繳稅。

⑶境外公司的所得是依其宗主國之規定報稅，若稅制為零稅率地區（如英屬薩摩亞）或屬地主義地區（如香港），則免除了營所稅。

⑷以境外公司名義在 OBU 開設帳戶，將賺錢子公司的盈餘匯入 OBU 帳戶，再由此帳戶支援虧損或需要增資擴廠之子公司。如此可以省去匯回臺灣母公司後，再匯出時的法規問題，而且規避了匯兌損益的風險，盈餘方面亦達到節稅之效果。

⑸許多國內外企業亦以此規避贈與稅、遺產稅。

⑹將存款存到 OBU 帳戶，可便於資金的自由調度，與免除利息所得稅之負擔。

19.2.3　境外公司的管理

雖是境外的公司，但仍不能拿來作奸犯科，因為犯罪行為的所在地均對犯罪人有管轄權，不因所持執照的國別而有差異。對境外公司的處理，可視為母公司的一個部門，仍依母公司的組織與管理體系管理。而在法律上和會計上是以獨立個體處理。

◉ 19.2.4　租稅天堂地區所登記境外公司的通性

⑴免稅：含所得稅、遺產稅、贈與稅、利息所得、投資所得等。

⑵資料隱密性。

⑶股東人數通常 1 人以上即可（香港、新加坡為 2 人）。

⑷營業項目廣。

⑸通常不得從事該地區境內的商業行為，及買房地產。但可租用辦公室，可開銀行帳戶，利息免稅。

⑹必須在當地有一法定地址。

⑺股票可為記名及不記名，有面額及無面額。

⑻股東會及董事會可在任何國家，任何地點，任何時間及以任何型式（如以電話）舉行。

◉ 19.2.5　境外租稅天堂地區舉例

⑴香港 (Hong Kong)

⑵英屬維京群島 BVI (British Virgin Island)

⑶巴哈馬群島 (Bahama)

⑷百慕達 (Bormuda)

⑸大開曼島 (Grand Cayman)

⑹馬爾他 (Malta)

⑺根息島 (Guersey)

⑻諾魯 (Nauru)

⑼萬那杜 (Vanuatu)

⑽拉布安島 (Labuan)

⑾巴譚島 (Bahtan)

⑿納閔島 (Labuan)

⒀荷屬安地列斯 (Nether Lands Antilles)

⒁賴比瑞亞 (Liberia)

⒂西薩摩亞 (Western Samoa)

⒃愛爾蘭 (Eire)

⒄明島 (Island of Man)

⒅澤西 (Jersey)

⒆庫克群島 (Cook Islands)

⒇馬紹爾群島 (Marshall Islands)

(21)巴拿馬 (Panama)

(22)特克斯及凱克斯群島 (Turks & Caicos)

(23)列支斯坦 (Liechtenstein)

(24)盧森堡 (Luxembourg)

(25)直布羅陀 (Gibraltar)

(26)摩那哥 (Moncco)

(27)塞浦路斯 (Cxprus)

(28)摩里西斯 (Mauritius)

(29)諾魯 (Nauru)

(30)格雷那達 (Grenada)

(31)巴貝多 (Barbados)

(32)美屬維京群島 (U.S. Virgin Island)

(33)貝里斯 (Belize)

(34)哥斯大黎加 (Costa Rica)

(35)塞昔爾 (Seychelles)

◉ 19.2.6　境外公司在 OBU 的運作

事實上，在歐美一些先進的國家對境外公司的運用已是非常普及，而對境外公司之設立也已非常之方便，不過設立的考量主要在於降低稅負及規避風險。如果公司的業務牽涉到第三地，此時就適合進一步考慮境外公司的運用，因為此時即可運用國家與國家間資訊流通之不完全，因而運用境外公司，以達到公司整體營運最有效率的方式，尤其在全球化競爭下，公司稅的問題

更顯著，因為同樣在國際競爭下，較低的稅負才足以使公司在國際競爭下獲得有利的條件，因此臺灣一個以國際貿易為主的國家，相信境外公司的設立是方興未艾。

以境外公司名義在 OBU 操作進出口為例：

1.利用境外公司隱藏出口利潤

(1)美國客戶開 100 萬信用狀 (L/C) 到臺灣甲公司採購家電產品，臺灣的採購成本是 80 萬美金，雖說直接出口商不必負擔 5% 的加值營業稅，但是每批銷貨的 20% 利潤在年底需繳 25% 所得稅。

(2)甲公司可以股東個人名義在香港登記設立 paper company，並以香港公司名義接單，美國客戶所開出的 100 萬 L/C，直接開到臺灣某銀行的 OBU，但以香港公司為受益人，通訊地址寫 c/o（英文 care of）臺灣公司，一切收 L/C 押匯等作業都在臺灣完成。

(3)香港公司轉而對臺灣公司下單 85 萬美金，因為是自己的關係企業，港臺兩家公司當然就不用開 L/C，臺灣公司以記帳 (open account) 方式出貨給香港公司，貨物直接運往美國。

(4)香港公司在 OBU 押匯後，留存 15 萬美金的差價，把 80 萬美金的貨款撥付臺灣公司在同一家銀行 OBU 的帳上，臺灣公司的銷貨利潤縮水為 5 萬美金，年底結算起來，扣除一些營業費用後，稅前純益幾乎等於零，自然而然把高達 25% 的所得稅規避掉，由於獲分配盈餘較少，因此公司負責人也享受較低的綜合所得稅率。

(5)至於留存了大筆盈餘的香港公司在臺灣的 OBU 往來，算是境外客戶，當然不必繳臺灣本地稅金。香港方面雖也有 16.5% 營業利得稅的規定，不過它們對境外所得不課稅， 這家紙公司從頭到尾都不必在香港做生意，有的利益對香港而言都是境外收入 (offshore income)，又是免稅。

2.利用境外公司操作進口節稅

(1)臺灣某通訊器材工廠，每年從日本進口大批的 IC 及其他電子零件，在香港設立紙公司後，向日本採購的 L/C 換成由香港公司具名，從臺灣

的 OBU 開出，日本的供應商 (supplier) 相當配合，進口商改為香港紙公司，但是貨物仍然（依買方指示）運往臺灣。香港公司再把原價加兩成後，用記帳賣給臺灣母廠，這麼一來，臺灣母廠帳面上的材料進貨成本明顯的提高，相對的，營業利益也縮了水，規避了許多稅負，香港公司平白截留 20% 利潤卻不必繳港臺兩地稅金，部分的成品在印尼廠加工後輸出，香港的紙公司把日本的 IC（用 L/C 採購來的）及臺灣產製的半成品（用 open account 向臺灣賒帳），以託售 (consignment) 交給印尼廠，所有最終產品 (final products) 都透過中資公司轉售到大陸。

(2)銷售方面，由真正的買主（香港的中資公司）在某外商銀行的香港分行開狀 (FOB Taiwan)，到同一銀行的臺灣 OBU 給臺商的 H. K. paper company，受益人在 OBU 押匯後，把工資匯給印尼廠，把半成品貨款撥付臺灣廠，在 OBU 的帳上也用部分押匯來償還當初開遠期 L/C (usance L/C) 給日本的 IC 款。當然，大部分的利潤又留在 OBU 中的香港的紙公司的帳內，對臺灣而言是境外公司 (offshore company)，對香港而言是 offshore income，兩邊都課不到稅。

(3)如果此家廠商，把香港中資買主原先在外銀香港分行的開狀作業，拉到臺灣的 OBU 來作，也叫印尼代工廠來臺灣的 OBU 開個美金帳戶，以便收受工資匯款。當這一切作業都集中在同一個 OBU 操作時，所有銀行手續費、電報費、外匯利息可以結省許多。以銀行立場而言，買賣各方的資金流動，都在同一個 OBU 內，亦於掌控風險，因此廠商及銀行獲得雙贏。

19.3 兩岸貿易與 OBU 運用

在實務上臺灣與大陸之間無法直接進行貿易。然而，直接貿易與間接貿易之區分僅在於是否透過中間第三者作為媒介，而完成交易。兩岸貿易可以透過 OBU 來進行。

◉ 19.3.1　大陸出口，臺灣押匯之型態

「大陸出口，臺灣押匯」，其實就是臺商常用的「來料加工」的型態。在會計記錄上，由於其是委託加工，因此應按製造業的方式來記錄各項成本表單，於加工完成運往國外客戶時，一次承認所有收入。

1.原貿易型態

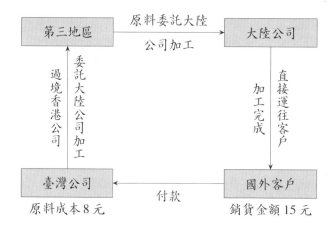

一般而言，係在第三地區成立控股公司，再轉投資大陸。或者，先轉投資香港，再由香港轉投資大陸。

臺商赴大陸投資的方式：

表 19.1　來料加工與獨資企業之比較

	來料加工	獨資企業
需向投審會申請	否，不列入對大陸投資金額	是，列入對大陸投資金額
設廠投資	作為第三地區控股公司之資產；只需與中方簽訂「委託加工合同」，在大陸不設法人	作為大陸公司之股本；須提供許多文件及手續辦理獨資執照，在大陸設立法人
損益之認列	視為第三地區控股公司之損益	為大陸公司之損益

內銷問題	不得將進口來料加工之原料等相關產品內銷	依法得內銷
經營管理	廠的所有權歸中方所有，但臺商具有實際的經營控制權	臺商有完整的控制權，且可取得土地使用權

2.規劃後型態

大陸出口，臺灣押匯規劃後之型態：

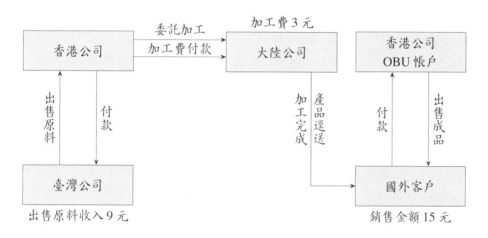

表 19.2　臺灣公司損益表比較

原貿易型態		規劃後型態		
銷貨收入	$15	原料出售收入	$9　或	$9
原料成本	(8)	原料成本	(8)	(8)
加工費	(3)	佣金收入	3[*]	不認列
毛　利	$ 4	毛　利	$4	$1

[*]15 − 9 − 3 = 3

在原貿易型態中，營業收入為 15 元，毛利為 4 元；在規劃後的型態中，如果臺灣公司有認列該 3 元的佣金收入，則並無逃稅之問題（只是營業額縮小而已，但收入認列之時機提早），但問題是臺灣公司若不認列該 3 元之佣金收入時，目前查核技術恐很難查核得到，除非查核 OBU 之資金流程及董事名冊。國稅局若能調出 OBU 帳戶，董事資料及交易往來資料，則受補稅罰款必然不少。

然而 OBU 不是萬靈丹，目前僅係受到法令之約束保護，倘若將來法令變

更後，恐怕亦非永久的避風港！

與本章主題相關的網頁資訊：

自由時報——自由廣場：不要讓 OBU 成為牛皮地的陷阱：http://www.libertytimes.com.
tw/2002/new/sep/5/today-o1.htm

彰化銀行外匯實務問答——比較 OBU 與 DBU 之異同：http://www.ccb.com.tw/html/
foreign_exchg_q_a/chb_f035.html

華南銀行業務簡介—— OBU 介紹：http://www.hncb.com.tw/c344.htm

台北市進出口同業工會—— OBU 當橋樑國際財務規劃更靈活：http://test.ieatpe.org.tw/
magazine/121f.htm

19.4　本章習題

1. 何謂 OBU？

2. 請問 OBU 的特點是什麼？

3. 請問哪些客戶可在 OBU 享受免稅的待遇？

4. 何謂境外公司？

5. 請問境外公司的功能是什麼？

6. 境外公司是否可向 OBU 借款？有何好處？

7. 境外公司與 OBU 結合運用，其中資金調度自由，避免法令限制為其優點，試說明之。

8. 以境外公司名義在 OBU 操作，所需之授信額度應如何取得？

9. 客戶是否可自 OBU 存款中直接提領外幣現金或新臺幣？

10. 境外公司如何結合 OBU（境外金融中心）運用？

11. 海外之投資，應以個人名義或公司名義進行較有利？

12. 臺商在 OBU 匯款到大陸地區有無金額或用途上的限制？大陸地區銀行開來的信用狀可以在 OBU 押匯嗎？臺商可以在 OBU 申請簽發信用狀到大陸地區嗎？

第 20 章
財務管理之倫理

20.1 追求股東最大利益錯了嗎 / 428

20.2 真能追到股東最大利益嗎 / 429

20.3 財務經理人應有的倫理 / 430

20.4 如何維持財務倫理 / 433

20.5 本章習題 / 435

本書前面各章節已針對財務管理之領域，做一廣泛式研討及分析，主要目標：乃係運用公司有限之資源，或是對外舉債增加資源，或是對內尋求股東增加資源，以追求公司財富之極大化，並造就公司股價之極大化。然制度之執行，必須藉助於人才去實施。財務經理人遂扮演著非常重要之角色。

企業經理人在決策制定過程中，實務上，果真是以全體股東利益極大化為主要目標？或僅是董事會成員中少數人之財務大臣？又當公司利益與經理人員個人利益相衝突時，將如何取捨？這就是本章要討論的兩個主題。

20.1 追求股東最大利益錯了嗎

美國安隆 (Enron) 公司之經營者為了符合股東的期望，不斷以創新方式追求獲利。該公司成立於 1983 年，到了 2000 年時，全球 40 多個國家中僱用 2 萬多名員工，發行股票 7.5 億股。資產超過 470 億美元，帳列負債 130 億美元，年營收超過 1,000 億美元，淨利則為 10 億美元。其股價由 1996 年每股 23 美元，迄 2000 年時，每股 90 美元，係各家券商建議「買進」或「強力買進」之績優股，何以一夕之間，其財務狀況及獲利能力急速下降，由績優股變成「積憂股」。

安隆公司為了符合股東之期許，以下列方式追求股東利益之極大。

◎ 20.1.1 虛增淨利

設立多家「特殊目的個體」(special purpose entity, SPE)，將資產高價賣給 SPE，以創造帳面鉅額利益。1999 年出售 SPE 資產認列之利益達 2.29 億美元，佔該公司下半年度淨利達 40%。

◎ 20.1.2 規劃 SPE 為表外交易，隱藏虧損及負債

安隆公司規劃 SPE 為其「資產負債表外」(off-balance-sheet) 交易之對象，

將鉅額之對外負債及虧損，移轉至 SPE，又規劃 SPE 在既定條件下毋須編入安隆公司合併報表，使 SPE 負擔鉅額之負債及虧損，不用編入合併報表中，使實體之負債及虧損規避於資產負債表外。據估計安隆公司負債總額約有 400 億美元，其中僅 130 億美元列於帳上，餘 270 億美元係資產負債表外交易，至於公有價值之實體資產，已提供金融業做為擔保品，且無殘值可言。

◉ 20.1.3　從事複雜的金融投機交易，想獲鉅利

安隆公司藉由多家 SPE 從事利率方面之衍生性金融商品交易，想獲鉅利，然因誤判利率走勢，造成大幅虧損，並透過表外交易隱藏。

同時安隆公司之最近年度財務報告揭露，亦僅說明其衍生性金融商品契約市價「係按最佳之估算方式，於考量包括交易所收盤價格、OTC 市場報價、時間價值及波動率等多種因素後所決定者」，但細節如何則未進一步交代。由於價格波動所產生之損益究竟為多少，則語焉不詳。

安隆公司為追求股東最大利益所做的努力，結果是：2001 年 8 月執行長史基林突然以個人因素為理由辭職，10 月證管會開始查帳，消息傳出，其股價一日之間大跌 20%，至 12 月，更連續一個月每股低於 1 美元，由 2000 年每股 90 元，總市值 700 億美元，跌至市值不及 2 億美元。至 12 月初，終於向法院聲請破產，致投資人血本無歸。

試問：從安隆公司破產之案例中，該公司堅持為股東謀最大福利之方向錯了嗎？答案是：理念沒有錯，而是方法錯了。安隆公司不該以不正當的手段虛增淨利、隱藏虧損、及隱藏負債。據美國國際財務主持人協會 (Financial Executives International, FEI) 總裁兼執行長李威史東 (Philip B. Livingston) 表示，其認為安隆事件中，有 75% 責任在於經營團隊，有 15% 責任在於董事會，有 10% 責任在於會計師。

20.2　真能追到股東最大利益嗎

有句中國俚語謂：有魚大家摸。景氣繁榮時期，如一池水魚很多，隨便

摸，隨便有，什麼行業都可以賺大錢。若景氣不好時，只是魚比較少，要獲取資源，就必須各憑實力。若池中都沒有魚，那怎麼摸也都沒有。假設在股票市場中，以同樣的價格買賣一次，需負擔 3% 證交稅，及買賣雙方共 2.85% 券商手續費，試問以同樣的價格買賣幾次後，本金部分就全部沒有（沒魚了），答案是 171 (＝ 1,000/(3 + 2.85)) 次。

假設政府公佈全年放假 110 天，則其周轉率為 1.5 (＝ (365 － 110)/171) 次，亦即經過 171 天，整個股票市場的本金全部被稅金及手續費吞蝕，那不是註定每位投資人都是輸家嗎？答案是肯定的。既然每位投資人都是輸家，那追求股東最大利益之指導原則不就是個謊言？答案也不盡然，因為池中並不是全部沒有魚，所徵收之稅金及手續費，透過政府之支出、券商薪資之發放，又重新流入股市，如此似大海般，後浪推前浪，永遠川流不息。這個啟示，使作者得到一個心得，財管舞臺，任何人永遠只有使用權，而沒有所有權。貨幣財富若想擁有它，把它當成死水，則水會臭，會沒有魚。貨幣財富把它當成活水，不是你的，也不是我的，是社會大家的。付出多的，使用權大。付出少的，使用權小。則一水池，也會透過乘數效果，變成汪洋大海，則任一投資者都有魚吃，享受投資之最終效益。所以財管人員應盡其本分，在其職位上，踏實的做，認真的做，盡力的做，可能你的決策已使股東遭受損失，也要勇於表白承認與負責。公司法第二百十一條也規定，公司虧損達實收資本額二分之一時，董事會應即召集股東會報告。

具有 232 年歷史的霸菱銀行於 1995 年被 28 歲的李森 (Nick Lesson) 一夕之間弄倒了。作者深信李森當初也一定想不到會有這樣的結果。只是一點小損失時，沒有勇氣認錯，終使一錯再錯，釀成一發不可收拾的局面。

20.3　財務經理人應有的倫理

◎ 20.3.1　經理人係全體股東的專業代理人

財務經理人係公司經營階層權力之核心，也常接觸到董事會決策之訂定，

所以究竟其是董事會少數人之御用財務大臣，還是全體股東之代理人？答案很清楚，應是全體股東之專業代理人。由第 20.1 節美國安隆公司破產案，李威史東之批評，經營團隊應負擔 75% 之責任來看，也是持相同見解。

20.3.2　經理人與股東權益間係互蒙其利

又經理人其本身利益與全體股東利益相衝突時，應如何作決策？此問題最常發生在經理人之薪資及獎金問題上，因為任何經理人所增加之收入，均來自於股東利益之減少。不禁令作者憶起昔日有位禪師問：汪洋中的海上，你的小船只能再救起 1 人，此時有 2 個人掉入海裡——⑴是兒子；⑵是別人，救誰？剛開始先選⑴，經過一段時間思索後會選⑵，最後會選⑴及⑵，然後自己跳下海。禪師說：有進步。所以股東與個人間之利益，其實均可以共存的，因為水幫魚，魚也幫水。互相合作，互蒙其利，互享成果。只要經理人之薪資及獎金均納入制度，列於聘僱合約中，遊戲規則清楚，雙方即可合作無間。但經理人應深切體認，本身跟股東間是聘僱關係，應當以全體股東最大利益為努力，雖然自己是利益創造者，但是成果的分享應歸於全體股東。決策有時是錯誤的，經理人亦應勇於認錯，畢竟，損失亦歸於全體股東。

20.3.3　道德是最重要的倫理

上市公司台積電董事長張忠謀先生於 2002 年 9 月 27 日發表「新世紀人才」演說中指出，新世紀人才需求之條件首重「道德」❶。張忠謀先生認為，

---

❶　張忠謀先生認為新世紀人才需求之其他條件另有：

　1.勤奮工作：資本市場讓多數人相當容易地致富，也喪失了勤奮工作獲取成就的傳統。

　2.專業知識與技能也是新世紀人才必要的標準之一。

　3.新世紀人才必須具有的特質，還包括能在浩瀚的資訊海中，以獨立思考的特質判斷資訊的正確性。獨立思考之後，創新能力、專業技能的訓練與常識、具有全球觀的通訊技巧與能力、英文能力等，都是新世紀人才必須具備的特質與能力。

　4.張忠謀以台積電表現優秀的基層員工為例，有相當多的員工獲得升任管理職時，卻因為溝通、英文或全球觀等的不足，而無法勝任最低層的管理職務。

安隆 (Enron) 等會計醜聞案中，主事者多是具有優越才能，而道德標準上卻有缺陷的人。缺乏道德標準的人，長期將成為企業體中的不定時炸彈。

作者認為建立正確的道德觀，有賴學校的教育、家庭的教育、社會的教育，以及個人經驗的教育，各種的教育使我們更體認生命的真諦是什麼。

國父　孫中山先生於〈民權主義第三講〉❷中指出，人類努力達到最高之道德目的要怎麼做呢？　國父把人類思想分成兩種，一種就是利己，一種就是利人。重於利己者，每每出於害人，亦有所不惜。重於利人者，每每到犧牲自己亦樂而為之，此種利人思想發達，則聰明才力之人，專用彼之才能以謀他人之幸福。故　國父主張「人人當以服務為目的」。

有人將詮釋生命的意義解讀為：傳宗接代、改善生命及服務人群。其實

---

5. 終身學習是未來優秀人才必須有的體認。開發國家中，超過一半的人民都能獲得大學教育，因此不斷地學習，對於個人或企業體而言，都是面對競爭的積極因應方式。

❷ 國父　孫中山先生於 1924 年 3 月 23 日就〈民權主義第三講〉之演講部分原文如下：「我從前發明過一個道理，就是世界人類其得之天賦者約分三種：有先知先覺者，有後知後覺者，有不知不覺者。先知先覺者為發明家，後知後覺者為宣傳家，不知不覺者為實行家。此三種人互相為用，協力進行，則人類之文明進步必能一日千里。天之生人，雖有聰明才力之不平等，但人心則必欲使之平等，斯為道德上之最高目的，而人類當努力進行者。但是要達到這個最高之道德目的到底要怎樣做法呢？我們可把人類兩種思想來比對，便可以明白了。一種就是利己，一種就是利人。重於利己者，每每出於害人，亦有所不惜。此種思想發達，則聰明才力之人，專用彼之才能去奪取人家之利益，漸而積成專制之階級，生出政治上之不平等。此民權革命以前之世界也。重於利人者，每每到犧牲自己亦樂而為之。此種思想發達，則聰明才力之人，專用彼之才能以謀他人幸福，漸而積成博愛之宗教、慈善之事業。惟是宗教之力有所窮，慈善之事有不濟，則不得不為根本之解決，實行革命，推翻專制，主張民權，以平人事之不平了。從此以後，要調和三種之人使之平等，則人人當以服務為目的，而不以奪取為目的。聰明才力愈大者當盡其能力而服千萬人之務，造千萬人之福；聰明才力略小者當盡其能力以服十百人之務，造十百人之福。所謂巧者拙之奴，就是這個道理。至於全無聰明才力者，亦當盡一己之能力以服一人之務，造一人之福。照這樣做去，雖天生之聰明才力有不平等，而人之服務道德心發達，必可使之成為平等了。這就是平等之精義。」

此三者並不相違背，係水幫魚，魚幫水，幫助別人其實就是幫助自己。

◉ 20.3.4　勇於認錯，大誤滅絕

安隆公司之經營團隊及霸菱銀行之李森，如 20.1 節所述，他們當初均不會料到公司最後會因為他們的操作錯誤而倒閉。由於他們的一錯再錯，終於由小錯鑄成大錯，最後造成一發不可收拾的局面。故作者建議經理人員應勇於認錯；勇於認錯者，必然不懼改過，有過即改則不會鑄成更大錯誤。於 2002 年底，政府公辦公益獎券之中獎密碼被民間百姓破解，臺北銀行彩券部經理楊瑞東先生，立即承認錯誤並改進，隨即化解一場彩券風暴。事件過後，楊經理接受媒體訪問時，敘述此次成功化解彩券風暴之主要原因只有二項：及時與坦白。

20.4　如何維持財務倫理

美國小偷大王來臺訪問，離臺前，記者訪問他，如何防止小偷之法。他說：不要有給小偷有偷你的機會，就是最好的防治小偷之道。

為維持良好的財務倫理，在精神面上，由第 20.3 節分析維持良好的財務倫理精神，應由經理人自身體認其係僱傭關係外，在制度面上，尚應於公司內部建立如下之制度，以讓董事、監事、經營團隊沒有做虛偽報表、掩飾真實損益之機會。

1.實施經理人分紅及入股制度

讓僱傭關係之經理人也成為股東，一起同舟共濟，共同分享經營成果。一般除了將經理人之獎金制度明訂於聘僱合約中以外，還可以採行下列方法以吸引經理人入股成為股東。

　　⑴發放經理人股票股利（紅利）。

　　⑵現金增資經理人認股。

　　⑶庫藏股轉讓予經理人。

⑷發行經理人認股權憑證。

2.強化董事及監察人專業及法律知識

由於我國企業多以中小企業居多，上市（櫃）公司亦多由個人或家族投資之公司成長而來，因此企業負責人及其管理階層亦以家族成員居多，對公司所應負之法律及經營責任未必瞭解，故應規範公司董事、監察人及經理人持續參加有關財務、會計、法律知識與公司管理制度之講習，以強化其對公司之管理。讓董、監事瞭解從事非法行為時，所應負之法律代價有多沉重。2003 年立法院三讀通過之「證券交易投資人及期貨交易人保護法」規定，未來投資人保護機構將可對公司董事、監察人提起訴訟求償。

3.加強公司控管監理制度之成效

現行公司法第二十三條、第一百九十三條、第二百二十四條及刑法第三百四十二條，分別對公司負責人執行業務之侵權行為、董事監察人執行職務違反法令章程或怠忽職務等，均有相關賠償或刑責之規定。惟目前於實務之管理，僅多以公司負責人涉背信者移送法辦，對董、監事違反法律事項及不遵循法規者，尚未落實予以適當之懲處，故今後宜加強執行公司董、監事未依法執行業務相關責任之查處，以強化其責任觀念；另對公司負責人遭起訴或判決有罪確定等公司之董事、監察人及經理人之名單予以建檔公佈，即為透過公司治理資訊之公開，俾達到強化公司內部控管效果。

4.落實公司管理，建立外部董、監事制度

2000 年 11 月新修正完成之公司法已刪除董、監事須具備股東之身分，為具體落實外部董、監事制度，目前國內係先透過證交所及櫃買中心於初次審核公司申請上市、櫃案件時，導入公司應建立三分之一為外部董、監事制度。該兩單位除應落實對公司董、監事行使職權獨立性之評估外，若發現公司有獨立性不足之情形，亦應研酌如何督促改善；另宜研議如何使外部董、監事實際參與業務，而非僅止於形式上之開會。

5.加強衍生性金融商品資訊之揭露

對於公司投資衍生性金融商品，我國已訂定財務會計準則公報第二十七號「金融商品之揭露」，規定衍生性金融商品之有關揭露事項（包括基本揭露事項、額外揭露事項及鼓勵揭露事項，並強調交易目的及非交易目的，具資產負債表外信用風險及信用風險顯著集中之金融商品之揭露等），今後應督促公司落實揭露；另現行國際會計準則已對衍生性金融商品訂定會計處理準則，而非僅揭露而已。是以由安隆事件引發美國各界熱烈討論關於衍生性金融商品於財務報表資訊揭露之足夠性，暨所涉會計處理之允當性同時，未來國內亦應配合國際會計準則之修訂，訂定相關會計處理及揭露準則，俾與國際化潮流一致。

6.加強財務報告之審閱

安隆公司由經營良好之形象轉為毫無預警的向法院聲請破產保護，引發外界對財報審查機制是否有效運作之疑慮。國內目前對上市（櫃）公司財務報告之實質審閱，由證交所及櫃檯買賣中心負責，該二單位亦訂有審閱財務報告作業程序，針對類似安隆公司案例，證交所及櫃檯買賣中心宜對向來經營良好且歷年皆未入選接受審查之公司，或集團性企業連續數年皆由同一會計師事務所或同一會計師受託查核等情形者，建立抽案審閱之標準；同時對於現行受查公司選樣方式及數量之合宜性，亦宜加以檢討，以降低類似「地雷股」引爆對市場及股東造成衝擊。證期會亦於 2003 年規定，上市、上櫃公司不得連續 5 年由同一會計師負責查核簽證。

20.5　本章習題

1.以安隆公司為例，它採用了哪些方式以追求股東利益之極大？
2.什麼是財務經理人應有的倫理？
3.身為財務經理人，應如何維持財務倫理？

附表 A.1　$1 在 t 期後的未來值

複利終值 $=(1+i)^t$
每期利率

期	1%	2%	3%	4%	5%	6%	7%	8%	9%	10%
1	1.0100	1.0200	1.0300	1.0400	1.0500	1.0600	1.0700	1.0800	1.0900	1.1000
2	1.0201	1.0404	1.0609	1.0816	1.1025	1.1236	1.1449	1.1664	1.1881	1.2100
3	1.0303	1.0612	1.0927	1.1249	1.1576	1.1910	1.2250	1.2597	1.2950	1.3310
4	1.0406	1.0824	1.1255	1.1699	1.2155	1.2625	1.3108	1.3605	1.4116	1.4641
5	1.0510	1.1041	1.1593	1.2167	1.2763	1.3382	1.4026	1.4693	1.5386	1.6105
6	1.0615	1.1262	1.1941	1.2653	1.3401	1.4185	1.5007	1.5869	1.6771	1.7716
7	1.0721	1.1487	1.2299	1.3159	1.4071	1.5036	1.6058	1.7138	1.8280	1.9487
8	1.0829	1.1717	1.2668	1.3686	1.4775	1.5938	1.7182	1.8509	1.9926	2.1436
9	1.0937	1.1951	1.3048	1.4233	1.5513	1.6895	1.8385	1.9990	2.1719	2.3579
10	1.1046	1.2190	1.3439	1.4802	1.6289	1.7908	1.9672	2.1589	2.3674	2.5937
11	1.1157	1.2434	1.3842	1.5395	1.7103	1.8983	2.1049	2.3316	2.5804	2.8531
12	1.1268	1.2682	1.4258	1.6010	1.7959	2.0122	2.2522	2.5182	2.8127	3.1384
13	1.1381	1.2936	1.4685	1.6651	1.8856	2.1329	2.4098	2.7196	3.0658	3.4523
14	1.1495	1.3195	1.5126	1.7317	1.9799	2.2609	2.5785	2.9372	3.3417	3.7975
15	1.1610	1.3459	1.5580	1.8009	2.0789	2.3966	2.7590	3.1722	3.6425	4.1772
16	1.1726	1.3728	1.6047	1.8730	2.1829	2.5404	2.9522	3.4259	3.9703	4.5950
17	1.1843	1.4002	1.6528	1.9479	2.2920	2.6928	3.1588	3.7000	4.3276	5.0545
18	1.1961	1.4282	1.7024	2.0258	2.4066	2.8543	3.3799	3.9960	4.7171	5.5599
19	1.2081	1.4568	1.7535	2.1068	2.5270	3.0256	3.6165	4.3157	5.1417	6.1159
20	1.2202	1.4859	1.8061	2.1911	2.6533	3.2071	3.8697	4.6610	5.6044	6.7275
21	1.2324	1.5157	1.8603	2.2788	2.7860	3.3996	4.1406	5.0338	6.1088	7.4002
22	1.2447	1.5460	1.9161	2.3699	2.9253	3.6035	4.4304	5.4365	6.6586	8.1403
23	1.2572	1.5769	1.9736	2.4647	3.0715	3.8197	4.7405	5.8715	7.2579	8.9543
24	1.2697	1.6084	2.0328	2.5633	3.2251	4.0489	5.0724	6.3412	7.9111	9.8497
25	1.2824	1.6406	2.0938	2.6658	3.3864	4.2919	5.4274	6.8485	8.6231	10.835
30	1.3478	1.8114	2.4273	3.2434	4.3219	5.7435	7.6123	10.063	13.268	17.449
40	1.4889	2.2080	3.2620	4.8010	7.0400	10.286	14.974	21.725	31.409	45.259
50	1.6446	2.6916	4.3839	7.1067	11.467	18.420	29.457	46.902	74.358	117.391
60	1.8167	3.2810	5.8916	10.520	18.679	32.988	57.946	101.257	176.031	304.482

附表 A.1 　$1 在 t 期後的未來值（續）

複利終值 $= (1+i)^t$
每期利率

期	11%	12%	13%	14%	15%	16%	17%	18%	19%	20%
1	1.1100	1.1200	1.1300	1.1400	1.1500	1.1600	1.1700	1.1800	1.1900	1.2000
2	1.2321	1.2544	1.2769	1.2996	1.3225	1.3456	1.3689	1.3924	1.4161	1.4400
3	1.3676	1.4049	1.4429	1.4815	1.5209	1.5609	1.6016	1.6430	1.6852	1.7280
4	1.5181	1.5735	1.6305	1.6890	1.7490	1.8106	1.8739	1.9388	2.0053	2.0736
5	1.6851	1.7623	1.8424	1.9254	2.0114	2.1003	2.1924	2.2878	2.3864	2.4883
6	1.8704	1.9738	2.0820	2.1950	2.3131	2.4364	2.5652	2.6996	2.8398	2.9860
7	2.0762	2.2107	2.3526	2.5023	2.6600	2.8262	3.0012	3.1855	3.3793	3.5832
8	2.3045	2.4760	2.6584	2.8526	3.0590	3.2784	3.5115	3.7589	4.0214	4.2998
9	2.5580	2.7731	3.0040	3.2519	3.5179	3.8030	4.1084	4.4355	4.7854	5.1598
10	2.8394	3.1058	3.3946	3.7072	4.0456	4.4114	4.8068	5.2338	5.6947	6.1917
11	3.1518	3.4785	3.8359	4.2262	4.6524	5.1173	5.6240	6.1759	6.7767	7.4301
12	3.4985	3.8960	4.3345	4.8179	5.3503	5.9360	6.5801	7.2876	8.0642	8.9161
13	3.8833	4.3635	4.8980	5.4924	6.1528	6.8858	7.6987	8.5994	9.5964	10.699
14	4.3104	4.8871	5.5348	6.2613	7.0757	7.9875	9.0075	10.147	11.420	12.839
15	4.7846	5.4736	6.2543	7.1379	8.1371	9.2655	10.539	11.974	13.590	15.407
16	5.3109	6.1304	7.0673	8.1372	9.3576	10.748	12.330	14.129	16.172	18.488
17	5.8951	6.8660	7.9861	9.2765	10.761	12.468	14.426	16.672	19.244	22.186
18	6.5436	7.6900	9.0243	10.575	12.375	14.463	16.879	19.673	22.901	26.623
19	7.2633	8.6128	10.197	12.056	14.232	16.777	19.748	23.214	27.252	31.948
20	8.0623	9.6463	11.523	13.743	16.367	19.461	23.106	27.393	32.429	38.338
21	8.9492	10.804	13.021	15.668	18.822	22.574	27.034	32.324	38.591	46.005
22	9.9336	12.100	14.714	17.861	21.645	26.186	31.629	38.142	45.923	55.206
23	11.026	13.552	16.627	20.362	24.891	30.376	37.006	45.008	54.649	66.247
24	12.239	15.179	18.788	23.212	28.625	35.236	43.297	53.109	65.032	79.497
25	13.585	17.000	21.231	26.462	32.919	40.874	50.658	62.669	77.388	95.396
30	22.892	29.960	39.116	50.950	66.212	85.850	111.065	143.371	184.675	237.376
40	65.001	93.051	132.782	188.884	267.864	378.721	533.869	750.378	1051.67	1469.77
50	184.565	289.002	450.736	700.233	1083.66	1670.70	2566.22	3927.36	5988.91	9100.44
60	524.057	897.597	1530.05	2595.92	4384.00	7370.20	12335.4	20555.1	34105.0	56347.5

附表 A.2　t 期後 $1 的現值

$$\frac{複利現值}{每期利率} = \frac{1}{(1+i)^t}$$

期	1%	2%	3%	4%	5%	6%	7%	8%	9%	10%
1	0.9901	0.9804	0.9709	0.9615	0.9524	0.9434	0.9346	0.9259	0.9174	0.9091
2	0.9803	0.9612	0.9426	0.9246	0.9070	0.8900	0.8734	0.8573	0.8417	0.8264
3	0.9706	0.9423	0.9151	0.8890	0.8638	0.8396	0.8163	0.7938	0.7722	0.7513
4	0.9610	0.9238	0.8885	0.8548	0.8227	0.7921	0.7629	0.7350	0.7084	0.6830
5	0.9515	0.9057	0.8626	0.8219	0.7835	0.7473	0.7130	0.6806	0.6499	0.6209
6	0.9420	0.8880	0.8375	0.7903	0.7462	0.7050	0.6663	0.6302	0.5963	0.5645
7	0.9327	0.8706	0.8131	0.7599	0.7107	0.6651	0.6227	0.5835	0.5470	0.5132
8	0.9235	0.8535	0.7894	0.7307	0.6768	0.6274	0.5820	0.5403	0.5019	0.4665
9	0.9143	0.8368	0.7664	0.7026	0.6446	0.5919	0.5439	0.5002	0.4604	0.4241
10	0.9053	0.8203	0.7441	0.6756	0.6139	0.5584	0.5083	0.4632	0.4224	0.3855
11	0.8963	0.8043	0.7224	0.6496	0.5847	0.5268	0.4751	0.4289	0.3875	0.3505
12	0.8874	0.7885	0.7014	0.6246	0.5568	0.4970	0.4440	0.3971	0.3555	0.3186
13	0.8787	0.7730	0.6810	0.6006	0.5303	0.4688	0.4150	0.3677	0.3262	0.2897
14	0.8700	0.7579	0.6611	0.5775	0.5051	0.4423	0.3878	0.3405	0.2992	0.2633
15	0.8613	0.7430	0.6419	0.5553	0.4810	0.4173	0.3624	0.3152	0.2745	0.2394
16	0.8528	0.7284	0.6232	0.5339	0.4581	0.3936	0.3387	0.2919	0.2519	0.2176
17	0.8444	0.7142	0.6050	0.5134	0.4363	0.3714	0.3166	0.2703	0.2311	0.1978
18	0.8360	0.7002	0.5874	0.4936	0.4155	0.3503	0.2959	0.2502	0.2120	0.1799
19	0.8277	0.6864	0.5703	0.4746	0.3957	0.3305	0.2765	0.2317	0.1945	0.1635
20	0.8195	0.6730	0.5537	0.4564	0.3769	0.3118	0.2584	0.2145	0.1784	0.1486
21	0.8114	0.6598	0.5375	0.4388	0.3589	0.2942	0.2415	0.1987	0.1637	0.1351
22	0.8034	0.6468	0.5219	0.4220	0.3418	0.2775	0.2257	0.1839	0.1502	0.1228
23	0.7954	0.6342	0.5067	0.4057	0.3256	0.2618	0.2109	0.1703	0.1378	0.1117
24	0.7876	0.6217	0.4919	0.3901	0.3101	0.2470	0.1971	0.1577	0.1264	0.1015
25	0.7798	0.6095	0.4776	0.3751	0.2953	0.2330	0.1842	0.1460	0.1160	0.0923
30	0.7419	0.5521	0.4120	0.3083	0.2314	0.1741	0.1314	0.0994	0.0754	0.0573
40	0.6717	0.4529	0.3066	0.2083	0.1420	0.0972	0.0668	0.0460	0.0318	0.0221
50	0.6080	0.3715	0.2281	0.1407	0.0872	0.0543	0.0339	0.0213	0.0134	0.0085
60	0.5504	0.3048	0.1697	0.0951	0.0535	0.0303	0.0173	0.0099	0.0057	0.0033

附表 A.2 t 期後 \$1 的現值（續）

複利現值 $=\dfrac{1}{(1+i)^t}$
每期利率

期	11%	12%	13%	14%	15%	16%	17%	18%	19%	20%
1	0.9009	0.8929	0.8850	0.8772	0.8696	0.8621	0.8547	0.8475	0.8403	0.8333
2	0.8116	0.7972	0.7831	0.7695	0.7561	0.7432	0.7305	0.7182	0.7062	0.6944
3	0.7312	0.7118	0.6931	0.6750	0.6575	0.6407	0.6244	0.6086	0.5934	0.5787
4	0.6587	0.6355	0.6133	0.5921	0.5718	0.5523	0.5337	0.5158	0.4987	0.4823
5	0.5935	0.5674	0.5428	0.5194	0.4972	0.4761	0.4561	0.4371	0.4190	0.4019
6	0.5346	0.5066	0.4803	0.4556	0.4323	0.4104	0.3898	0.3704	0.3521	0.3349
7	0.4817	0.4523	0.4251	0.3996	0.3759	0.3538	0.3332	0.3139	0.2959	0.2791
8	0.4339	0.4039	0.3762	0.3506	0.3269	0.3050	0.2848	0.2660	0.2487	0.2326
9	0.3909	0.3606	0.3329	0.3075	0.2843	0.2630	0.2434	0.2255	0.2090	0.1938
10	0.3522	0.3220	0.2946	0.2697	0.2472	0.2267	0.2080	0.1911	0.1756	0.1615
11	0.3173	0.2875	0.2607	0.2366	0.2149	0.1954	0.1778	0.1619	0.1476	0.1346
12	0.2858	0.2567	0.2307	0.2076	0.1869	0.1685	0.1520	0.1372	0.1240	0.1122
13	0.2575	0.2292	0.2042	0.1821	0.1625	0.1452	0.1299	0.1163	0.1042	0.0935
14	0.2320	0.2046	0.1807	0.1597	0.1413	0.1252	0.1110	0.0985	0.0876	0.0779
15	0.2090	0.1827	0.1599	0.1401	0.1229	0.1079	0.0949	0.0835	0.0736	0.0649
16	0.1883	0.1631	0.1415	0.1229	0.1069	0.0930	0.0811	0.0708	0.0618	0.0541
17	0.1696	0.1456	0.1252	0.1078	0.0929	0.0802	0.0693	0.0600	0.0520	0.0451
18	0.1528	0.1300	0.1108	0.0946	0.0808	0.0691	0.0592	0.0508	0.0437	0.0376
19	0.1377	0.1161	0.0981	0.0829	0.0703	0.0596	0.0506	0.0431	0.0367	0.0313
20	0.1240	0.1037	0.0868	0.0728	0.0611	0.0514	0.0433	0.0365	0.0308	0.0261
21	0.1117	0.0926	0.0768	0.0638	0.0531	0.0443	0.0370	0.0309	0.0259	0.0217
22	0.1007	0.0826	0.0680	0.0560	0.0462	0.0382	0.0316	0.0262	0.0218	0.0181
23	0.0907	0.0738	0.0601	0.0491	0.0402	0.0329	0.0270	0.0222	0.0183	0.0151
24	0.0817	0.0659	0.0532	0.0431	0.0349	0.0284	0.0231	0.0188	0.0154	0.0126
25	0.0736	0.0588	0.0471	0.0378	0.0304	0.0245	0.0197	0.0160	0.0129	0.0105
30	0.0437	0.0334	0.0256	0.0196	0.0151	0.0116	0.0090	0.0070	0.0054	0.0042
40	0.0154	0.0107	0.0075	0.0053	0.0037	0.0026	0.0019	0.0013	0.0010	0.0007
50	0.0054	0.0035	0.0022	0.0014	0.0009	0.0006	0.0004	0.0003	0.0002	0.0001
60	0.0019	0.0011	0.0007	0.0004	0.0002	0.0001	0.0001	0.0000	0.0000	0.0000

附表 A.3　每期 $1 的 t 期年金現值

年金現值 $= [1 - \dfrac{1}{(1+i)^t}]/i$

每期利率

期	1%	2%	3%	4%	5%	6%	7%	8%	9%	10%
1	0.9901	0.9804	0.9709	0.9615	0.9524	0.9434	0.9346	0.9259	0.9174	0.9091
2	1.9704	1.9416	1.9135	1.8861	1.8594	1.8334	1.8080	1.7833	1.7591	1.7355
3	2.9410	2.8839	2.8286	2.7751	2.7232	2.6730	2.6243	2.5771	2.5313	2.4869
4	3.9020	3.8077	3.7171	3.6299	3.5460	3.4651	3.3872	3.3121	3.2397	3.1699
5	4.8534	4.7135	4.5797	4.4518	4.3295	4.2124	4.1002	3.9927	3.8897	3.7908
6	5.7955	5.6014	5.4172	5.2421	5.0757	4.9173	4.7665	4.6229	4.4859	4.3553
7	6.7282	6.4720	6.2303	6.0021	5.7864	5.5824	5.3893	5.2064	5.0330	4.8684
8	7.6517	7.3255	7.0197	6.7327	6.4632	6.2098	5.9713	5.7466	5.5348	5.3349
9	8.5660	8.1622	7.7861	7.4353	7.1078	6.8017	6.5152	6.2469	5.9952	5.7590
10	9.4713	8.9826	8.5302	8.1109	7.7217	7.3601	7.0236	6.7101	6.4177	6.1446
11	10.368	9.7868	9.2526	8.7605	8.3064	7.8869	7.4987	7.1390	6.8052	6.4951
12	11.255	10.575	9.9540	9.3851	8.8633	8.3838	7.9427	7.5361	7.1607	6.8137
13	12.134	11.348	10.635	9.9856	9.3936	8.8527	8.3577	7.9038	7.4869	7.1034
14	13.004	12.106	11.296	10.563	9.8986	9.2950	8.7455	8.2442	7.7862	7.3667
15	13.865	12.849	11.938	11.118	10.380	9.7122	9.1079	8.5595	8.0607	7.6061
16	14.718	13.578	12.561	11.652	10.838	10.106	9.4466	8.8514	8.3126	7.8237
17	15.562	14.292	13.166	12.166	11.274	10.477	9.7632	9.1216	8.5436	8.0216
18	16.398	14.992	13.754	12.659	11.690	10.828	10.059	9.3719	8.7556	8.2014
19	17.226	15.678	14.324	13.134	12.085	11.158	10.336	9.6036	8.9501	8.3649
20	18.046	16.351	14.877	13.590	12.462	11.470	10.594	9.8181	9.1285	8.5136
21	18.857	17.011	15.415	14.029	12.821	11.764	10.836	10.017	9.2922	8.6487
22	19.660	17.658	15.937	14.451	13.163	12.042	11.061	10.201	9.4424	8.7715
23	20.456	18.292	16.444	14.857	13.489	12.303	11.272	10.371	9.5802	8.8832
24	21.243	18.914	16.936	15.247	13.799	12.550	11.469	10.529	9.7066	8.9847
25	22.023	19.523	17.413	15.622	14.094	12.783	11.654	10.675	9.8226	9.0770
30	25.808	22.396	19.600	17.292	15.372	13.765	12.409	11.258	10.274	9.4269
40	32.835	27.355	23.115	19.793	17.159	15.046	13.332	11.925	10.757	9.7791
50	39.196	31.424	25.730	21.482	18.256	15.762	13.801	12.233	10.962	9.9148
60	44.955	34.761	27.676	22.623	18.929	16.161	14.039	12.377	11.048	9.9672

附表 A.3　每期 $1 的 t 期年金現值（續）

年金現值 $= [1 - \dfrac{1}{(1+i)^{t}}]/i$

每期利率

期	11%	12%	13%	14%	15%	16%	17%	18%	19%	20%
1	0.9009	0.8929	0.8850	0.8772	0.8696	0.8621	0.8547	0.8475	0.8403	0.8333
2	1.7125	1.6901	1.6681	1.6467	1.6257	1.6052	1.5852	1.5656	1.5465	1.5278
3	2.4437	2.4018	2.3612	2.3216	2.2832	2.2459	2.2096	2.1743	2.1399	2.1065
4	3.1024	3.0373	2.9745	2.9137	2.8550	2.7982	2.7432	2.6901	2.6386	2.5887
5	3.6959	3.6048	3.5172	3.4331	3.3522	3.2743	3.1993	3.1272	3.0576	2.9906
6	4.2305	4.1114	3.9975	3.8887	3.7845	3.6847	3.5892	3.4976	3.4098	3.3255
7	4.7122	4.5638	4.4226	4.2883	4.1604	4.0386	3.9224	3.8115	3.7057	3.6046
8	5.1461	4.9676	4.7988	4.6389	4.4873	4.3436	4.2072	4.0776	3.9544	3.8372
9	5.5370	5.3282	5.1317	4.9464	4.7716	4.6065	4.4506	4.3030	4.1633	4.0310
10	5.8892	5.6502	5.4262	5.2161	5.0188	4.8332	4.6586	4.4941	4.3389	4.1925
11	6.207	5.9377	5.6869	5.4527	5.2337	5.0286	4.8364	4.6560	4.4865	4.3271
12	6.492	6.194	5.9176	5.6603	5.4206	5.1971	4.9884	4.7932	4.6105	4.4392
13	6.750	6.424	6.122	5.8424	5.5831	5.3423	5.1183	4.9095	4.7147	4.5327
14	6.982	6.628	6.302	6.002	5.7245	5.4675	5.2293	5.0081	4.8023	4.6106
15	7.191	6.811	6.462	6.142	5.847	5.5755	5.3242	5.0916	4.8759	4.6755
16	7.379	6.974	6.604	6.265	5.954	5.668	5.4053	5.1624	4.9377	4.7296
17	7.549	7.120	6.729	6.373	6.047	5.749	5.4746	5.2223	4.9897	4.7746
18	7.702	7.250	6.840	6.467	6.128	5.818	5.534	5.2732	5.0333	4.8122
19	7.839	7.366	6.938	6.550	6.198	5.877	5.584	5.3162	5.0700	4.8435
20	7.963	7.469	7.025	6.623	6.259	5.929	5.628	5.3527	5.1009	4.8696
21	8.075	7.562	7.102	6.687	6.312	5.973	5.665	5.384	5.1268	4.8913
22	8.176	7.645	7.170	6.743	6.359	6.011	5.696	5.410	5.1486	4.9094
23	8.266	7.718	7.230	6.792	6.399	6.044	5.723	5.432	5.1668	4.9245
24	8.348	7.784	7.283	6.835	6.434	6.073	5.746	5.451	5.1822	4.9371
25	8.422	7.843	7.330	6.873	6.464	6.097	5.766	5.467	5.1951	4.9476
30	8.694	8.055	7.496	7.003	6.566	6.177	5.829	5.517	5.235	4.9789
40	8.951	8.244	7.634	7.105	6.642	6.233	5.871	5.548	5.258	4.9966
50	9.042	8.304	7.675	7.133	6.661	6.246	5.880	5.554	5.262	4.9995
60	9.074	8.324	7.687	7.140	6.665	6.249	5.882	5.555	5.263	4.9999

附表 A.4　每期 $1 的 t 期年金未來值

年金終值 $= [(1+i)^t - 1]/i$

每期利率

期	1%	2%	3%	4%	5%	6%	7%	8%	9%	10%
1	1.0000	1.0000	1.0000	1.0000	1.0000	1.0000	1.0000	1.0000	1.0000	1.0000
2	2.0100	2.0200	2.0300	2.0400	2.0500	2.0600	2.0700	2.0800	2.0900	2.1000
3	3.0301	3.0604	3.0909	3.1216	3.1525	3.1836	3.2149	3.2464	3.2781	3.3100
4	4.0604	4.1216	4.1836	4.2465	4.3101	4.3746	4.4399	4.5061	4.5731	4.6410
5	5.1010	5.2040	5.3091	5.4163	5.5256	5.6371	5.7507	5.8666	5.9847	6.1051
6	6.1520	6.3081	6.4684	6.6330	6.8019	6.9753	7.1533	7.3359	7.5233	7.7156
7	7.2135	7.4343	7.6625	7.8983	8.1420	8.3938	8.6540	8.9228	9.2004	9.4872
8	8.2857	8.5830	8.8923	9.2142	9.5491	9.8975	10.260	10.637	11.028	11.436
9	9.3685	9.7546	10.159	10.583	11.027	11.491	11.978	12.488	13.021	13.579
10	10.462	10.950	11.464	12.006	12.578	13.181	13.816	14.487	15.193	15.937
11	11.567	12.169	12.808	13.486	14.207	14.972	15.784	16.645	17.560	18.531
12	12.683	13.412	14.192	15.026	15.917	16.870	17.888	18.977	20.141	21.384
13	13.809	14.680	15.618	16.627	17.713	18.882	20.141	21.495	22.953	24.523
14	14.947	15.974	17.086	18.292	19.599	21.015	22.550	24.215	26.019	27.975
15	16.097	17.293	18.599	20.024	21.579	23.276	25.129	27.152	29.361	31.772
16	17.258	18.639	20.157	21.825	23.657	25.673	27.888	30.324	33.003	35.950
17	18.430	20.012	21.762	23.698	25.840	28.213	30.840	33.750	36.974	40.545
18	19.615	21.412	23.414	25.645	28.132	30.906	33.999	37.450	41.301	45.599
19	20.811	22.841	25.117	27.671	30.539	33.760	37.379	41.446	46.018	51.159
20	22.019	24.297	26.870	29.778	33.066	36.786	40.995	45.762	51.160	57.275
21	23.239	25.783	28.676	31.969	35.719	39.993	44.865	50.423	56.765	64.002
22	24.472	27.299	30.537	34.248	38.505	43.392	49.006	55.457	62.873	71.403
23	25.716	28.845	32.453	36.618	41.430	46.996	53.436	60.893	69.532	79.543
24	26.973	30.422	34.426	39.083	44.502	50.816	58.177	66.765	76.790	88.497
25	28.243	32.030	36.459	41.646	47.727	54.865	63.249	73.106	84.701	98.347
30	34.785	40.568	47.575	56.085	66.439	79.058	94.461	113.28	136.31	164.49
40	48.886	60.402	75.401	95.026	120.80	154.76	199.64	259.06	337.88	442.59
50	64.463	84.579	112.80	152.67	209.35	290.34	406.53	573.77	815.08	1163.91
60	81.670	114.05	163.05	237.99	353.58	533.13	813.52	1253.21	1944.79	3034.82

附表 A.4　每期 $1 的 t 期年金未來值（續）

年金終值 $= [(1+i)^t - 1]/i$
每期利率

期	11%	12%	13%	14%	15%	16%	17%	18%	19%	20%
1	1.0000	1.0000	1.0000	1.0000	1.0000	1.0000	1.0000	1.0000	1.0000	1.0000
2	2.1100	2.1200	2.1300	2.1400	2.1500	2.1600	2.1700	2.1800	2.1900	2.2000
3	3.3421	3.3744	3.4069	3.4396	3.4725	3.5056	3.5389	3.5724	3.6061	3.6400
4	4.7097	4.7793	4.8498	4.9211	4.9934	5.0665	5.1405	5.2154	5.2913	5.3680
5	6.2278	6.3528	6.4803	6.6101	6.7424	6.8771	7.0144	7.1542	7.2966	7.4416
6	7.9129	8.1152	8.3227	8.5355	8.7537	8.9775	9.2068	9.4420	9.6830	9.9299
7	9.7833	10.089	10.405	10.730	11.067	11.414	11.772	12.142	12.523	12.916
8	11.859	12.300	12.757	13.233	13.727	14.240	14.773	15.327	15.902	16.499
9	14.164	14.776	15.416	16.085	16.786	17.519	18.285	19.086	19.923	20.799
10	16.722	17.549	18.420	19.337	20.304	21.321	22.393	23.521	24.709	25.959
11	19.561	20.655	21.814	23.045	24.349	25.733	27.200	28.755	30.404	32.150
12	22.713	24.133	25.650	27.271	29.002	30.850	32.824	34.931	37.180	39.581
13	26.212	28.029	29.985	32.089	34.352	36.786	39.404	42.219	45.244	48.497
14	30.095	32.393	34.883	37.581	40.505	43.672	47.103	50.818	54.841	59.196
15	34.405	37.280	40.417	43.842	47.580	51.660	56.110	60.965	66.261	72.035
16	39.190	42.753	46.672	50.980	55.717	60.925	66.649	72.939	79.850	87.442
17	44.501	48.884	53.739	59.118	65.075	71.673	78.979	87.068	96.022	105.93
18	50.396	55.750	61.725	68.394	75.836	84.141	93.406	103.74	115.27	128.12
19	56.939	63.440	70.749	78.969	88.212	98.603	110.28	123.41	138.17	154.74
20	64.203	72.052	80.947	91.025	102.44	115.38	130.03	146.63	165.42	186.69
21	72.265	81.699	92.470	104.77	118.81	134.84	153.14	174.02	197.85	225.03
22	81.214	92.503	105.49	120.44	137.63	157.41	180.17	206.34	236.44	271.03
23	91.148	104.60	120.20	138.30	159.28	183.60	211.80	244.49	282.36	326.24
24	102.17	118.16	136.83	158.66	184.17	213.98	248.81	289.49	337.01	392.48
25	114.41	133.33	155.62	181.87	212.79	249.21	292.10	342.60	402.04	471.98
30	199.02	241.33	293.20	356.79	434.75	530.31	647.44	790.95	966.71	1181.9
40	581.83	767.09	1013.70	1342.03	1779.09	2360.76	3134.52	4163.21	5529.83	7343.9
50	1668.77	2400.02	3459.51	4994.52	7217.72	10435.65	15089.5	21813.1	31515.3	45497.2
60	4755.07	7471.64	11761.95	18535.13	29219.99	46057.51	72555.0	114189.7	179494.6	281732.6

附錄 B　計算題解答

第2章　財務報表及分析

1. (1) $1.67；(2) 5.45%

2. $25.00。

3. $1.5。

4. 營業活動現金流入 $8,000，理財活動現金流出 $200,000。

5. $1,300。

6. $26,000。

7. 速動比率不變。

8. 6 次。

9. 9.125 天。

10. $240,000。

11. 9.63%。

第3章　貨幣的時間價值

1. $10,000 \times (1.03)^5 = 10,000 \times 1.1593 = 11,593$ 個員工。

2. $\$2,000 \times [(1 + 0.07)^5 - 1/0.07] = \$2,000 \times 5.75073901 = \$11,501.47802$。

3. $\$2,000 \times [(1 + 0.07)^5 - 1/0.07] \times (1 + 0.07) = \$11,501.47802 \times 1.07 = \$12,306.58148$。

4. $\$4,000 \times \text{PVFOA}(n, i) = \$4,000 \times \text{PVFOA}(5, 8\%) = \$4,000 \times 3.99271 = \$15,970.84$。

5. $\$4,000 \times \text{PVFOA}(n, i) \times (1 + 8\%)$
   $= \$4,000 \times \text{PVFOA}(5, 8\%) \times (1 + 8\%)$
   $= \$15,970.84 \times 1.08$
   $= \$17,248.5072$。

6. $\$40,000 \times \text{FVFOA}(5, 6\%) = \$40,000 \times 5.63709 = \$225,483.6$。

7. 利用終值法
   $FV = PV \times FVF(n, i)$
   $\$259.4 = \$100 \times FVF(10, i)$
   $FVF(10, i) = \$259.4/\$100$
   $FVF(10, i) = 2.594$。

8. $\$10,000 = \$2,638 \times \text{PVFOA}(n, i)$，$\$10,000 = \$2,638 \times \text{PVFOA}(5, i)$
   $\text{PVFOA}(5, i) = \$10,000/\$2,638$
   $\text{PVFOA}(5, i) = 3.79075$
   經查表可得知，其利率約為 10%。

9. $\$100 \times FVF(12, 2\%) = \$100 \times 13.41209 = \$1,341.209$。

10. $\$100 \times FVF(6, 4\%) = \$100 \times 6.63298 = \$663.298$。

11. $\$1,200 \times \text{PVFOA}(3, 8\%) \times 6,000$ 股 $= \$1,200 \times 2.57710 \times 600$ 股 $= \$1,855,512$。

12. $\$160,000/8\% = \$2,000,000$。

第4章　報酬與風險

1.(1)、(2)。

2.(3)、(4)、(5)。

第5章　投資組合之風險與證券市場線

1. $\dfrac{20\% - 8\%}{1.6} = 0.075 = 7.5\%$。

2. $\dfrac{24\% - 8\%}{1.2} = 0.133 = 13.3\%$。

3. $1.5 \times 0.8 + 0.8 \times 0.2 = 1.2 + 0.16 = 1.36$。

5. $E(R_i) = 5\% + 0.8\,[\,10\% - 5\%\,] = 0.54$。

6. $E(R_i) = 5\% + 1.36\,[\,10\% - 5\%\,] = 0.56$。

7. $R_f = 0.04$, $R_m = 0.16$, $\beta_A = 0.6$, $\beta_B = 1.4$

　A 資產的預期報酬：$R_A = 0.04 + 0.6(0.16 - 0.04) = 0.112$。

　B 資產的預期報酬：$R_B = 0.04 + 1.4(0.16 - 0.04) = 0.208$。

　A 資產的合理預期報酬為 11.2%，實際上為 10%，故價位偏高。

　B 資產的合理預期報酬為 20.8%，實際上為 25%，故價位偏低。

8. 14%。

9. 14%。

10. 50 元。

11. $\beta = \dfrac{\sum R_i R_m - \dfrac{\sum R_i \sum R_m}{n}}{\sum R_m^2 - \dfrac{(\sum R_m)^2}{n}} = 0.79$

15. 0.0095。

16. 1/3、2/3。

17. 7.33%。

18. 1.1。

19. 1.1。

第6章　資產之管理——資金成本

1. 10.15%。

2. 7.5%。

3. 8.51%。

4. 15.05%。

5. $2.81。

6. 10.59%。

7. 15.2%。

8. 5%。

9. 12.67%。

第8章　資產之管理──資本投資決策之現金流量

11. A 銀行。
12. $25。
13. 油壓式：$41,514.2；電動式：$51,676.8。
14. 油壓式：約 20%；電動式：18%。
15. 電動式。
16. $504,127.54。
17. 約 13%。
18. B 專案。
19. 兩專案都不可行。
20. 9% ～ 10%。

第10章　負債之管理──債券

1. $1,384.34。
2. $1,025。
3. $80。
4. $800。
5. $1,600。
6. 50%。
7. $1,000,000。
8. 12%。
9. 9.375%。
10. $3,973,773。
11. $P = [\$50/(1 + 4\%) + \$50/(1 + 4\%)^2 + \$50/(1 + 4\%)^3 + \$50/(1 + 4\%)^4] + \$1,000/(1 + 4\%)^4$
    $= \$50 \times 3.6299 + \$1,000 \times 0.8548 = \$1,036.295$。
12. 溢價發行，因為 $P = \$1,036.295 > \$1,000$。
13. 12%。

第11章　負債之管理──銀行融資

1. $82.85。
2. $92。
3. $13。
4. $400,000。
5. $12,000,000。
6. $30。
7. $28.8。
8. $29.4。

第12章　負債之管理──財務槓桿與資本結構

17. 下降 24%。
18. 變大。

19.(1)甲公司財務槓桿係數 = 500 萬／(500 萬 − 300 萬 × 10%) = 1.06。

(2)本年稅後利潤 = [500 × (1 + 30%) − 300 × 10%] × (1 − 33%) = 415.4（萬元）。

每股收益 = 415.4/70 = 5.93（元）。

(3)每股市價 = 5.93 × 12 = 71.16（元）。

(4)每股股利 = 415.4 × 20%/70 = 1.19（元）。

股票獲利率 = 1.19/71.16 = 1.67%。

(5)股利保障倍數 = 5.93/1.19 = 5（元）。

(6)本年度留存收益 = 415.4 × (1 − 20%) = 332.32（萬元）。

(7)每股淨資產 = 490/70 = 7（元）。

(8)市淨率 = \$71.16/\$7 = 10.17（倍）。

第13章　股東權益之管理——股票評價

1. \$22。

2. 10.4%。

3. 5 元。

4. \$37.5。

5. \$3.27。

6. \$5.539。

7. \$54.5。

8. −1,000 百萬元。

9. 200 百萬元。

10. 6%。

11.(1)根據資本資產定價模型公式，該公司股票的預期收益率 = 6% + 2.5 × (10% − 6%) = 16%。

(2)根據固定成長股票的價值計算公式，該股票價值 = 1.5/(16% − 6%) = 15（元）。

(3)根據非固定成長股票的價值計算公式，該股票價值 = 1.5 × (P/A，16%，3) + [1.5 × (1 + 6%)]/(16% − 6%) × (P/S，16%，3) = 1.5 × 2.2459 + 15.9 × 0.6407 = 13.56（元）。

第14章　股東權益之管理——股利及其政策

1. \$15,000,000。

2. 3,300 萬。

3. 68.75%。

4. 5 元。

5. \$1,650。

6. 1,649.328 千萬。

7. \$37.5。

參考資料

參考書籍:

1. *Basic Financial Managemet*, Scott, Jr. Martin Petty Keown, 1999, Prentice Hall, Inc..

2. *Financial Management——An Introduction to Principles and Practice*, Lewellen Halloran Lanser, 2000, South–Western College Publishing.

3. *Fundamentals of Corporate Finance*, Stephen A. Ross, Randolph W. Westerfield, Bradford D. Jordan, 2002, McGraw Hill, Inc..

4. *International Finance Management, Markets, and Institutions*, James C. Baker, 1998, Prentice-Hall, Inc..

5. *Principles of Manangerial Finance*, Lawrence J. Gitman, 2000, Thompson Steele, Inc..

6. 《衍生性金融商品——選擇權、期貨與交換》,陳威光,2001,智勝文化事業有限公司。

7. 《財務管理》,葉日武,1996,前程企業管理有限公司。

8. 《財務管理——新觀念與本土化》,謝劍平,2002,智勝文化事業有限公司。

9. 《國際財務管理理論與實務》三版,何憲章,1995,新陸書局。

網站:

1. 大華證券——新金融商品區: www.toptrade.com.tw/newversion/warrant/warrant03_2.html

2. 元大京華期貨: www.ycpf.com.tw

3. 中信證券: www.kgieworld.com.tw

4. 中國教育在線: www.cer.net

5. 中國網大報考指南: Zikao.netbig.com

6. 永勝證券集團——理財信賴網: www.entrust.com.tw

7. 玉山銀行: netbank.esunbank.com.tw/

8. 來勝證照考試中心: www.license.com.tw

9. 俞海琴教授財管教學網頁: fhyu.mis.cycu.edu.tw

10. 金鼎證券資訊網: www.tisc.com.tw

11. 建弘投信: www.nitc.com.tw

12. 迪和應收帳款管理股份有限公司: www.factoring.com.tw/index.htm

13. 財政部證券暨期貨管理委員會: www.sfc.gov.tw

14. 國票綜合證券: www.ibus.com.tw

15. 群益金融網: www.capital.com.tw

16. 彰化銀行: www.chb.com.tw/index1.html

17.臺灣期貨交易所：www.taifex.com.tw

18.寶碁資訊網：Deriva.apex.com.tw

英中對照索引

A

a specific sized contract　特定交易量的契約　332

accelerated cost recovery system　加速折舊制 (ACRS)　168

acceptance　承兌　240

account receivable turnover ratio　應收帳款周轉率　30

advance factoring　預先付款的應收帳款收買業務　198

after tax　稅後　162

agency factoring or bulk factoring　代理型應收帳款收買業務　199

agency theory　代理理論　6

application fee　申請費　205

arbitrage or spread trading　套利及價差交易　335

ask price　賣價　294

asset-specific risk　資產特有的風險　87

assets management　資產管理　2

average accounting return　平均會計報酬率 (AAR)　142

average accounting return rule　平均會計報酬率法則　143

average collection period　平均收款期間 (ACP)　31

average days' sales in receivables　平均應收帳款期間　31

B

bank acceptance　銀行承兌匯票 (BA)　230

basic present value equation　基本現值等式　49

basis　基差　336

bearer bonds　無記名公司債　221

bell curve　鐘形曲線　69

benefit/cost ratio　利益／成本比率　152

beta coefficient　貝它係數　88

bid price　買價　294

bonds with warrants　附認股權證公司債　220

bottom-up approach　由下往上法　179

break-even discount rate　損益兩平點的折現率　144

broker　經紀商　294,334

business day　營業日　332

business risk　營運風險　264

buy or long one call　買入買權　352

buy or long one put　買入賣權　352

buy one call　買入買權　354

buy one put　買入賣權　354

C

call　買權　348

call option, call　看漲選擇權　363

callable bonds　可收回公司債　220

capital asset pricing model　資本資產定價模式 (CAPM)　97

capital cost　資金成本　105

capital gains　資本利得　308

capital gains yield　資本利得收益率　288

capital restructurings　資本重構　4,253

capital structure decisions　資本結構決策　4,252

capital structure weights　資本結構權數　113

cash delivery　現金交割　328

cash flow ratio　現金流量比率　36

claim　索賠　200

clearing house　清算所　334

clientele effect　顧客效應　320

clients　客戶　334

commercial paper　商業本票 (CP)　230

commission　佣金　205,334

commitment　保證　240

company-unique risk　公司特有的風險　72

compounding　重複生利息　45

concerning the cash flow　攸關現金流量　158

constant assets turnover ratio　固定資產周轉率　32

convertible bonds　可轉換公司債　219

consignment　託售　423

cost of carrying　持有成本　339

cost of capital　資金成本　104

cost of debt　負債成本　110

cost of equity　權益成本　106

coupon　息票　221

cover　補回　335

covered　有避險部位　355

cumulative preferred stock　累積特別股　292

cumulative voting　累計投票法　290

current ratio　流動比率　28

custodian　基金保管機構　393

custodian fee　保管費　393

cutoff period　取決期間　136

cutoff time　取決時點　135

D

date of payment　發放日　301

date of record　登記日　301

dealer　交易員；自營商　294,334

dealing　詢價　192,193

debenture bonds　信用公司債　219

debt management　負債管理　2

debt security　債權證券　218

debtor　買受商　200

declaration date　宣告日　301

depreciation tax shield　折舊稅盾　180

direct export factoring　直接出口國應收帳款

收買業務　199

direct import factoring　直接進口國應收帳款收買業務　200

discount　折現　47

discount cash flow valuation　折現現金流量評價 (DCF valuation)　131

discount factor　折現因子　48

discount for cash　貼現　240

discounted cash flow　折現現金流量 (DCF)　48

discounted payback period　折現還本期間　138

discounted payback period rule　折現還本期間法則　139

distribution　分配　299

diversification　分散投資　85

diversifiable risk　可分散的風險　72,85,87

dividend　股利　299

dividend growth model　股利成長模型　106,282

dividend income　股利所得　308

dividend payout　股利發放率　300

dividend policy　股利政策　305

dividend yield　股利收益率；現金殖利率　288,300,383

dividends per share　每股股利　300

domestic factoring　國內間之作業；國內應收帳款收買業務　198,203,208

Du Pont identity　杜邦等式　33

dynamic statement　動態的報表　20

E

earnings per share　每股盈餘 (EPS)　35

effective tax rates　有效稅率　308

efficient capital market　效率資本市場　75

efficient market hypothesis　效率市場學說 (EMH)　75

endowment funds　捐贈基金　311

energy futures　能源期貨　330

equally weighted portfolio　等權投資組合　82

equivalent annual cost　約當年度成本 (EAC)　184

erosion　侵蝕　161

Euro convertible bonds　海外可轉換公司債 (ECB)　219

Eurodollars　歐洲美元　330

excess profit　超額報酬　76

excess return　超額報酬　66

exchange traded agreement　互換交易協定　332

ex-dividend　除息　302

ex-dividend date　除息日　301

exercise price　履約價格　372

expected risk premium　預期的風險溢酬　70

expected return　預期報酬率　70

expiration or maturity date　屆滿日　333

export factoring　出口國應收帳款收買業務　200

ex-rights date　除權日　303

extended Du Pont identity　杜邦延伸等式　34

extra dividends　額外股利　300

extra cash dividends　額外的現金股利　300

F

factoring commission　應收帳款承購手續費　205

factor　應收帳款收買商　196,200

factoring　應收帳款收買業務　196

fiduciary responsibility　受託責任　312

final products　最終產品　423

financial futures　金融期貨　411

financial management　財務管理　2

financial risk　財務風險　74,265

financial statement　財務報表　14

financing costs　融資成本　161

first notice day　第一通知日　328

fixed growth　固定成長　281

floating rate bonds　浮動利率公司債　221

flotation costs　發行成本　123

foreign currency futures　外幣期貨　330

foreign currency futures contract　外幣期貨契約　332

foreign currency options　外幣選擇權　354, 411

forfaiter　買斷銀行　212

forward foreign currency　遠期外匯　411

fourth market　第四市場　293

free cash flow　自由現金流量　308

full service factoring or full factoring　全服務型應收帳款收買業務　199

future value　終值 (FV)　55

future value factor　終值因子　44

future value interest factor　終值利率因子 (FVIF)　44

futures commodity　期貨商品　329

futures contract　期貨契約　327

futures market　期貨市場　326

futures trading　期貨交易　327

G

general leverage degree　總槓桿度　39

grain & livestock futures　農畜產品期貨　330

growing perpetuity　成長型永續年金　281

guaranteed bonds　有擔保公司債　219

H

handling　手續費　205

hedging　對沖避險　335

holders of record　記錄上持有人　302

homemade dividend policy　自製股利政策　307

homemade leverage　自製財務槓桿　259

I

import factoring　進口國應收帳款收買業務　200

income statement　損益表　19

incremental cash flows　增額現金流量　159, 162

initial margin　原始保證金　328

injunction　禁制令　213

interest charge annual rate　墊款利息費用　205

interest guarantee multiple　利息保障倍數　30

interest on interest　利上利　45

interest rate futures　利率期貨　330

interest rate risk　利率風險　224

interest rate SWAP　利率交換　411

interest tax shield　利息稅盾　266

internal rate of return rule　內部報酬率法則　144

international factoring　國際間之作業；國際應收帳款收買業務　198,203,208

intrinsic value　內含價值　350,358,377

inventory turnover　存貨周轉率　31

inverse floating bonds　反浮動利率公司債　222

investment　投資　158

issuer　發行者　372

L

liquid　平倉　329

liquidating dividends　清算股利　299,300

liquidation　了結　335

liquidity measures　流動性衡量　28

loan　放款　240

long hedge　買入避險　335

long position　買入持有部位　335

lump reinvest ratio　現金再投資比率　37

M

M & M proposition I　M & M 第一理論　261

M & M proposition II　M & M 第二理論　262

maintenance margin　維持保證金　328

Major Markets Index　主要市場指數　330

mark to market daily or resettlement daily　逐日清算　333

market risk　市場風險　72,87

market risk premium　市場風險溢酬　96

maturity day　到期日　383

maturity factoring　到期付款的應收帳款收買業務　198

metals futures　金屬期貨　330

minimum price fluctuation　最低價格變動幅度　333

monthly management account report　帳戶管理月報表　202

mortgage bonds　抵押公司債　219

multi-function management account　外幣多功能組合管理帳戶　190

multiple rates of return　多重報酬率　149

mutual fund　共同基金　392

mutually exclusive investment decisions　互斥

投資決策　149

N

naked　未避險部位　355

near cash　近似現金　28

negotiable certificate of deposit　可轉讓之銀行定存單 (NCD)　230

net income　損益　19

net present value　淨現值 (NPV)　75,131

net present value profile　淨現值曲線　146

net present value rule　淨現值法則　133

net profit rate　純益率　35

net working capital　淨營運資金　161

Nikkei Stock Average　日經股票指數　330

noncumulative preferred stock　非累積特別股　292

non-diversifiable risk　不可分散的風險　72, 85,87

non-market risk　非市場風險　73

non-notification factoring　不通知式應收帳款收買業務　198

nonparticipating preferred stock　非參加特別股　292

normal distribution　常態分配　69

notice of intention to deliver　交割通知書　328

notification factoring　通知式應收帳款收買業務　198

NYSE Composite Index　紐約股票綜合指數　330

O

off-balance-sheet　資產負債表外　428

offset　沖回　336

offshore banking unit　國際金融業務分行 (OBU)　410

offshore company　境外公司　423

offshore income　境外收入　422

one factor factoring or single factor system　單一應收帳款收買商應收帳款收買業務　199

open account　記帳　422

open factoring　公開式應收帳款收買業務　198

open position trading　外幣部位交易　335

operating risk　經營風險　74

opportunity cost　機會成本　160

optimal capital structure　最適資本結構　254

option　選擇權　11,348

organized exchange　集中交易市場　294

overdraft　透支　240

over-the-counter market　店頭市場 (OTC)　294

overvalued　高估　95

P

paid-in-capital　實收資本　300

paper company　紙公司　415

participating preferred stock　參加特別股　292

pay as your earnings　就源扣繳　190

payback period　還本期間　134

payback period rule　還本期間法則　134

payment　償還能力　241

pension funds　退休金基金　311

people　借款戶　241

per buyer one shot　每一買主計算　205

perfect hedge　完全避險　336

perpetuity　永續年金　57,111

physical　實物　329

physical delivery　實物交割　328

position　倉位　329

premium　權利金　354,363,372

premium bonds　溢價公司債　224

present value　現值 (PV)　47,55

present value interest factor　現值利率因子 (PVIF)　48

price/earnings ratio　本益比　36

primary market　初級市場　293

principal　本金　43

principle of diversification　分散投資原則　85

pro forma financial statements　預估財務報表　162

profitability index　獲利指數 (PI)　152

projected risk premium　預測的風險溢酬　70

proper rate in cash flow　現金流量允當比率　37

prospective　客戶展望　241

protection　債權保障　241

publicly held corporations　公開發行公司　294

pure play　集中投資　121

pure play approach　集中投資法　121

purpose　貸款用途　241

put　賣權　348

put option, put　看跌選擇權　363

putable bonds　可贖回公司債　221

Q

quick ratio　速動比率　29

R

rate of return　報酬率；利潤率　51,65

rating classes　評等　227

ratio analysis method　比率分析法　26

registered bonds　記名公司債　221

regular cash dividends　普通現金股利　300

reinvesting　再投資　45

required rate of return　必要報酬率　105

retail factoring　零售型應收帳款收買業務　199

return　報酬；報酬率　51,64

return of asset　資產報酬率 (ROA)　33

return of equity　股東權益報酬率 (ROE)　34

return on book assets　帳面資產報酬率　35

return on book equity　帳面權益報酬率　35

return on net worth　淨值報酬率　35

reverse position　相反部位　333

reverse split　反向分割　304

reward-to-risk ratio　報酬對風險比率　92

risk　風險　5,66

risk premium　風險溢酬　8,64

risk-free rate　無風險利率水準　383

risk-free return　無風險報酬　66

round-turn　整筆交易　333

S

secondary market　次級市場　293

security market line　證券市場線 (SML)　96,106

security restructuring　證券重組　310

seller　賣方　200

semi-strong form efficient market　半強式效率市場　76

settlement　交割清算　333

short hedge　賣出避險　335

short position　賣出持有部位　335

side effect　副效果　161

simple interest　單利　45

sinking fund bonds　償債基金公司債　219

softs commodity futures　軟性食品期貨　330

special dividends　特別股利　300

special purpose entity　特殊目的個體 (SPE)　428

specific last trading day　特定的最終交易日　333

speculation　投機　335

speculator　投機者　329

spillover effect　外溢效果　161

spot foreign exchange　即期外匯　192

spot month　即期月份　333

spot price　即期價格　383

spread　價差　193,294

stand-alone principle　獨立原則　159

Standard & Poor's 500　標準普爾 500 指數　330

standard date　基準日　301

standard deviation　標準差　67

stand-by L/C　擔保信用狀　415

start-up costs　開辦成本　131

statement of cash flows　現金流量表　21

statement of changes in stockholders' equity　股東權益變動表　24

stock index futures　股票指數期貨　330

stock index option　股票指數選擇權　362

stock split　股票分割　304

straddle　跨式　353

straight voting　直接選舉法　291

strangle　垂直混合式　353

strike price　履約價格　383

strong form efficient market　強式效率市場　76

strike price or exercise price　履約價格　354

structure analysis method　結構分析法　25

subordinated bonds　次級公司債　220

sunk cost　沉沒成本　160

supernormal growth　超常成長　285

supplier　供應商　423

systematic risk　系統性風險　72

systematic risk principle　系統性風險原則　87

T

target capital structure　目標資本結構　254

tax shield approach　稅盾法　179

the degree of financial leverage　財務槓桿度　38

the degree of operating leverage　營運槓桿度　38

third market　第三市場　293

time value　時間價值　350,358,377

top-down approach　由上往下法　179

total assets turnover ratio　總資產周轉率　32

transfer　轉讓　415

treasury bill　國庫券 (TB)　230

treasury bills　短期債券　330

treasury bonds　長期債券　330

treasury notes　中期債券　330

treasury stock　庫藏股　304

trend analysis method　趨勢分析法　25

triangular trade　三角貿易　416

trust funds　信託基金　311

two factor factoring or two factor system　兩應收帳款收買商應收帳款收買業務　199

U

underlying asset　標的資產　372

undisclosed factoring　匿名式應收帳款收買業務　198

unfixed growth　非固定成長　284

unique risk　獨特風險　87

unlevered cost of capital　未舉債資金成本　268

unsecured bonds　無擔保公司債　219

unsystematic risk　非系統性風險　72

V

Value Line Index　價值線指數　330

variance　變異數　67

volatility　波動幅度；變動性　360,383

W

warrant　認購權證　372

warrant holder　認構權證投資者　372

warrant price　認購權證價格　372

weak form efficient market　弱式效率市場　76

weight　權數　80

weighted average cost of capital　加權平均資金成本 (WACC)　104,113

wholesale factoring　批發型應收帳款收買業務　199

with dividend or cum dividend　附息　302

with recourse　有追索權　207

with recourse factoring　有追索權的應收帳款收買業務　197

without recourse　無追索權　206

without recourse factoring　無追索權的應收帳款收買業務　197

working capital　營運資金　2

write or short one call　賣出買權　352

write or short one put　賣出賣權　352

write one call　賣出買權　354

write one put　賣出賣權　354

Y

yield　收益率　223

yield to maturity　到期收益率 (YTM)　223

Z

zero coupon bonds　無息公司債　221

zero growth　零成長　280

◎ 財務管理　伍忠賢／著

　　細從公司現金管理，廣至集團財務掌控，不論是小公司出納或是大型集團的財務主管，本書都能滿足你的需求。以理論架構、實務血肉、創意靈魂，將理論、公式作圖表整理，深入淺出，易讀易記，足供碩士班入學考試之用。本書可讀性高、實用性更高。

◎ 投資學　伍忠賢／著

　　本書讓你具備全球、股票、債券型基金經理所需的基本知識，實例取材自《工商時報》和《經濟日報》，讓你跟「實務零距離」，章末所附的個案研究，讓你「現學現用」！不僅適合大專院校教學之用，更適合經營企管碩士(EMBA)班使用。

伍忠賢博士其他相關著作：管理學、策略管理、策略管理全球企業案例分析、公司鑑價

◎ 生產與作業管理　潘俊明／著

　　本學門內容範圍涵蓋甚廣，而本書除將所有重要課題囊括在內，更納入近年來新興的議題與焦點，並比較東、西方不同的營運管理概念與做法，研讀後，不但可學習此學門相關之專業知識，並可建立管理思想及管理能力。本書可說是瞭解此一學門，內容最完整的著作。

◎ 統計學　陳美源／著

　　統計學是一種工具，幫助人們以有效的方式瞭解龐大資料背後所埋藏的事實，或將資料經過整理分析後，使人們對不確定的事情有進一步的瞭解，作為決策的依據。本書注重於統計問題的形成、假設條件的陳述，以及統計方法的選定邏輯，至於資料的數值運算，則只使用一組資料來貫穿書中的每一個章節以及各種統計分析方法，以避免例題過多所造成的缺點，並介紹如何使用電腦軟體幫助計算。

◎ 期貨與選擇權　陳能靜、吳阿秋／著

本書以深入淺出的方式介紹期貨及選擇權之市場、價格及其交易策略，並對國內期貨市場之商品、交易、結算制度及其發展作詳盡之探討。除了作為大專相關科系用書，亦適合作為準備研究所入學考試，與相關從業人員進一步配合實務研修之參考用書。

◎ 管理會計　王怡心／著
◎ 管理會計習題與解答　王怡心／著

資訊科技的日新月異，不斷促使企業 e 化，對經營環境也造成極大的衝擊。為因應此變化，本書詳細探討管理會計的理論基礎和實務應用，並分析傳統方法的適用性與新方法的可行性。除適合作為教學用書外，本書並可提供企業財務人員，於制定決策時參考；隨書附贈的光碟，以動畫方式呈現課文內容、要點，藉此增進學習效果。

◎ 成本會計 (上) (下)　費鴻泰、王怡心／著
◎ 成本會計習題與解答 (上) (下)　費鴻泰、王怡心／著

本書依序介紹各種成本會計的相關知識，並以實務焦點的方式，將各企業成本實務運用的情況，安排於適當的章節之中，朝向會計、資訊、管理三方面整合型應用。不僅可適用於一般大專院校相關課程使用，亦可作為企業界財務主管及會計人員在職訓練之教材，可說是國內成本會計教科書的創舉。

◎ 財務報表分析　洪國賜、盧聯生／著
◎ 財務報表分析題解　洪國賜／編著

財務報表是企業體用以研判未來營運方針，投資者評估投資標的之重要資訊。為奠定財務報表分析的基礎，本書首先闡述財務報表的特性、結構、編製目標及方法，並分析組成財務報表的各要素，引證最新會計理論與觀念；最後輔以全球二十多家知名公司的最新財務資訊，深入分析、評估與解釋，兼具理論與實務。另為提高讀者應考能力，進一步採擷歷年美國與國內高考會計師試題，備供參考。